高等院校计算机应用系列教材

U0655859

软件测试技术
（微课版）

宰光军　刘　燕　主　编

石　磊　陈志坚　副主编

清华大学出版社

北　京

内 容 简 介

本书全面介绍了软件测试的相关技术。本书共分为10章，首先介绍了软件测试的基本概念，并基于SWEBOK V3对整个知识领域进行细致分解。随后介绍了黑盒和白盒软件测试方法，总结了测试方法的实施策略。接下来，本书详细阐述了软件测试的过程，包括各类软件测试过程模型。根据典型的软件测试过程阶段，分别介绍了单元测试、集成测试、系统测试、验收测试四个阶段。每个测试阶段采用不同的测试方法：在单元测试和集成测试中，主要使用前面章节讲解的白盒测试方法，而系统测试则常用黑盒测试方法。接下来，系统介绍了软件测试管理、软件测试工具与自动化。以敏捷开发为例介绍测试管理体系，并介绍了常用的项目管理软件、软件配置管理、缺陷管理等内容。最后，本书介绍了软件测试的相关领域(包括软件测试环境、容器技术、软件测试评估、软件质量保证等)，以及目前流行的人工智能和大数据技术在软件测试中的应用及相关知识。

本书在内容组织上力求条理清晰、内容丰富、语言流畅、通俗易懂，结合目前流行的技术趋势，使理论和实践能够有机地结合起来，更好地满足软件工程学科的特点。本书适合作为高等学校软件工程等计算机类专业的教材，也可以作为软件测试技术的培训教材。

本书配套的电子课件和习题答案可以到http://www.tupwk.com.cn/downpage网站下载，也可以扫描前言中的二维码获取。扫描前言中的视频二维码可以直接观看教学视频。

图书在版编目(CIP)数据

软件测试技术 : 微课版 / 宰光军 , 刘燕主编 .

北京 : 清华大学出版社 , 2025. 7. -- (高等院校计算机

应用系列教材). -- ISBN 978-7-302-69559-2

Ⅰ . TP311.55

中国国家版本馆 CIP 数据核字第 2025N5U148 号

责任编辑：胡辰浩

封面设计：高娟妮

版式设计：妙思品位

责任校对：成凤进

责任印制：沈　露

出版发行：清华大学出版社

　　　　网　　址：https://www.tup.com.cn, https://www.wqxuetang.com

　　　　地　　址：北京清华大学学研大厦 A 座　　　　　　邮　编：100084

　　　　社 总 机：010-83470000　　　　　　　　　　邮　购：010-62786544

　　　　投稿与读者服务：010-62776969, c-service@tup.tsinghua.edu.cn

　　　　质 量 反 馈：010-62772015, zhiliang@tup.tsinghua.edu.cn

印 装 者：三河市龙大印装有限公司

经　　销：全国新华书店

开　　本：185mm×260mm　　　印　张：16.75　　　字　数：397 千字

版　　次：2025 年 8 月第 1 版　　　印　次：2025 年 8 月第 1 次印刷

定　　价：79.80 元

产品编号：104259-01

随着大数据、人工智能、云计算等技术的迅猛发展，软件开发行业正经历着前所未有的变革。这些技术不仅极大地提升了软件开发的效率和质量，也迫使软件测试领域必须紧跟时代步伐，不断创新和进化，主要表现在以下几个方面。

1. 智能测试与人工智能的融入

人工智能和机器学习技术正被广泛应用于软件测试领域，涵盖了智能缺陷预测、测试用例自动生成、测试数据优化等方面。人工智能技术可以帮助测试团队更精准地识别潜在问题，优化测试资源分配，提高测试覆盖率和测试效率。

2. DevOps与测试左移

DevOps强调开发、测试、运维等团队之间的紧密协作，推动快速且高质量的软件交付。测试左移是DevOps理念在测试领域的具体实践，即在软件开发早期就引入测试活动，尽早发现并解决问题。这要求测试团队与开发团队紧密合作，共同制定测试策略，确保软件质量从源头开始把控。

3. 持续集成与持续交付(CI/CD)

CI/CD流程要求软件开发和测试过程高度自动化和集成化，实现代码的频繁提交、自动构建、测试和部署。这要求测试团队能够快速响应开发团队的变更，确保每次提交都能通过自动化测试，从而保持软件的高质量和高可用性。

4. 自动化测试的全面普及

自动化测试已成为现代软件开发流程中不可或缺的一部分。采用自动化测试，可以显著减少重复性工作，提高测试的效率和准确性，加快软件的持续集成和持续交付过程。自动化测试不仅限于单元测试、集成测试，还包括接口测试、性能测试、安全测试等多个层面，从而逐步构建一个全面、系统的自动化测试体系。

5. 云原生测试

随着云原生技术的兴起，越来越多的应用被部署在云平台上。云原生测试强调在云环境中进行测试，以验证应用在云环境下的性能、稳定性和安全性。这要求测试团队具备云计算相关的知识和技能，能够利用云平台的优势开展测试活动。

6. 安全性测试与合规性测试

随着网络安全和数据保护的重要性日益凸显，安全性测试和合规性测试已成为软件测试的重要组成部分。测试团队需要关注软件的安全漏洞和潜在风险，确保软件符合相关法律法规和行业标准的要求。

7. 性能测试与压力测试

在大数据和云计算环境下，软件的性能和稳定性对于用户体验至关重要。性能测试和压力测试已成为评估软件质量的重要手段。测试团队需要模拟真实或极端的用户场景，对软件进行全面的性能测试和压力测试，以确保软件在高负载下仍能稳定运行。

因此，软件测试技术需要不断适应新技术和新模式的发展，通过自动化、智能化、持续集成和云原生等手段提升测试效率和质量，确保软件能够快速、稳定、安全地交付给用户。

在这一技术背景下，本书立足于软件测试的基础理论和知识体系，以SWEBOK V3提出的15个知识域为指引，分析了软件测试相关的学科，并按照不同的方法对软件测试进行了系统的分类。为了让读者更好地理解软件测试知识体系，本书还介绍了ISTQB、CSTQB、软件评测师、CSTE、LoadRunner ASP等流行的软件测试资质认证体系。

在软件测试概述的基础上，本书介绍了经典的黑盒和白盒测试方法，其中黑盒测试方法主要包括等价类划分法、边界值分析法、判定表、因果图、正交实验法、场景法、状态迁移法和错误推测法等，而白盒测试方法包括逻辑覆盖、基本路径测试、循环测试、程序插桩、域测试等。在软件测试过程知识体系中，除基本的软件测试过程模型和过程管理外，本书还介绍了国内开源的项目管理工具禅道，并针对新技术和新模式的发展，介绍了敏捷和DevOps测试。

在单元测试中，本书除介绍驱动程序、桩程序和Mock技术外，还介绍了流行的单元测试工具。集成测试部分则介绍了微服务架构的集成测试方法。在系统测试中，除基本的功能测试外，本书还特别介绍了泽众软件科技有限公司推出的性能测试工具。在安全性测试方面，本书将信息安全知识融入软件测试知识体系，例如基于故障注入的安全性测试、基于渗透的安全性测试等。

在可靠性测试方面，本书将可靠性工程引入软件测试领域，深入讲解可靠性模型。在易用性测试方面，本书将人机交互的软件工程引入软件测试领域，为易用性提供了更好的参考依据，并同时介绍了兼容性、本地化和验收测试。在软件测试管理方面，本书引入PMPOK作为知识领域的指引，并详细介绍了国际和国内相关的软件测试文档标准。

本书总结了软件测试工具的能力、分类和选择策略，并介绍了软件测试工具的研发技术。在自动化软件测试中，介绍了流行的自动化测试框架。在软件测试环境搭建过程中，介绍了主流的容器技术。本书还探讨了高质量编程与软件测试的关系，并提供了安全编程的建议。

在新技术应用领域，本书介绍了人工智能和大数据的测试，特别是人工智能领域的测试技术，包括对算法、数据集和性能的测试。同时，借助人工智能中的机器学习、深度学习和自然语言处理等算法，可以快速而精准地生成测试用例，显著提升测试的质量和覆盖率。

由于作者水平有限，书中难免有不足之处，恳请专家和广大读者批评指正。在编写本书的过程中参考了相关文献，在此向这些文献的作者表示感谢。我们的电话是010-62796045，邮箱是992116@qq.com。

本书配套的电子课件和习题答案可以到http://www.tupwk.com.cn/downpage网站下载，也可以扫描下方左侧的二维码获取。扫描下方右侧的视频二维码可以直接观看教学视频。

配套资源　　　　　　　　　看视频

扫描下载　　　　　　　　　扫一扫

编　者

2025年3月

目录

第1章

软件测试概述

随着计算机系统的规模和复杂性的快速增长,软件开发成本以及因软件故障而造成的损失也在不断增加,软件质量问题已成为人们共同关注的焦点。软件是信息系统的核心,软件安全是确保信息安全的前提,而软件质量是信息系统的重要属性。软件测试是对软件产品或软件服务进行验证和确认的过程,是保障软件安全和确保软件质量的重要手段,贯穿于整个软件生命周期。随着软件系统规模和复杂性的增加,进行专业化高效软件测试的要求也越来越严格,软件测试职业的价值进一步得到了认可。软件测试技术作为一门新兴产业,正在迅速发展。本章将全面介绍软件缺陷、软件质量、软件测试定义、软件测试学科、软件测试目的、软件测试原则、软件测试分类和测试用例等内容。

本章的学习目标:

- 理解软件缺陷的定义和特点
- 理解软件质量的定义和特点
- 理解软件测试的定义和特点
- 理解软件测试的学科发展
- 掌握软件测试的目的、原则和分类
- 掌握测试用例的定义和特点

1.1 软件缺陷

1.1.1 Bug与软件缺陷

在第二次世界大战期间,第一代真空管计算机被广泛使用,其中一台名为Mark II的计算机代表了当时的顶尖技术。这种计算机通过控制电流来改变开关状态,从而实现控制功能。唯一不足的是,这些早期的计算机会产生大量的光和热。某天,天气非常炎热,工作人员为了通风打开了窗户。然而,一只蛾子被光线吸引,飞入了机器内部,最终卡在了继电器的70号位置。这导致电路断开,计算机发生故障,无法得出正确的计算结果。

经过将近一天的检查,Grace Murray Hopper找到了故障的根源——那只蛾子。她使用发夹将蛾子取出,并将其尸体粘贴在自己的管理日志上,旁边写道:"就是这个Bug,害我们今天的工作无法完成。"(见图1-1)自此,在计算机科学中,"Bug"一词从"虫子"变成了"程序错误"的代名词,而"Debug"也成为调试修复错误的专业术语。Grace Murray Hopper是一位杰出的计算机科学家,她不仅赋予了"Bug"这个词新的含义,还领导了著名的计算机语言COBOL的开发。

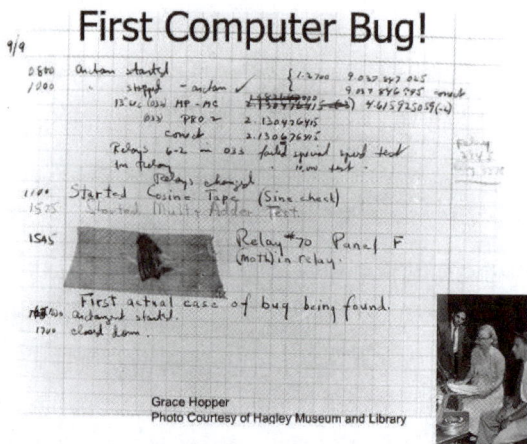

图1-1 第一个Bug记录

与"Bug"这个词相比,更为正式的术语是软件缺陷(Defect)。IEEE 729-1983对软件缺陷提供了标准定义:从产品内部看,缺陷是软件产品开发或维护过程中存在的错误、问题等;从产品外部看,缺陷则是系统未能实现某个必需功能或功能失效。

通常认为,至少满足以下五条规则中的一条,就可以称为发生了软件缺陷。

(1) 软件未实现规格说明书中要求的功能。

(2) 软件超出规格说明书中指明的范围,例如实现了未提到的功能。

(3) 软件未达到规格说明书中规定的目标。

(4) 软件运行时发生错误。

(5) 软件难以理解、不易使用、运行速度慢,或最终用户认为使用体验不佳。

在一些书籍和开发文档中,软件测试执行过程中发现的问题通常称为Bug,而将软件需求和设计阶段引入的错误称为Defect(缺陷),编码错误称为Error(错误),将软件交付用户使用过程中出现的错误称为Failure(故障)。

1.1.2 软件缺陷的普遍性

"软件危机"是指在计算机软件开发和维护过程中遇到的严重问题,这些问题一直困扰着计算机系统的发展。随着互联网的发展,越来越多的设备连接到网络中,这些设备上运行的软件面临着越来越多的攻击者和更容易实施的攻击方式,导致软件面临的安全风险不断增加。1968年,北大西洋公约组织的计算机科学家在联邦德国召开的国际会议上首次提出了"软件危机"的概念，并讨论了解决方案。在此次会议上，"软件工程"这一概念正式提出，并由此开创了一门新兴的学科——软件工程学，旨在研究和解决软件危机。

造成软件危机的重要因素是软件缺陷。历史上曾多次出现灾难级的软件缺陷事件，以下是其中一些典型的案例。

(1) 1988年，小罗伯特·莫里斯(Robert Morris，Jr.)发布了Internet蠕虫，首次暴露了互联网的脆弱性，并引发了对更高安全性的需求。他使用gets( )函数在Berkeley Unix finger守护程序中引发了缓冲区溢出，导致数千台计算机瘫痪。

(2) 1991年2月，美国在沙特阿拉伯部署的"爱国者"导弹系统未能成功拦截一枚来袭的"飞毛腿"导弹，造成了重大人员伤亡。经过深入调查，发现的原因是系统时钟存在软件缺陷——随着系统运行时间的延长，累积的时钟漂移会导致系统性能逐渐恶化。

(3) 1992年，部分驾驶员报告他们的丰田汽车出现意外的加速问题。调查发现，该问题源于硬件故障和软件缺陷的共同作用，其中涉及的软件问题包括缓冲区溢出、无效指针、竞争条件和堆栈溢出。

(4) 1994年，一位数学教授发现并公布了英特尔广受欢迎的奔腾处理器存在一个缺陷。英特尔回应称，只要用户能够证明他们确实受到了影响，便会根据要求更换芯片。英特尔表示，由缺陷引起的错误极为罕见，绝大多数用户不会察觉。然而，愤怒的用户要求英特尔为所有提出要求的人更换芯片，英特尔最终同意了。这一事件让英特尔公司损失了4.75亿美元。

(5) 1996年6月，阿丽亚娜5号火箭进行了首次飞行，即501航班。火箭发射后37秒自毁，导致任务失败，损失约3.7亿美元。事故的原因是数据从64位浮点值转换为16位带符号整数值时发生了整数溢出。

(6) 1999年，由美国国家航空航天局喷气推进实验室建造的火星气候轨道器项目以错误的角度接近了红色星球，导致了航天器的损毁。最终发现，工程团队的不同部门使用了不同的度量单位。一个研究推进器的部门使用的是英制磅力秒；另一个部门则使用公制牛顿秒。

(7) "千年虫"或"2000年问题"是指与2000年开始的日历数据的存储和格式化有关的事件。由于许多程序在表示四位数年份时只用最后两位数字表示，导致2000年和1900年无法区分，进而引发了系统故障。此问题影响到了银行、核电站、医院、交通运输等关键领域。为纠正这一错误，全世界耗费了数十亿美元来升级计算机系统。

(8) 2014年2月，苹果公司发布了有关SSL/TLS的安全更新。问题源于一行代码"goto fail;"，该行代码导致后面的语句无法执行。这一漏洞引发了大量投诉和经济损失。

(9) 2020年8月，花旗集团由于使用一个过时的软件系统造成了巨大损失。金融软件系统不及时进行维护和更新，将面临极大风险。首先，缺乏安全更新增加了黑客发现并利用安全漏洞的可能性。其次，软件系统未进行维护升级，容易与新操作系统、新设备以及第三方应用出现兼容性问题。

软件的实现过程是一个极其复杂的系统工程，几乎不可能做到零缺陷。通过软件测试能够尽早发现并修复这些缺陷，从而有效保障软件产品的质量。

1.2 软件质量

软件产品与其他产品一样,具有明确的质量要求。软件质量直接影响到软件的使用广泛程度与使用寿命。一款高质量的软件不仅能够满足客户的显式需求,往往还满足其隐式需求。

软件质量是指软件产品满足基本需求和隐式需求的程度。根据软件质量的定义,可以将其分为三个层次。

(1) 满足需求规定:软件产品符合开发者明确定义的目标,并且能可靠运行。

(2) 满足用户需求:软件产品的需求是由用户产生的,软件最终的目的就是满足用户需求,解决用户的实际问题。

(3) 满足用户隐式需求:除了满足用户的显式需求,软件产品如果能够满足用户的隐式需求(即可能需要在将来开发的功能),将会极大地提升用户满意度,从而提升软件质量。

高质量的软件不仅需要满足上述需求,还应便于内部人员维护与升级。软件开发过程中,统一的编码规范、清晰合理的代码注释,以及详细的需求分析、软件设计和测试文档,都是后期维护与升级的重要保障。同时,这些资料也是软件质量的一个重要体现。

软件质量是使用者与开发者共同关心的问题,但全面、客观地评价一个软件产品的质量并不容易,它并不像普通产品一样,可以通过直观的观察或简单的测量来判断。目前,已有多项标准用于评价软件产品的质量。例如ISO/IEC 9126:1991国际标准,可作为评估软件质量的重要依据。

ISO/IEC 9126:1991是早期最通用的一个评价软件质量的国际标准。该标准不仅对软件质量进行了定义,还制定了软件测试的规范流程,包括测试计划的撰写和测试用例的设计等。ISO/IEC 9126:1991标准由6个特性和27个子特性组成,主要包括以下6个特性。

(1) 功能性:在指定条件下,软件满足用户显式需求和隐式需求的能力。

(2) 可靠性:在指定条件下使用时,软件产品维持规定性能级别的能力。

(3) 易用性:在指定条件下,软件产品被使用、理解和学习的能力。

(4) 效率:在指定条件下,相对于所有资源的数量,软件产品可提供适当性能的能力。

(5) 可维护性:软件产品被修改的能力,包括修正、优化和功能规格变更的说明。

(6) 可移植性:软件产品从一个环境迁移到另一个环境的能力。

2011年,ISO发布了国际软件质量评价标准ISO/IEC 25010:2011。与ISO/IEC 9126相比,25010将质量模型从原来的6个属性扩展到8个属性,新增加了安全性和兼容性两个方面。此外,该标准还对功能性、易用性和可维护性进行了修改。

2016年,国家标准化管理委员会发布了国家标准GB/T 25000,该标准由21个部分组成。其中GB/T 25000.10和GB/T 25000.51是建立软件测试技术体系的重要参考部分。GB/T 25000.51-2016《系统与软件工程 系统与软件质量要求和评价(SQuaRE)第51部分:就绪可用软件产品(RUSP)的质量要求和测试细则》确立了就绪可用软件产品(RUSP)的质量要求,并规定了测试RUSP所需的测试计划、测试说明等文档要求,以及RUSP的符合性评价细则。GB/T 25000.51-2016涵盖软件产品的八大特性:功能性、性能效率、兼容性、易用性、可靠性、信息安全、维护性和可移植性。这些特性作为软件产品测评的主要依据和标准,如图1-2所示。

系统/软件产品质量

功能性	性能效率	兼容性	易用性	可靠性	信息安全	维护性	可移植性
1.功能完备性 2.功能正确性 3.功能适合性 4.功能性的依从性	1.时间特性 2.资源利用性 3.容量 4.性能效率的依从性	1.共存性 2.互操作性 3.兼容性的依从性	1.可辨识性 2.易学性 3.易操作性 4.用户差错防御性 5.用户界面舒适性 6.易访问性 7.易用性的依从性	1.成熟性 2.可用性 3.容错性 4.易恢复性 5.可靠性的依从性	1.保密性 2.完整性 3.抗抵赖性 4.可核查性 5.真实性 6.信息安全的依从性	1.模块化 2.可重用性 3.易分析性 4.易修改性 5.易测试性 6.维护性的依从性	1.适应性 2.易安装性 3.易替换性 4.可移植性的依从性

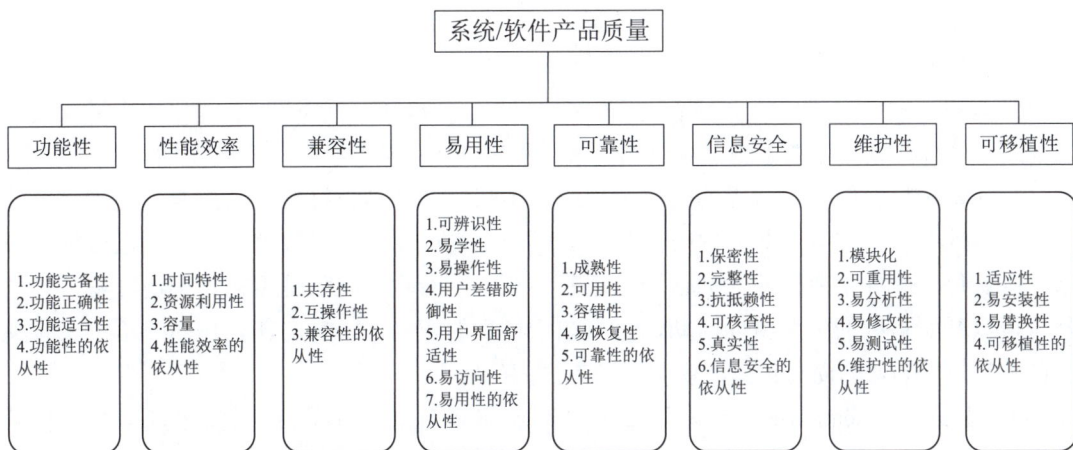

图1-2　GB/T 25000.51-2016涵盖的软件产品八大特性

1.3　软件测试定义

在软件测试的早期阶段，曾经出现过关于软件测试正反两方面的争论，代表人物是软件测试领域的两位先驱Bill Hetzel和Glenford J. Myers。正向思维认为，软件测试是顺应软件运行逻辑，以确保其最终能够正常运行为目标展开的各种活动。而反向思维则持怀疑态度，认为软件一定存在缺陷，基于这一出发点，反向思维认为软件测试是逆向推理软件的内在逻辑，以证明其存在缺陷为目标开展的各种活动。

1973年，Bill Hetzel给出了软件测试的定义："软件测试是为了程序能够按照预期设想运行而建立足够的信心。"1983年，为了更清晰地描述软件测试，Bill Hetzel将软件测试的定义修改为："软件测试是为了评估程序或软件系统的特性或能力，并且确定其是否达到预期结果的一系列活动。"上述两个定义代表了一种正向思维方式，认为软件测试的目的是验证软件是否能正常工作，也就是验证软件功能是否按照需求定义和软件设计的结果正确执行。

1979年，Glenford J. Myers出版了对软件测试行业影响深远的著作《软件测试的艺术》，他在书中提出了具有开创性意义的软件测试定义："测试是为了发现错误而执行程序或系统的过程"。Myers认为，软件测试应当侧重于证明软件存在错误，应当用逆向思维的方式去发现尽可能多的错误。他强调，通过软件测试能够提高程序的可靠性和质量，而实现这一目标的途径是发现并修改程序错误。以发现错误为导向，才能更好地设计测试用例，从而有效地攻击系统的弱点，甚至摧毁系统，以此发现系统中的各种问题。另外，测试是为了证明程序存在错误，而不能保证程序没有错误，因为仍可能存在尚未发现的潜在错误。

1983年，IEEE给出了相对标准的软件测试定义："使用人工或自动手段来运行或测定某个系统的过程，其目的是检验它是否满足规定需求，或弄清预期结果和实际结果之间的差异。"该定义明确说明了软件测试以检验软件是否满足需求为目标。预期结果和实际结果之间的差异，即软件错误，是测试过程的结果，而不是最终目标。发现软件错误只是实现这一目标的手段。

软件测试可以被定义为由验证(Verification)和确认(Validation)活动构成的整体。该定义反映了对软件测试的广义理解，有别于只把软件测试看作代码实现后的一项软件工程活动的狭义理解。软件测试贯穿于整个软件生命周期，需求评审和设计审查等软件质量保证活动都属于软件测试的范畴。测试对象不仅限于程序，还包括各类软件开发文档。

验证是指检验软件生命周期的每个阶段和步骤的产品是否符合产品规格说明中定义的功能和特性要求，并且与前面的阶段和步骤所产生的产品保持一致性。验证通过数据和证据来确认每个软件生命周期活动是否已正确完成，判断软件产品是否在正确地开发，以及是否可以开始后续的生命周期活动，重点在于过程的正确性。1981年，Boehm给出了有关验证和有效性确认的简洁解释，说明了两者之间的区别。

- 验证(Verification)：Are we building the product right？即是否正确地构造软件，检验软件开发过程中阶段性产品与软件规格说明书的一致性。
- 确认(Validation)：Are we building the right product？即是否构造了符合用户需求的正确软件产品。

1.4　软件测试学科

1.4.1　软件测试的发展历程

在20世纪50年代，软件规模较小，开发过程相对简单，因此软件测试基本等同于调试。然而，到了1957年，软件测试开始与调试区别开来，逐渐被视为一种发现软件缺陷的活动。由于长期存在着"为了让我们看到产品在工作，测试工作往往被推迟"的思想，测试仍然是紧随开发之后的活动。在潜意识中，测试的目的是使自己确信产品能够正常工作。

20世纪60年代中期到70年代中期，软件行业取得了快速发展，软件开始作为一种产品被广泛使用，这个时期出现了"软件作坊"。然而，随着软件数量的急剧膨胀和需求的日益复杂，开发成本也越来越高。随着用户对软件的要求越来越高，市场对软件质量的各个方面提出了新的要求，但是软件开发的管理水平却没有跟上，导致开发成本越来越高，最终引发了软件危机。

1968年北大西洋公约组织在联邦德国召开国际会议，会议上正式提出了"软件工程"这一名词，标志着软件工程学科的诞生。随着软件开发在软件工程方法指导下不断正规化，软件测试理论和方法也不断完善。1972年，北卡罗莱纳大学举办了历史上首届正式的软件测试会议，标志着软件测试作为一个学科正式诞生了。1973年，William C. Hetzel整理出版了软件测试的第一本著作*Program Test Methods*，对测试方法和测试工具进行了论述。1975年，Goodenough和Gerhart首次提出了软件测试的理论，使得软件测试成为具有理论指导的实践性学科。1979年，Glenford Myers在其著作《软件测试艺术》(*The Art of Software Testing*)中给出了当时较为准确的软件测试定义："测试是为发现错误而执行程序或系统的过程。"

20世纪80年代早期，"质量"的号角开始吹响。软件测试的定义发生了改变。测试不再仅仅是一个发现错误的过程，而是开始涵盖软件质量评估的内容。软件开发人员和测试人员开始坐在一起探讨软件工程和测试问题。各类标准相继制定，包括IEEE(Institute of Electrical and Electronic Engineers)标准、美国ANSI(American National Standards Institute)标准以及ISO(International Organization for Standardization)国际标准。1983年，Bill Hetzel在《软件测试完全指南》(*Complete Guide of Software Testing*)一书中指出："测试是以评价一个程序或系统属性为目标的任何活动，是对软件质量的度量。"Myers和Hetzel的定义至今仍被引用。

20世纪90年代，测试工具逐渐盛行。人们普遍意识到，工具不仅仅是有用的，而且对于充分测试软件系统必不可少。1996年，提出了测试能力成熟度模型(Testing Capability Maturity Model，TCMM)、测试支持度模型(Testability Support Model，TSM)和测试成熟度模型(Testing Maturity Model，TMM)。2002年，Rick和Stefan在其著作《系统的软件测试》(*Systematic Software Testing*)中对软件测试做了进一步定义："测试是为了度量和提高被测软件的质量，对测试对象进行工程设计、实施和维护的整个生命周期过程。"这些经典论著对软件测试研究的理论化和体系化产生了巨大的影响。

1.4.2　软件工程与软件测试

1968年，NATO(北大西洋公约组织)的科技委员会召集了近50名顶尖的编程人员、计算机科学家和工业界巨头，讨论并制定摆脱"软件危机"的对策。在那次会议上第一次提出了软件工程(Software Engineering)这个概念。软件工程是一门研究如何用系统化、规范化、数量化等工程原则和方法进行软件开发和维护的学科。

软件工程包括两方面内容：软件开发技术和软件项目管理。软件开发技术包括软件开发方法学、软件工具和软件工程环境。软件项目管理包括软件度量、项目估算、进度控制、人员组织、配置管理、项目计划、软件测试等内容。此后，软件工程理论开始蓬勃发展，提出了许多软件开发模型，比如瀑布模型、增量开发、螺旋模型和敏捷开发等。软件工程的发展趋势如图1-3所示。

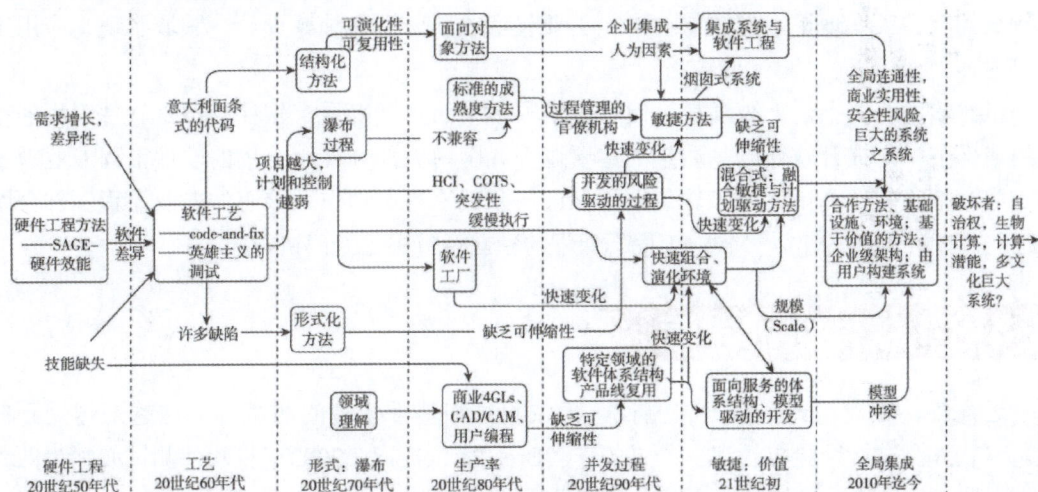

图1-3　软件工程发展趋势图

软件测试学科的发展始终围绕着软件工程学科。IEEE-CS和ACM联合组建的软件工程协调委员会(SWECC)发布了软件工程知识体系和推荐实践的SWEBOK 2004，为软件工程职业实践建立了适当的准则和规范。基于SWEBOK，SWECC进一步定义了可纳入教育项目的知识体系，包括本科生软件工程教育计划SE2004中的SEEK、研究生软件工程教育计划GSwE2009中的CBOK、软件工程职业道德规范和职业实践。

SWEBOK的最新版本V3共包括15个知识域，其中包含11个软件工程实践知识域，分别是软件需求、软件设计、软件构造、软件测试、软件维护、软件配置管理、软件工程管理、软件工程过程、软件工程模型和方法、软件质量、软件工程职业实践，以及4个软件工程教育基础知识域，包括软件工程经济学、计算基础、数学基础和工程基础。软件工程的理论基础主要是计算机科学中的程序理论和计算理论，以及求解问题的数学理论与方法。这些理论不仅关注构造软件的理论、模型与算法及其在软件开发与维护中的应用，也关注求解问题的数学理论与方法及其在软件建模、分析、设计和验证中的应用。

国内软件工程作为一个独立的一级学科，代码为0835，与计算机科学与技术、管理科学、数学等其他一级学科紧密相连，是基础性和技术性并重的新兴学科。软件工程所包含的二级学科如下。

(1) 083501软件工程理论与方法：在计算机科学和数学等基本原理的基础上，研究大型复杂软件开发、运行和维护的理论和方法，以及形式化方法在软件工程中的应用，主要包括软件语言、形式化方法、软件自动生成与演化、软件建模与分析、软件智能化理论与方法等内容。

(2) 083502软件工程技术：研究大型复杂软件开发、运行与维护的原则、方法、技术，以及相应的支撑工具、平台与环境。主要包括软件需求工程、软件设计方法、软件体系结构、模型驱动开发、软件分析与测试、软件维护与演化、软件工程管理，以及软件工程支撑工具、平台与环境等内容。

(3) 083503软件服务工程：研究软件服务工程原理、方法和技术，构建支持软件服务系统的基础设施和平台，主要包括软件服务系统体系结构、软件服务业务过程、软件服务工程方法、软件服务运行支撑等内容。

(4) 083504领域软件工程：研究软件工程在具体领域中的应用，并在此基础之上形成面向领域的软件工程理论、方法与技术，主要包括领域分析、领域设计、领域实现、应用工程等内容。

虽然软件测试不是一级学科，但从技术和学科的角度来看，软件测试是软件工程的重要组成部分，是提升软件产品质量的重要过程。国内大部分高等院校的软件工程专业教学计划中，把"软件测试"或"软件质量保证与测试"等课程作为核心的专业课程。部分院校还将"软件测试"作为"软件工程"课程的独立章节进行专门讲授。

1.4.3 软件测试学派

近几年，敏捷测试、探索式测试、精益测试和基于模型的测试等方法越来越受到关注。《软件测试：经验与教训》一书的作者Bret Pettichord在2003年将软件测试归纳为四大学派。四年后，他又增加了一个敏捷测试学派，将软件测试分为以下五个学派。

(1) 分析学派(Analytic School)：该学派认为软件是逻辑性的，将测试看作计算机科学和数学的一部分。结构化测试和代码覆盖率就是其中一些典型的例子。分析学派认为测试工作是技术性很强的工作，侧重使用类似UML工具进行分析和建模。

(2) 标准学派(Standard School)：该学派从分析学派分支而出，并得到IEEE的支持。它将测试看作侧重于劣质成本控制并具有可重复标准的工作，旨在衡量项目进度。标准学派认为测试是对产品需求的确认，每个需求都需要得到验证。

(3) 质量学派(Quality School)：该学派主张软件质量需要规范，测试就是过程的质量控制活动，能够揭示项目质量风险。该学派认为测试的目的是确保开发人员遵守规范，测试人员在此过程中扮演产品质量的守门员角色。

(4) 上下文驱动学派(Context-Driven School)：该学派认为软件是人创造的，测试所发现的每一个缺陷都和相关利益者密切相关。它认为测试是一种有技巧的心理活动，强调人的能动性和启发式测试思维，其中探索性测试是其典型代表。

(5) 敏捷学派(Agile School)：该学派认为软件开发就是持续不断的对话，而测试就是验证开发工作是否完成。敏捷学派特别强调自动化测试，TDD(Test-Driven Development)是其典型代表。

标准学派和质量学派相对比较成熟，相关流程、过程规范等基本已建立，例如TPI和TMMi等模型，虽然未来会有一些修改。而上下文驱动学派则是比较自然的思路，其他学派或多或少也会从上下文去考虑，也存在融合的可能性。虽然分析学派和上下文驱动学派、敏捷学派有一定对立关系，但它们相互之间又会有更多的交融。敏捷方法主要以实践为基础，敏捷测试不是原发性的，而是源于敏捷开发。开发者被动地寻求测试方法和技术来适应敏捷开发。敏捷测试缺乏自己独立的理论根基，更多地依赖于上下文驱动学派的支持，包括探索式测试和自动化测试。其中，自动化测试是敏捷测试主推的，没有自动化测试就没有敏捷测试，而自动化测试与持续集成和持续测试也高度契合。

对软件测试影响最大的因素是软件发布模式和软件开发技术。在SaaS模式中可以实现持续发布，从而使敏捷测试和探索式测试受到更多的关注。同时，SaaS的发展促进了各种基于云计算的服务模式诞生，软件测试的云服务模式应运而生并快速发展起来。测试公有云提供公共的开放测试服务，例如UTest、SOASTA、SauceLab和Testin等，这些平台可以完成手机应用、Web应用或其他应用的功能测试、兼容性测试、配置测试和性能测试等。而测试私有云是某个企业为自己建立的云测试服务，将测试机器资源、测试工具等都放在云端，公司的各个团队都可以共享所有测试资源，完成从自动分配资源、自动部署到测试结果报告生成的测试过程，并且还能将测试流程和测试管理等固化在私有云中。

1.5 软件测试目的和原则

1.5.1 软件测试目的

基于不同的立场，存在着两种完全不同的测试目的。从用户的角度出发，用户普遍希望通过软件测试暴露软件中隐藏的错误和缺陷，以评估是否可以接受该产品。而从软件开发者的角度出发，则希望测试成为表明软件产品中不存在错误的过程，验证该软件已正确地实现了用户的要求，确立人们对软件质量的信心。因此，开发者往往会选择那些导致程序失效概率小的测试用例，避免使用那些易于暴露程序错误的测试用例，并且不太关注检测和排除程序中潜在的副作用。

关于软件测试的目的，Glenford J. Myers提出了如下观点。

○ 软件测试是程序的执行过程，其目的是发现错误。

○ 优秀的测试用例很可能会发现至今尚未发现的错误。

○ 成功的测试是那些发现了至今尚未发现错误的测试。

尽早且尽量多地发现被测对象中的缺陷，是测试人员测试过程中最常提起的一个测试目标，也是测试价值的重要体现。发现错误是软件测试的过程之一，但不是软件测试的唯一目的。因此，软件测试的目的也包含以下内容。

1. 提升软件质量

软件测试最直接的目的就是提高软件的质量，让用户对产品有较好的体验，并保障产品的高质量。发现缺陷的目的是推动开发人员定位和修复问题。测试人员通过再测试和回归测试，确保开发人员已修复缺陷，并确认修复过程没有影响原来正常的功能区域，从而提高产品质量。开发生命周期的每个阶段，都应该有测试的参与，以尽可能多地发现各阶段的缺陷，这样可以大大提高该阶段的缺陷控制能力，这样可以提高测试效率、降低成本并提高质量。

2. 提供信息

测试过程的每个阶段都在为开发过程提供信息，包括给软件产品的不同成员提供不同维度不同详细程度的信息。提供信息的主要目的是帮助项目组做出正确的决策。

(1) 质量评估：通过测试过程提供的各种数据，可以帮助项目经理评估被测软件产品的质量。例如根据测试过程中发现缺陷的累积趋势、测试执行的进度数据、执行通过率和覆盖率等指标，可以判断软件产品是否满足计划中定义的质量要求。

(2) 进度评估：通过提供的各种数据，可以帮助项目经理判断软件产品是否能够及时发布。这包括评估测试执行进度是否在计划范围内，以及修复缺陷进度是否满足质量标准和发布要求等。

在评估产品质量和进度时，测试过程中提供的数据是非常重要的输入。

3. 预防缺陷

在测试过程中发现的缺陷，以及遗漏到用户现场的缺陷，都应该对它们进行缺陷根本原因分析，以确定引入缺陷的主要原因。从测试角度也要分析为什么能发现缺陷，以及为什么缺陷会遗漏到用户现场。缺陷根本原因分析的目的是从以往的软件开发和测试过程中吸取经验和教训，避免同样的问题重复发生，从而改进开发和测试过程。过程改进反过来可以预防相同的缺陷再次引入或遗漏，从而提高软件产品的质量，这也是软件质量保证的重要一环。

4. 保证产品安全

大部分的软件产品都涉及数据信息，尤其是金融类产品，对个人资金账户的安全性要求极高。因此，确保通过数据加密和安全处理来保障用户的资金流动安全至关重要。如果安全性测试不充分，存在漏洞，其后果将不堪设想。

5. 降低开发成本

高效的测试能够在开发过程中通过跟踪需求、验证质量和提交缺陷等环节，提升开发人员的技术水平。建立一套完整的体系，可以提高整个团队的工作效率，从而降低开发成本，进而把控产品质量。例如，对一款产品在不同终端设备的兼容性进行测试，可以大大降低其他版本开发的成本。

6. 降低商业风险

软件测试除了可以降低开发成本，还可以降低因软件缺陷带来的商业风险。举个例子，如果一款产品使用起来不流畅且缺陷频出，在向合作伙伴展示时难以获得认可和信任，从而可能导致商业损失。

7. 提高用户体验

软件测试主要在软件产品发布前进行，通过提前介入，能够有效保障软件产品的质量。在经过测试和修改之后，再将产品交付给用户，可以显著提高用户体验，增强用户对产品的信心。这可以避免在发布后出现严重影响使用的Bug，减少用户投诉等问题。

8. 树立产品信心

当测试过程中发现的缺陷很少或没有发现缺陷时，测试就可以帮助树立对于软件产品质量的信心。一款没有经过测试的产品发布之后，往往容易出现各种Bug。相反，经过充分测试的产品将使软件开发公司更加自信，从而提升其市场竞争力。

1.5.2 软件测试原则

软件测试经过多年的发展，形成了多种原则用于指导软件测试工作。制定软件测试的基本原则有助于提高测试工作的效率和质量，使测试人员能够以最少的人力、物力和时间，尽早发现软件中存在的问题。测试人员应该在测试原则的指导下进行测试工作。以下是业界公认的一些重要原则。

1. 测试应基于用户需求

所有的测试标准应建立在满足客户需求的基础上。从用户角度来看，最严重的错误是那些导致程序无法满足需求的错误。因此，应依照用户的需求配置环境并且按照用户的使用习惯进行测试并评估结果。如果系统不能满足客户的需求和期望，那么这个系统的研发是失败的。同时，在系统中发现和修改缺陷也是没有任何意义的。在开发过程中，用户的早期介入和接触原型系统就是为了避免这类问题的预防性措施。

2. 软件测试不能证明程序无错

软件测试是发现软件错误的过程，但它并不能证明软件完全无错。即使测试人员运行了大量测试用例而未发现错误，也并不能证明被测软件不存在问题。这是因为软件系统的复杂性和测试的不完备性，导致测试人员很难考虑到所有的可能情况和边界条件。因此，测试人员只能证明某些错误已经被发现，而不能确定不存在其他未发现的错误。

3. 应尽早和不断地进行软件测试

由于原始问题的复杂性、软件本身的抽象性、开发各个阶段工作的多样性，以及参加开发的不同层次人员之间工作的配合关系等因素，使得开发的每个环节都可能产生错误。因此，不应把软件测试仅仅看作是软件开发的一个独立阶段，而应当把它贯穿到软件开发的各个阶段中。坚持在软件开发的每个阶段进行技术评审，有助于尽早发现和预防错误，把出现的错误克服在早期，杜绝某些隐患。这种方法可以大大降低错误修复的成本，提高软件质量。

4. 做好软件测试计划工作

软件测试是有组织、有计划、有步骤的活动。因此，测试工作必须严格执行测试计划，避免测试的随意性。测试计划应包括：软件的功能、输入、输出、测试内容、各项测试的进度安排、资源要求、测试资料、测试工具、测试用例的选择、测试的控制方法和过程、系统的配置方式、跟踪规则、调试规则、回归测试的规定以及评价标准等。此外，回归测试的关联性一定要引起充分的注意，修改一个错误而引起更多错误出现的现象并不少见。项目测试相关的活动依赖于测试对象的内容。对于每个软件系统，测试策略、测试技术、测试工具、测试阶段以及测试出口准则的选择都可能有所不同。同时，测试活动必须与应用程序的运行环境和使用中可能存在的风险相关联。因此，没有两个系统会以完全相同的方式进行测试。

5. 测试前必须明确定义好产品的质量标准

只有建立了明确的质量标准，才能根据测试的结果对产品的质量进行分析和评估。同时，测试用例应该确定期望输出结果。如果无法确定测试期望结果，则无法进行检验。因此，必须使用预先确立的输入数据和输出结果来对照检查当前的输出结果是否正确，以确保测试的针对性。系统的质量特征不仅仅是功能性要求，还包括了很多其他方面的要求，例如稳定性、可用性、兼容性等。

6. 程序员应避免检查自己的程序

测试工作需要严谨的作风、客观的态度和冷静的情绪。人们常由于各种原因存在一种不愿否定自己工作的心理，认为揭露自己程序中的问题并不是一件愉快的事情。这一心理状态就成为程序员自我测试程序的障碍。另外，程序员对软件规格说明的理解错误也可能导致难以发现错误。如果由他人来测试程序员编写的程序，可能会更客观、更有效，并且更容易取得成功。需要注意的是，这一点不能与程序的调试(Debuging)相混淆。调试工作由程序员自己进行通常更为有效。

7. 充分注意测试中的群集现象

一般来说，程序中已发现的错误数量越多，潜在的错误概率也越高。历史统计数据表明，80%的软件缺陷起源于20%的模块。错误集中发生的现象，可能和程序员的编程水平和习惯有很大的关系。因此，测试时不要以为找到了几个错误问题就已经解决，不需继续测试。经验表明，测试后程序中残存的错误数量与该程序中已发现的错误数量或检错率之间成正比。根据这个规律，应当对错误集中出现的程序段进行重点测试，以提高测试资源的使用效率。

8. 对每一个测试结果进行全面检查

有些错误的征兆在输出实测结果中已经显现，但如果不仔细和全面地检查测试结果，这些错误可能会被遗漏。因此，在测试过程中，必须对预期的输出结果明确定义，对实测的结果仔细分析检查，避免因为疏忽或对结果与预期结果一致性的主观判断而导致错误遗漏。

9. 穷举测试是不可能的

完全测试是指试图找出所有软件缺陷，使软件达到完美状态，但这是不可能实现的。一方面，穷举测试本身是不可行的；另一方面，测试资源是有限的。另外，测试后期发现错误的成本非常大，需要权衡投入与产出之间的关系。不充分的测试是不负责任的，过度测试是浪费资源，同样是不负责任的。因此，需要根据软件质量要求，在满足质量标准的前提下进行有效测试。

10. 测试设计决定了测试的有效性和效率

测试设计决定了测试的有效性和效率，测试工具只能提高测试效率，无法解决所有问题。根据测试的目的，采用相应的方法设计测试用例，可以提高测试的效率，帮助更多地发现错误，从而提高程序的可靠性。除了检查程序是否完成了应执行的任务，还应关注程序是否执行了不应有的操作。此外，测试用例的编写不仅应基于有效和预期的输入情况，还需要考虑无效和未预料的输入情况。

11. 妥善保存测试文档，并注意测试设计的可重用性

应妥善保存测试计划、测试用例、出错统计和测试报告等文档，以便于项目的维护。此外，测试设计可以兼顾更好的通用性，便于整个设计方案可以更好地重用，从而节省开发和设计成本。

12. 软件缺陷的免疫性

频繁使用杀虫剂后，害虫会产生免疫力，使杀虫剂失去效力。在测试中，同样的测试用例反复使用，发现缺陷的能力就会越来越差。这种现象的主要原因在于测试人员没有及时更新测试用例，同时对测试用例及测试对象过于熟悉，导致思维定势。为克服这种现象，测试用例需要定期进行评审和修改，并不断增加新的、不同的测试用例来测试软件或

系统的不同部分,保证测试用例永远是最新状态,反映程序代码或说明文档的最新更新信息。这样,软件中未被测试过的部分或者先前没有被使用过的输入组合就会重新执行,从而发现更多的缺陷。同时,作为专业的测试人员,应具备探索性思维和逆向思维,而不仅仅是对输出与期望结果进行比较。

1.6 软件测试分类

软件测试的分类方式多种多样。本节将从测试方法、测试执行状态、测试执行阶段、用户需求、是否自动化和其他相关维度对软件测试进行分类。通过对软件测试进行分类,可以系统地了解其知识体系,如图1-4所示。

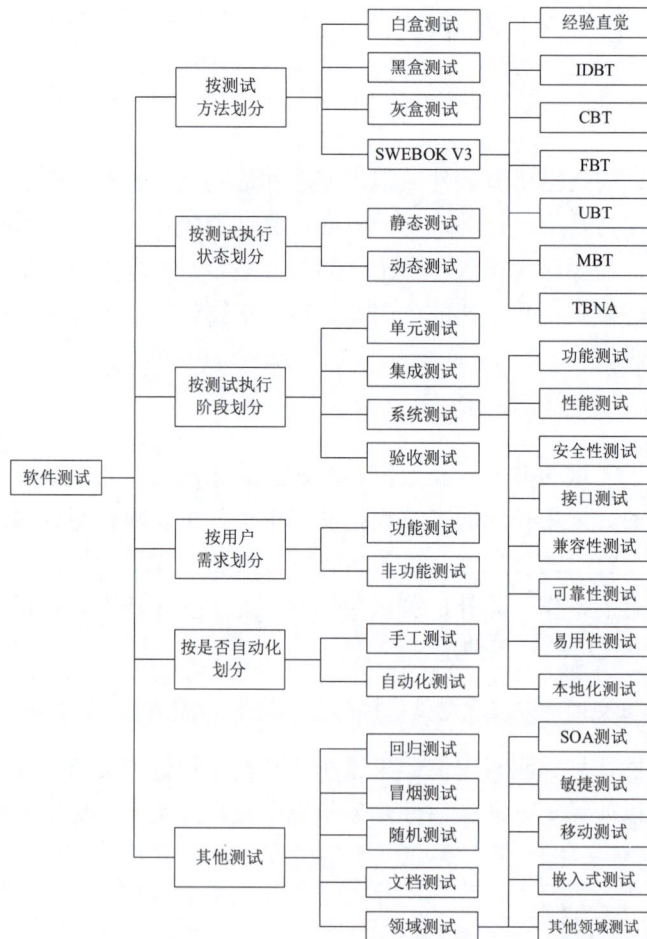

图1-4　软件测试分类图

1. 按测试方法划分

根据测试方法划分,软件测试可以分为白盒测试、黑盒测试和灰盒测试。SWEBOK V3对软件测试的分类方式与这三种方法有所不同。

1) 白盒测试

白盒测试也称结构测试或逻辑驱动测试,是一种根据程序内部的结构对其进行测试的方法。通过这一测试,可以检测产品内部动作是否按照设计规格说明书的规定正常进行,检验程序中的每条通路是否都能按预定要求正确工作。这种方法是把测试视为一个"打开的盒子",测试人员依据程序内部逻辑结构相关信息,设计或选择测试用例,对程序所有逻辑路径进行测试。通过在不同点检查程序的状态,确定实际的状态是否与预期的状态一致。白盒测试不仅可以应用于单元测试,还可以覆盖程序的语句、判定、语句判定、判定组合和路径等,还可以扩展到控制流路径的覆盖。

2) 黑盒测试

黑盒测试通过检测每个功能的正常使用情况,发现软件设计规格说明书中的错误和缺陷。在测试过程中,程序被视为一个无法打开的黑盒子。在不考虑程序内部结构和内部特征的情况下,只检查程序功能是否按照要求规范说明书的规定正常使用,程序是否能够适当地接收输入数据并产生正确的输出信息。黑盒测试侧重于程序的外部结构,不考虑内部逻辑结构,主要测试软件界面和软件功能。黑盒测试是从用户的角度来测试输入数据和输出数据之间的对应关系。显然,如果外部特征本身的设计有问题或规格说明有误,则无法用黑盒测试方法发现这些问题。因此,除了要测试所有合法的输入,还要测试那些非法但可能的输入。从这个角度来看,完全测试是不可能的,所以我们应该进行有针对性的测试,通过制定测试案例来指导测试的实施,以确保软件测试有组织、有步骤、有计划地进行。为了真正保证软件的质量,必须量化黑盒测试行为,测试用例是量化测试行为的具体方法之一。黑盒测试用例的具体设计方法包括等价类划分、边界值分析、错误推测、因果图、判定表驱动、正交实验等。

3) 灰盒测试

灰盒测试是一种介于白盒测试和黑盒测试之间的测试方法,主要用于应用程序的集成测试阶段。它不仅关注针对集成系统的输入和输出值的正确性,同时也对程序的内部执行逻辑进行分析、监测和验证。灰盒测试的常见方法是在应用程序系统执行的过程中,利用插装、调试、日志记录或信号监测等多种技术,对软件的内部执行过程进行分析、度量和验证,从而实现对软件内部缺陷的更全面检测。根据不同的应用程序,灰盒测试的目标也会有所差异。灰盒测试正好可以弥补白盒测试和黑盒测试的不足,兼顾了测试的效率,同时又能洞悉系统内部执行过程。灰盒测试也许还没有像白盒测试和黑盒测试那样普遍且标准化地应用到常见的研发流程中,但其思想和方法对大多数软件研发人员来说可能并不陌生。例如使用调试器进行单步执行以观察程序的执行逻辑,或手动插入print( )函数以获取执行日志等。要想将灰盒测试的方案推广到研发流程中,可以借助一个集成化、易用且自动化的解决方案。

4) SWEBOK V3

2014年2月20日,IEEE计算机协会发布了软件工程知识体系(Software Engineering Body of Knowledge,SWEBOK)指南第3版。SWEBOK V3的测试分类方式不同于黑盒测试和白盒测试,主要包括以下测试方法。

- 基于直觉和经验的方法，例如Ad-hoc测试方法和探索式测试等。
- 基于输入域的方法(IDBT)，例如等价类、边界值、两两组合和随机测试等。
- 基于代码的方法(CBT)，例如基于控制流的标准、基于数据流的标准以及CBT参考模型等。
- 基于故障的方法(FBT)，例如故障模型、错误推测和变异测试等。
- 基于用途的方法(UBT)，例如操作配置和用户观察启发等。
- 基于模型的方法(MBT)，例如决策表、有限状态机、形式化验证、TTCN3和工作流模型等。
- 基于应用技术的方法(TBNA)，例如OOS、Web、Real-time、SOA、Embedded、Safe-critical等。

2. 按测试执行状态划分

根据测试执行状态，软件测试可以分为静态测试和动态测试。

1) 静态测试

静态测试是指不运行被测试软件系统的情况下，采用其他手段和技术对被测试软件进行检测的一种测试技术。例如，代码走读、文档评审和程序分析等都是静态测试的范畴。常用的静态分析技术包括控制流分析、信息流分析和数据流分析，但现在这些方法实际应用较少，因为很多问题在编译的时候就解决了。在测试过程中，静态测试中最常用的方法是对文档进行评审。不同类型的文档在评审时关注的问题也各不相同。

几乎所有软件工作产品都可使用静态测试(包括评审和静态分析技术)进行检查，例如：

- 规格说明，包括业务需求、功能需求和安全性需求；
- 用户故事和验收准则；
- 架构和设计规格说明；
- 代码；
- 测试构件，包括测试计划、测试用例、测试规程和自动化测试脚本；
- 用户手册；
- Web 网页；
- 合同、项目计划、进度表和预算计划；
- 配置设置以及基础设施的设置；
- 模型，例如用于基于模型测试的活动图。

评审可以应用于任何工作产品，只要参与者具备阅读和理解的能力。静态分析技术可以有效地应用于具有规范结构(典型代表有代码或模型)的任何软件工作产品，并可运用适当的静态分析工具。此外，静态分析技术还可以借助工具评估以自然语言编写的工作产品，例如需求文档(如检查拼写、语法和可读性)。

2) 动态测试

动态测试是指按照预先设计的数据和步骤来运行被测软件系统，从而对被测软件系统进行检测的一种测试技术。按照阶段划分，单元测试阶段常用的动态测试方法是逻辑覆盖。而在系统测试阶段，进行的测试都属于动态测试，因为必须运行系统才能验证系统功能是否正确。动态测试是通过观察代码运行时的动作，来提供执行跟踪、时间分析和测试覆盖度等信息。动态测试通过实际运行程序发现错误，并通过有效的测试用例分析对应的输入/输出关系，以评估被测程序的运行情况。

3. 按测试执行阶段划分

根据测试执行阶段划分，软件测试可以分为单元测试、集成测试、系统测试和验收测试。

1) 单元测试

单元测试主要针对最小的软件设计单元(模块)进行验证，目标是确保模块被正确的编码。测试过程中以过程设计描述为指南，对重要的控制路径进行测试以发现模块内的错误。通常情况下，单元测试采用白盒测试的方法，包括对代码风格和规则、程序设计和结构、业务逻辑等进行静态测试，以便及早发现和解决不易显现的错误。

2) 集成测试

集成测试旨在发现与模块接口有关的问题，其目标是在通过单元测试的基础上，将各个模块组合成设计文档中所描述的程序结构。通常建议避免一次性集成(除非软件规模很小)，而采用增量集成。集成方式一般分为自顶向下和自底向上两种方式。自顶向下集成是指模块集成的顺序是首先集成主模块，然后按照控制层次结构向下进行集成。隶属于主模块的模块按照深度优先或广度优先的方式集成到整个结构中。自底向上集成是指从原子模块开始构建和测试。因为模块是自底向上集成的，集成时要求所有隶属于某个顶层的模块始终可用，无须使用稳定的测试桩。

3) 系统测试

系统测试是基于系统整体需求说明书的黑盒类测试，旨在覆盖系统中所有相关的组件。系统测试是针对整个产品系统进行的测试，其目的是验证系统是否满足了需求规格的定义，找出与需求规格不符或存在矛盾的地方。系统测试的对象不仅包括需要测试的产品系统的软件，还包含软件所依赖的硬件、外设，甚至某些数据、支持软件及其接口等。因此，必须将系统中的软件与各种依赖的资源结合起来进行测试。系统测试通常包含功能、性能、安全性、接口、兼容性、可靠性、易用性、本地化等多个方面的测试。

4) 验收测试

验收测试是系统开发生命周期方法论中的一个重要阶段。在此阶段，相关的用户或独立测试人员根据测试计划和结果对系统进行测试和接收。该测试旨在让系统用户决定是否接收系统，并确定产品是否能够满足合同或用户所指定的需求。验收测试包括Alpha测试和Beta测试。Alpha测试由用户在开发者的场所进行，测试在一个受控的环境中进行。Beta测试由软件的最终用户在一个或多个用户场所进行，开发者通常不在现场，用户记录测试中遇到的问题并报告给开发者。开发者对系统进行最后的修改，并开始准备发布最终版本的软件。

4. 按用户需求划分

根据用户需求，软件测试可以分为功能测试和非功能测试。

1) 功能测试

根据国际软件测试资质认证委员会(ISTQB)的定义，功能测试是一种检查组件或整个系统功能的测试。简而言之，功能测试帮助企业确保软件产品的特定功能完全按照预期正常工作。功能测试一般包括单元测试、集成测试、健全性测试、回归测试和Beta测试等。

2) 非功能测试

ISTQB将非功能测试定义为测试与系统功能无关组件。非功能测试的范围可能是无穷无尽的，并且很大程度上取决于产品的具体情况。非功能性需求更多关注产品如何为最终用户提供服务，而不是仅仅关注预期结果。非功能测试旨在通过各种标准评估应用程序的质量情况，通常包括性能测试、压力测试、负载测试、容量测试、安全测试、易用性测试和本地化测试等。

5. 按是否自动化划分

根据是否自动化，软件测试可以分为手工测试和自动化测试。

1) 手工测试

手工测试是指软件测试的整个过程(如评审、测试设计、测试执行等)均由软件测试工程师手动完成，不使用任何测试工具。狭义上讲，手工测试强调测试执行由人工完成，是最基本的测试形式。

2) 自动化测试

自动化测试是指使用软件来控制测试执行过程，以比较实际结果和预期结果的一致性，同时设置测试的前置条件和其他测试控制条件，并输出测试报告。通常，自动化测试需要在适当的时间使已经形式化的手工测试过程自动化。自动化测试将大量的重复性测试工作交给计算机去完成，可以有效节省人力和时间成本，从而提高测试效率。

6. 其他测试

除了上述分类方法，还有其他一些测试类型，例如回归测试、冒烟测试、随机测试、文档测试和领域测试等。

1) 回归测试

回归测试是指在软件项目中，当开发人员修改软件代码以修复已知的Bug后，测试人员重新测试之前已经测试过的内容，以确认此次修改没有引入新的错误。也就是说，回归测试的目的就是检查开发人员在修复已有Bug时是否导致了新的Bug。

2) 冒烟测试

冒烟测试最初源于电路板测试。当电路板完成后，首先会进行加电测试，如果电路板没有冒烟，才会进行其他测试；否则，电路板必须重新制作。类似地，冒烟测试就是在新版本发布时，将软件的全部功能进行一次快速检查，以发现是否存在重大问题。如果所有功能可以正常运行且不会影响测试进行，则该版本可以进入正式测试阶段。如果功能有重大问题或影响测试进行，那么这个版本就是不合格的，无须进行进一步测试。

3) 随机测试

随机测试的输入数据都是随机生成的，目的是模拟用户的真实操作，对一些特殊使用操作、特殊使用环境、程序并发运行可能造成的问题进行检查。对于软件的重要功能、测试用例未覆盖到的部分、软件更新和新增功能，尤其是前期测试出现严重缺陷的部分，应当进行随机测试，并可以结合回归测试一起进行。每个新的软件版本都需要进行随机测试，特别需要重视对即将发布的软件版本的随机测试工作。目前，随机测试已经演化为更为系统和专业的探索性测试。

4) 文档测试

软件文档测试是软件测试中非常重要的一个环节，主要涉及各种类型文档的检查和验证。具体而言，文档测试包括了需求文档测试、设计文档测试、用户手册测试、帮助文档测试以及软件源代码的测试等。通过对这些文档的测试，可以确保软件开发的质量和可靠性，从而保障软件产品的稳定运行。

5) 领域测试

软件测试如果具体到技术领域，可以分为SOA测试、敏捷测试、移动测试、嵌入式测试和其他测试领域等。

- SOA测试是针对SOA架构风格的测试。在此测试中，软件组件通过通信协议以网络形式进行交互。它是服务生命周期管理的重要组成部分，支持跨多个SOA服务实现解决服务质量的多个方面。该测试相对复杂，因为复合软件具有许多活动部件和互连关系，对测试具有挑战性。

- 敏捷测试是为了适应敏捷开发而特别设计的一套完整的软件测试解决方案。该解决方案支持持续交付，涵盖所需的价值观、思维方式、测试流程、一系列优秀的测试实践，以及更合适的测试环境、自动化测试框架和工具。敏捷测试可以采用目前已有的各种测试方法，包括手工探索式测试、接口自动化测试、UI自动化测试、边界值/等价类划分方法、组合测试方法等。与传统测试相比，敏捷测试的侧重点有所不同，主要的差别是在价值观、测试思维方式、流程和实践上。

- 移动测试应确保App在所有移动设备及其操作系统上高效运行方面发挥着关键作用。移动App测试通常是指检查App的功能性和非功能性组件，主要针对原生应用、移动Web应用和混合应用进行测试，主要涉及兼容性、操作系统、性能测试、安全性测试、稳定性测试、安装和易用性测试等方面。

- 嵌入式测试是针对嵌入式系统的特殊测试方法。与普通软件测试相比，嵌入式测试的特点在于测试对象的特殊性和测试方法的多样性。嵌入式软件通常集成在设备中，无法独立运行。因此，测试过程中需要考虑设备的特殊硬件和软件环境。

- 其他测试领域包括Web领域、云计算、大数据等，这些技术领域都需要相应的软硬件测试环境和测试方法。

1.7 测试用例

测试用例(Test Case)是为某个特殊目标而编制的一组测试输入、执行条件以及预期结果，旨在测试某个程序路径或验证其是否满足特定需求。测试用例是软件测试人员需要具备的基础能力。

测试用例的用途如下：

- 指导测试工作有序进行，使实施测试的数据有据可依；
- 确保所实现的功能与客户的预期需求相符；
- 完善软件不同版本之间的重复性测试；
- 跟踪测试进度，确定测试重点；
- 评估测试结果的度量标准；
- 增强软件的可信任度；
- 分析缺陷的标准。

如何编写测试用例呢？这需要用到相应的测试方法。测试用例一般包含以下内容。

- 用例编号：唯一标识，与需求编号对应，形成多对一关系。
- 用例编写者：设计用例的人员。
- 被测对象：要测试的功能点(模块、系统)。
- 用例标题：对测试项的简短描述。
- 用例级别：确定用例执行的级别。
- 前提条件：执行用例时需要的预置条件。
- 输入条件：执行该动作需要输入的数据。
- 操作步骤：执行该动作需要完成的操作。
- 预期结果：执行完该动作后程序的预期结果。
- 实际结果：实际输出的结果(可选)。
- 问题描述：执行该用例后系统显示的错误信息。
- 验证结果：该测试用例是否执行通过。
- Bug编号：填写Bug管理系统中对应此用例的Bug编号(可选)。
- 需求编号：唯一标识，与用例编号对应，形成一对多关系。
- 测试执行者：按照该用例执行测试的人员。
- 测试日期：执行测试的时间。
- 备注：对未执行或不能执行的用例进行说明。

在设计测试用例时，需要注意以下问题。

1. 测试用例应当包括合理的输入条件和不合理的输入条件

合理的输入条件是指能够验证程序正确性的输入条件，而不合理的输入条件是指异常、临界或可能引起问题的输入。在测试程序时，测试人员常常倾向于过多地考虑合法且预期的输入条件，以检查程序是否按预期执行，而忽视了不合法和意外的输入条件。事实上，软件在投入运行以后，用户的操作往往不遵循预设的规范，可能会输入一些意外的内容，例如用户在键盘上按错了键或输入非法命令。如果开发的软件在遇到这种情况时不能做出适当的反应，给出相应的信息，就容易导致故障，轻则返回错误的结果，重则导致软件失效。因此，软件系统处理非法命令的能力也必须在测试时受到检验。使用不合理的输入条件测试程序时，往往能够发现比使用合理输入条件更多的错误。

2. 测试用例应由测试输入数据及其对应的预期输出结果两部分组成

在测试之前，应根据测试的要求选择在测试过程中使用的测试用例。测试用例主要用于检验程序员编写的程序，因此不仅需要测试的输入数据，还需要针对这些输入数据的预期输出结果。如果没有给出预期的程序输出结果，就缺乏了检验实测结果的基准，这可能导致将一个似是而非的错误结果当成正确结果。

关于测试用例的编写规范，已经形成了典型的方法供测试人员参考。编写规范一般包含以下设计原则。

- 系统性：应完整说明整个系统的业务需求，包括系统由几个子系统组成以及它们之间的关系；对于模块业务流程，需要说明子系统内部的功能、重点功能以及它们之间的关系。
- 连贯性：对系统业务流程要说明各个子系统之间是如何连接的。若需要接口，必须确保各子系统之间的接口正确；若依靠页面链接，则应验证页面链接的准确性。对模块业务流程，要说明同级模块以及上下级模块如何构成一个子系统，并确保其内部功能接口的连贯性。
- 全面性：应尽可能覆盖各种路径和业务点，同时考虑跨年、跨月的数据情况，以及大数据量的并发测试准备。
- 正确性：输入界面后的数据应与测试文档所记录的数据一致，预期结果也应与测试数据所对应的业务逻辑相符。
- 符合正常业务规则：测试数据要符合用户实际工作中的业务流程，同时也要兼顾各种业务的变化以及当前行业的法律法规。
- 可操作性：测试用例中应明确测试的操作步骤，以及不同的操作步骤对应的测试结果。

编写标准一般包含以下内容。

- 测试用例编写应制定统一的模板，并约定模板的使用方法。
- 测试用例编写应当根据项目实际情况编制测试案例编写手册，包括案例编号规则、案例编写方法、案例编写内容及案例维护等内容。
- 测试用例的编写应根据手册中约定的编写方法和内容进行。
- 测试用例的编写要步骤明确，输入和输出要清晰，并与需求和缺陷相对应。
- 测试用例的编写应严格根据需求规格说明书及测试需求功能分析点进行，确保覆盖全部需求功能点。
- 注重案例的可复用性，使其能够在未来相似系统的测试过程中重复使用，从而减少测试设计的工作量。

编写高质量的测试用例是软件测试的基础。然而，由于软件人员在需求理解和设计等方面存在差异，首次编写的测试用例质量往往会有所不同。因此，对编写的测试用例进行评审是非常必要的。测试用例的评审过程有助于清理用例结构、全面覆盖测试场景，并合理安排用例优先级。

测试用例的评审一般包含以下内容。

- 评估用例设计的结构安排是否清晰合理，以及是否有效覆盖了需求。
- 检查用例的优先级别是否安排合理。
- 确认是否覆盖了测试需求的所有功能点，包括需求中的业务规则及所有用户可能使用的流程或场景。

- 确保用例具有良好的可执行性，包括前提条件、执行步骤、输入数据和预期结果是否清晰且正确。
- 检查是否已经删除了冗余的测试用例。
- 确认是否包含充分的负面测试用例。
- 评估用例是否简洁，并具有较强的复用性。
- 确认用例是否易于管理。

测试工程师的主要工作就是编写测试用例，因此编写测试用例是每一个测试工程师必备的技能。一个优秀的测试用例能够有效指导测试执行的过程。本书将在后续章节重点介绍测试方法，通过应用合适的测试方法与合理的编写规范，帮助用户编写高质量的测试用例。

1.8 软件测试资质认证

在软件测试认证领域，常见的认证体系有ISTQB、CSTQB、软件评测师、CSTE和LoadRunner ASP等。

CSTE(Certified Software Tester)是QAI(Quality Assurance Institute)旗下的重要认证。CSTE是一项广泛认可的专业认证，旨在证明持证人在业务及联营公司的专业能力。这项认证有助于促进职业发展，并为担任管理顾问角色提供更多机会。

LoadRunner ASP(LoadRunner Accredited Software Professional)即性能测试专业人士资格认证，该认证针对性能测试工具LoadRunner进行认证。LoadRunner作为目前性能测试应用最广泛的商用测试工具，最初由Mercury公司开发，2006年被惠普收购并运营了11年，在2017年被Micro Focus收购。为了给测试人员提供统一的行业标准，Micro Focus设立了LoadRunner ASP认证考试。该认证为软件测试人员提供了统一的行业标准，严格评估测试人员的知识和技能。目前，该认证已在全球100多个国家和地区推广，并建立了全球统一认证考试系统，是软件性能测试领域含金量最高的认证之一。

下面将简单介绍ISTQB、CSTQB和软件评测师等相关认证。

1.8.1 ISTQB

ISTQB (International Software Testing Qualifications Board) 国际软件测试资质认证委员会是国际权威的软件测试资质认证机构，主要负责制定和推广国际通用资质认证框架，即国际软件测试资质认证委员会推广的软件测试工程师认证项目(ISTQB-Certified Tester)。ISTQB是一个注册于比利时的非营利性组织，该项目由ISTQB授权各国分会在本国组织软件测试工程师的认证，并接受ISTQB质量监控。通过认证的人员将获得全球通用的软件测试工程师资格证书。

ISTQB目前拥有66个分会，覆盖包括中国、美国、德国、英国、法国、印度等在内的120多个国家和地区。来自这些国家和地区的数百位测试领域专家作为志愿者服务于ISTQB

及其倡导的软件测试工程师认证体系。ISTQB已在全球130个国家进行了超过100万次考试，并颁发了超过85万份认证，使其成为测试行业的第一大认证机构，在整个IT行业居第三位(仅次于PMI和ITIL)。

ISTQB在全球范围建立和推广ISTQB-Certified Tester国际认证软件测试工程师培训及国际软件测试认证体系。ISTQB-Certified Tester培训及认证体系分为三个级别：基础级(Foundation Level)、高级(Advanced Level)和专家级(Expert Level)。

ISTQB国际软件测试工程师认证已经成为IT市场需求最大的职业认证之一。获得ISTQB资格认证被视为迈向知名企业的全球通行证。目前，包括IBM、惠普、SAP、西门子、SONY、诺基亚、三星等公司已经要求软件测试人员需要获得ISTQB认证。随着国内软件测试行业的快速发展，获得国际软件测试认证已经成为从事软件测试的"上岗证"。

ISTQB-Certified Tester是一个基于全球统一标准规范和术语大纲的培训及认证体系。该体系分为三个级别：基础级(Foundation Level，CTFL)、高级(Advanced Level，CTAL)、专家级(Expert Level，CTEL)，如图1-5所示。

图1-5　ISTQB认证级别

1. 基础级(CTFL)

CTFL适合有一定测试专业基础知识的测试人员，包括测试工作人员、测试管理人员、质量控制人员(QA/QC)、软件开发人员以及IT部门工作者等。此外，该认证也适合有志于从事软件测试的人员以及具有软件测试基本知识的计算机相关专业学生。

基础级扩展-敏捷测试工程师(CTFL-AT)面向的专业人员包括测试人员、测试分析师、测试工程师、测试顾问、测试经理、用户验收测试人员和软件开发人员等。该认证也适用于在敏捷环境中想要更深入了解软件测试的任何人，例如项目经理、质量经理、软件开发经理、业务分析师、IT总监和管理顾问等。CTFL-AT主要包括软件测试基础理论、软件测试周期、静态测试技术、白盒测试技术、黑盒测试技术、测试设计、测试管理基础和测试工具基础。

2. 高级(CTAL)

CTAL认证适合拥有3到5年以上测试相关经验的测试人员，包括测试员、测试分析师、测试工程师、测试咨询人员、测试经理、用户验收测试人员以及软件开发人员。该认证也适合于希望深入理解软件测试的人员，例如项目经理、质量经理、软件开发经理、业务分析人员、IT主管和管理顾问等。参加该级别认证的人员需要先通过CTFL。

CTAL考试分为三个模块：Test Manager(高级测试经理)、Test Analyst(高级测试分析师)和Technical Test Analyst (高级技术测试分析师)，通过这三个模块才能获得高级证书。考试内容主要包括高级功能测试技术、自动测试技术和应用、高级结构化测试技术、软件测试管理理论和方法。

1) 高级测试经理

通过高级测试经理认证后，测试管理专业人员应有能力完成以下工作。

- 通过实现测试组织设定的使命、目标和测试过程来管理测试项目。
- 组织和领导风险识别与分析，并使用这些结果来进行测试评估、计划、监督和控制。
- 制订并实施与组织政策和测试策略一致的测试计划。
- 通过持续监督和控制测试活动来达到项目目标。
- 向项目利益相关者及时评估和报告相关的测试状态。
- 发现测试团队中的技术和资源缺口，并参与寻找合适的团队成员。
- 确定并规划测试团队所需的技能发展。
- 为测试活动提出一个包括了预期成本和收益的商业提案。
- 保证测试团队内部与其他项目利益相关者的有效沟通。
- 参与并领导测试过程改进活动。

2) 高级测试分析师

通过高级测试分析师认证后，测试管理专业人员应有能力完成以下工作。

- 基于使用的软件开发生命周期，设计并实施合适的测试活动。
- 基于风险分析给出的信息，确定测试活动的合理优先级。
- 根据定义的覆盖标准，选择和应用合适的测试技术，以确保测试能够提供足够的信息。
- 提供与测试活动相关的适当级别的文档。
- 确定要进行的功能测试的合适类型。
- 对项目承担易用性测试的职责。
- 应用工作产品中典型错误的知识，积极参与与利益相关者的正式或非正式评审活动。
- 设计并实施缺陷分类方案。
- 应用工具以支持有效的测试过程。

3) 高级技术测试分析师

通过高级技术测试分析师认证后，测试管理专业人员应有能力完成以下工作。

- 识别与区分软件系统中与性能、安全、可靠性、可移植性和维护性相关的典型风险。
- 制订详细的测试计划，描述测试的设计和执行，以降低性能、安全性、可靠性、可移植性和维护性方面的风险。
- 选择并应用合适的结构设计技术，以确保测试能提供足够的信心，主要基于代码覆盖和设计覆盖。
- 应用对代码和架构中典型错误的知识，积极有效地与开发者和软件架构师一起进行技术评审。
- 识别代码和软件架构中的风险，创建测试计划相关内容，并通过动态分析来降低这些风险。
- 通过应用静态分析，提出代码的安全性、维护性和可测试性方面的改进建议。
- 对于引入特定类型的测试自动化，概述其可能带来的成本和收益。
- 选择合适的工具以实现技术测试任务的自动化。
- 理解在应用测试自动化中可能遇到的技术问题和概念。

3. 专家级(CTEL)

参加专家级实施测试过程改进模块资格认证的人员需满足以下要求。

(1) 必须已经通过高级测试经理模块的认证。

(2) 除了通过资格认证考试，在获得专家级证书之前，还必须提供实际测试工作经验的证明，特别要提供申请认证的专家级模块所在领域的工作经验证明。

(3) 除了通过考试，还要符合以下要求。

- 至少5年的实际测试工作经验(需提交个人简历，并附上2封推荐信)。
- 至少2年的专家级领域工作经验(需提交个人简历，并附上2封推荐信)。
- 至少发表过1篇相关的文章，或在测试大会中进行过专家级模块相关的测试专题演讲。

CTEL内容主要包括改进概要、基于模型的改进、基于分析的改进、选取测试过程改进的方法、改进过程的组织、角色和技能、管理变更、改进成功的要素以及适应不同开发周期模型的方法。

1.8.2　CSTQB

CSTQB是ISTQB在中国的唯一分会，成立于2006年。它全权代表ISTQB在授权区域内推广ISTQB软件测试工程师认证体系、认证，管理培训机构和考试机构，接受ISTQB的全面业务指导和授权。

CSTQB通过市场调研、信息交流、咨询培训、评估认证、版权保护等方面的工作，推动中国软件测试行业的发展，并致力于为CSTQB会员提供优质的服务，面向全行业，发挥政府与企业和事业单位之间的纽带和桥梁作用，为中国的测试行业提供新的测试方法和技术研究与推广的交流平台。同时，CSTQB加强国际交流与合作，积极推进国际通用软件培训和认证体系的建设，致力于建立规范的高端培训和认证平台，促进国际软件测试人才流动和技术交流，使中国软件测试行业与国际接轨。

1.8.3　软件测评师

计算机技术与软件专业技术资格(水平)考试(以下简称计算机软件资格考试)是对原中国计算机软件专业技术资格和水平考试(简称软件考试)的完善与发展。计算机软件资格考试是由国家人力资源和社会保障部、工业和信息化部领导下的国家级考试，其目的是科学、公正地对全国计算机与软件专业技术人员进行职业资格、专业技术资格认定和专业技术水平测试。计算机软件资格考试设置了27个专业资格，涵盖5个专业领域，3个级别层次(初级、中级和高级)。该考试由于其权威性和严肃性，得到了社会各界及用人单位的广泛认同，并在推动国家信息产业特别是软件和服务产业的发展，以及提高各类信息技术人才的素质和能力中发挥了重要作用。具体的资格设置如图1-6所示。

	计算机软件	计算机网络	计算机应用技术	信息系统	信息服务
高级资格	信息系统项目管理师　系统分析师　系统架构设计师　网络规划设计师　系统规划与管理师				
中级资格	软件评测师 软件设计师 软件过程能力评估师	网络工程师	多媒体应用设计师 嵌入式系统设计师 计算机辅助设计师 电子商务设计师	系统集成项目管理工程师 信息系统监理师 信息安全工程师 数据库系统工程师 信息系统管理工程师	计算机硬件工程师 信息技术支持工程师
初级资格	程序员	网络管理员	多媒体应用制作技术员 电子商务技术员	信息系统运行管理员	网页制作员 信息处理技术员

图1-6　计算机软件资格考试

软件评测师属于我国计算机软件资格考试中的中级内容。软件测评师是指能在掌握软件工程与软件测试知识基础上，运用软件测试管理方法、软件测试策略、软件测试技术，独立承担软件测试项目，并具备工程师实际工作能力和业务水平的专职人员。

软件评测师主要考核以下知识体系。

- 操作系统、数据库、中间件、程序设计语言及计算机网络基础知识。
- 软件工程知识。
- 软件质量及软件质量管理的基础知识。
- 软件测试标准、测试技术及方法。
- 软件测试项目管理知识。

除了上述的软件测试资质认证体系，还有多种行业和企业级的认证体系，本章将不再详细介绍。

1.9　思考题

1. 什么是Bug？评判软件缺陷的标准是什么？

2. 软件文档中是否也有软件缺陷？

3. 软件产品的质量主要有哪些特性？

4. 简述软件工程与软件测试的关系。

5. 软件测试主要包含哪些分类？

6. 软件测试的目的和原则是什么？

7. 什么是测试用例？测试用例中应包含哪些信息？

8. 简述测试用例的设计原则。

9. 软件测评师主要考核哪些知识体系？

第 2 章

黑盒测试

本章将主要介绍黑盒测试方法。黑盒测试从用户的角度出发，侧重于对输入数据与输出数据之间的对应关系进行测试。黑盒测试方法主要包括等价类划分法、边界值分析法、判定表、因果图、正交实验法、场景法、状态迁移法和错误推测法等。这些方法都是黑盒测试最基本、最常用的方法，熟练掌握这些方法有助于在实际测试工作中合理选择和应用，从而取得良好的测试效果。黑盒测试方法能够更真实地从用户角度考察被测系统的功能需求实现情况。在软件测试的各个阶段，如单元测试、集成测试、系统测试及验收测试等，黑盒测试都发挥着重要作用，尤其在系统测试和验收测试中，其作用是其他测试方法无法替代的。

本章的学习目标：

- ○ 理解黑盒测试和白盒测试的定义
- ○ 理解黑盒测试和白盒测试的区别
- ○ 理解黑盒测试的基本概念
- ○ 理解每种黑盒测试方法的基本内容
- ○ 理解每种黑盒测试方法的特点
- ○ 理解黑盒测试方法的实施策略

2.1　黑盒测试概述

软件测试方法根据是否测试程序的内部结构分为黑盒测试、白盒测试和灰盒测试。黑盒测试是在不了解系统内部结构或工作原理的情况下，通过输入数据并观察输出结果来判断系统的正确性、完整性和可靠性的测试方法。在黑盒测试中，程序被视为一个不能打开的黑盒子，测试者在完全不考虑程序计算过程、内部结构和内部特性的情况下，在程序接口进行测试，只检查程序功能是否按照需求规格说明书的规定正常运行，程序是否能够适当地接收输入数据而产生正确的输出信息。黑盒测试重点关注程序外部结构,不考虑内部逻辑结构,因此主要针对软件功能进行测试。

白盒测试主要测试程序的内部结构,因此也被称为结构测试。进行白盒测试时,需要了解程序内部的设计结构及具体的代码实现过程,并设计相应的测试用例以调试程序并检查是否存在bug。

灰盒测试是介于白盒测试与黑盒测试之间的一种测试,多用于集成测试阶段。它不仅关注输出和输入的正确性,同时也关注程序内部的情况。灰盒测试不像白盒那样详细和完整,但又比黑盒测试更关注程序的内部逻辑,通常通过一些表征性的现象、事件、标志来判断内部的运行状态。本书将重点介绍黑盒测试和白盒测试。

黑盒测试和白盒测试在测试目标、测试对象、测试策略等方面存在明显的区别。如图2-1所示,黑盒测试从软件外部对功能进行测试,关注用户需求。白盒测试从软件内部对代码进行测试,关注代码质量。它们各有优点和缺点,可以根据具体的测试需求和场景选择合适的测试方法。

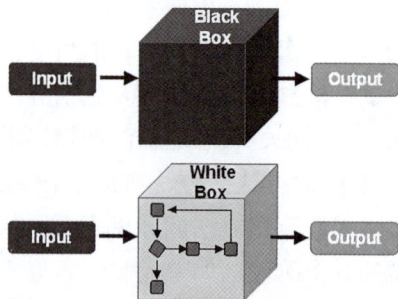

图2-1 黑盒测试和白盒测试

黑盒测试在一些文章中也被称为功能测试。需要注意的是,虽然功能测试主要采用黑盒测试方法,但是也可能用到白盒测试方法。因此,功能测试和黑盒测试两者在概念上严格来讲并不完全等同。功能测试主要针对测试目标,而黑盒测试则是一种具体的测试方法。

实际上,黑盒测试主要从用户的角度验证软件功能,重点关注用户需求。它通过程序界面和接口的外部操作实现端到端的测试。在使用黑盒测试方法时,测试人员主要依赖于软件的需求规格说明,而不关心程序的具体实现细节。通过在程序外部进行测试,测试人员可以确认软件是否满足用户的需求。

黑盒测试主要检测以下错误。

○ 基于需求规格说明的功能错误,例如软件功能不满足需求或存在遗漏。

○ 基于需求规格说明的系统错误,例如性能、安全性、可靠性和兼容性等非功能特性未能满足需求。

○ 面向用户的使用错误,例如人机交互界面错误、数据库访问错误以及不能保持外部信息完整性错误等。

○ 黑盒接口错误,例如软件输入是否能够正确接受,以及是否存在初始化或终止性错误等。

从以上内容可以看出,黑盒测试主要关注软件的外部特征,从软件的功能和非功能需求两个方面,对软件的界面、数据、操作、逻辑、接口、性能等进行测试,以发现相关的软件质量问题。黑盒测试用例的设计主要依据软件规格说明，不涉及程序的内部结构，因此具有以下优点。

- 测试人员不需要了解软件的实现细节，因此对测试人员的要求相对较低。
- 从用户的视角进行测试，更容易被理解和接受。
- 软件的具体实现与黑盒测试用例的设计可以同步进行，从而可能节约整个软件项目总体的开发时间。
- 黑盒测试与软件的具体实现无关，因此黑盒测试用例在程序具体实现方法变化后仍可使用。例如，软件实现的开发语言或算法等发生变化后，只要需求没有改变，就仍然可以使用原有的黑盒测试用例对软件进行测试。

黑盒测试通过输入数据驱动软件系统，从而完成测试。想要通过黑盒测试发现所有的软件缺陷，从理论上讲只能采用穷举输入测试，但这在实际操作中并不现实。因此，我们需要学习和研究各种黑盒测试方法，以便于用尽可能少的测试用例去发现尽可能多的软件缺陷。常用的黑盒测试方法包括等价类划分、边界值分析法、因果图、判定表、正交实验法、场景法和错误推测法等。

2.2 等价类划分

2.2.1 等价类划分概述

由于对程序进行穷举输入测试是无法实现的，因此测试用例的设计应具有一定的可能性。在测试某个程序时，测试人员就被限制在从所有可能的输入中努力找出某个小的子集。显然，要找的子集必须是正确的，并且是可能发现最多错误的子集。确定这个子集的一种方法是确保所选择的测试用例具备以下两个特性。

- 严格控制测试用例的增加，尽量减少为了达到"合理测试"的某些既定目标而必须设计的额外测试用例数量。
- 子集应覆盖大部分其他可能的测试用例。

虽然这两个特性看起来很相似，但它们描述的却是截然不同的两种思维方式。第一个特性强调，每个测试用例都必须体现尽可能多的不同的输入情况，以最大限度地减少测试所需的全部用例的数量。而第二个特性意味着应该尽量将程序输入范围进行划分，将其划分为有限数量的等价类，这样就可以合理地假设测试每个等价类的代表性数据等同于测试该类的其他任何数据。也就是说，如果等价类的某个测试用例发现了某个错误，该等价类的其他用例也应该能够发现同样的错误。相反，如果测试用例未能发现错误，那么可以推测该等价类中的其他测试用例不会出现在其他等价类中，因为等价类是相互独立的。

这两种思维方式形成了称为等价划分的黑盒测试方法。第二种思维方式用于设计一组具有代表性的输入条件集合以供测试，而第一种思维方式则可以用来设计一个涵盖这些条件的最小测试用例集。

等价类划分是把所有可能的输入数据，即程序的输入域，划分成若干部分(子集)，然后从每一个子集中选取少数具有代表性的数据作为测试用例。该方法是重要且常用的黑盒测试用例设计技术。

通过等价类划分法，可以将不能穷举的输入数据合理划分为有限个数的等价类，然后在每个等价类中选取少量数据来代替对于这一类中其他数据的测试。这种划分的基础包括以下几点。

- 在分析需求规格说明的基础上划分等价类，不需要考虑程序的内部结构。
- 将所有可能的输入数据划分为若干互不相交的子集。也就是说，所有等价类的并集是整个输入域，各等价类数据之间互不相交。
- 每个等价类中的各个输入数据对于揭示程序错误都是等效的。如果使用等价类中的一个数据进行测试不能发现程序错误，那么使用该等价类中的其他数据进行测试也不可能发现程序错误。

2.2.2 等价类划分的设计规则

在给定输入或外部条件后，等价类的划分规则如下。

(1) 在输入条件规定了取值范围或值的个数时，可以确立一个有效等价类和两个无效等价类。例如，如果数量范围是1～100，则应确定一个有效等价类介于1～100，以及两个无效等价类，分别是数量小于1和数量大于100。

(2) 在输入条件规定了输入值的集合或"必须如何"的条件时，可以确立一个有效等价类和一个无效等价类。例如，程序只接收正整型数据，那么可以确定一个正整型数据的有效等价类和一个非正整型数据的无效等价类。

(3) 在输入条件是一个布尔量的情况下，可以确立一个有效等价类和一个无效等价类。例如，标识符的第一个字符必须是字母，则应确定一个首字符是字母的有效等价类和一个首字符不是字母的无效等价类。

(4) 在规定了输入数据的一组值(假定n个)，并且程序要对每一个输入值分别处理的情况下，可以确立n个有效等价类和一个无效等价类。例如，游戏状态有初始化、游戏进行中、暂停和退出，那么就应为每一种状态确定一个有效等价类和一个异常状态的无效等价类。

(5) 在规定了输入数据必须遵守的规则的情况下，可以确立一个有效等价类(符合规则)和若干个无效等价类(从不同角度违反规则)。例如，规定电话号码必须由11位数字构成，那么可以确定一个有效等价类以及含有字母、特殊字符、空格等情况的多个无效等价类。

(6) 当已划分的等价类中各元素在程序处理中的方式不同时，应进一步将该等价类划分为更小的等价类。例如，每一种学历对应的年级不同，则需要将每个学历划分为一个独立的等价类进一步测试。

2.2.3 测试用例完整性划分

等价类划分不仅适用于基础的输入输出数据，还包括对完整性的额外说明，具体顺序为：弱一般等价类测试、弱健壮等价类测试、强一般等价类测试、强健壮等价类测试。各类别的比较如表2-1所示。

表2-1 完整性划分

类别	单/多缺陷	考虑无效值	测试用例
弱一般	单缺陷	不考虑	遵循单一要求原则，用例覆盖每一个变量的一种有效值即可
强一般	多缺陷	不考虑	要求用例覆盖每个变量的每种取值之间的迪卡尔乘积，即所有变量所有取值的所有组合，取值为有效值
弱健壮	单缺陷	考虑	对于有效输入，使用每个有效值类的一个值；对于无效输入，测试用例将拥有一个无效值，并保持其余的值是有效的
强健壮	多缺陷	考虑	在强一般等价类的基础上，增加取值为无效值的情况

例如，输入值为学生成绩，范围是0～100，则可以划分如下测试用例。

○ 弱一般等价类：0～100中任意一个数为测试数据，只设计一个测试用例即可。

○ 强一般等价类：分为0、1到99、100三个等价类，需要设计三个测试用例。

○ 弱健壮等价类：考虑到60分在实际情况下是一个特殊的分数，将其划分为0、1～99(除60外)、100、60和101五个等价类。

○ 强健壮等价类：考虑各种非法输入，如负数、其他字符等。

2.2.4 等价类划分的设计过程

运用等价类划分法设计测试用例时，一般采用如下步骤。

(1) 按照表2-2所示建立等价类表，列举出所有划分的有效等价类和无效等价类，这一步是设计等价类划分法测试用例的关键。

(2) 为每一个等价类规定唯一的编号。

(3) 设计一个有效等价类测试用例，使其尽可能多地覆盖尚未覆盖的有效等价类。重复此步骤，直到所有的有效等价类都被测试用例覆盖。

(4) 设计一个无效等价类测试用例，使其只覆盖一个无效等价类。重复此步骤，直到所有的无效等价类都被测试用例覆盖。

表2-2 等价类表

输入条件	有效等价类	无效等价类
...	...	...

2.2.5 等价类划分的示例

下面我们将分析一个用等价类划分法设计测试用例的实例。假设有一个用于判断三角形类型的程序，要求输入三个整数A、B、C，分别作为一个三角形的三条边，然后由程序判断该三角形是一般三角形、等腰三角形、等边三角形，还是不能构成三角形，程序最后输出上述四种判断结果之一。要求使用等价类划分法为该程序设计测试用例。

三角形问题是经典的等价类划分测试案例，其原因在于三角形问题包含易于理解而又复杂的输入与输出之间的关系，这使其成为一个经久不衰的测试主题。根据几何常识可知，A、B、C作为一个三角形的三条边必须满足以下条件。

- A>0，B>0，C>0。
- A+B>C，B+C>A，A+C>B。
- 如果是等腰三角形，需要判断A=B、B=C或A=C。
- 如果是等边三角形，需要判断A=B、B=C且A=C。

根据上述条件，可以按照表2-3所示建立等价类表，列举出所有的有效等价类和无效等价类，并且给每一个等价类规定唯一的编号。

表2-3 三角形问题的等价类表

输入条件	有效等价类	无效等价类
是否为一般三角形	A>0　(1) B>0　(2) C>0　(3) A+B>C (4) B+C>A (5) A+C>B (6)	A≤0　(7) B≤0　(8) C≤0　(9) A+B≤C (10) B+C≤A (11) A+C≤B (12)
是否为等腰三角形	A=B　(13) B=C　(14) A=C　(15)	A≠B、B≠C且A≠C (16)
是否为等边三角形	A=B and B=C and A=C (17)	A≠B　(18) B≠C　(19) A≠C　(20)

接下来，根据已划分出的有效等价类和无效等价类，设计表2-4所示的等价类划分法测试用例，使其覆盖所有的等价类。设计测试用例时，特别需要注意对于无效等价类测试用例的设计。

需要强调的是，等价类测试用例的设计结果不一定是唯一的，不同设计人员可能会划分出不同的等价类，只要测试用例能够满足测试要求并有效覆盖被测程序即可。

表2-4 三角形问题的等价类测试用例

用例编号	A，B，C	覆盖等价类编号	输出
1	4，5，8	1~6	一般三角形
2	6，6，8	1~6，13	等腰三角形
3	7，5，5	1~6，14	
4	5，6，5	1~6，15	
5	6，6，6	1~6，17	等边三角形
6	0，4，5	7	不能构成三角形
7	5，-3，7	8	
8	3，4，0	9	
9	3，5，8	10	
10	8，3，4	11	
11	5，9，4	12	

用例编号	A，B，C	覆盖等价类编号	输出
12	6，7，8	1~6，16	非等腰三角形
13	5，6，6	1~6，14，18	非等边三角形
14	5，6，5	1~6，15，19	
15	6，6，7	1~6，13，20	

2.3　边界值分析法

边界值分析法是指对输入或输出的边界值进行测试的一种黑盒测试方法。长期的测试工作经验表明，许多错误往往发生在输入或输出范围的边界上，而不是发生在输入或输出范围的内部。因此，针对各种边界情况设计测试用例，可以查出更多的错误。通常边界值分析法是作为等价类划分法的补充，其测试用例主要来自等价类的边界。

2.3.1　边界值选取原则

相比于等价类划分法而言，边界值分析法不是从等价类中选取典型值或任意值作为测试用例，而是将每个等价类的边界作为测试条件。在边界处，测试用例会选取正好等于、刚刚大于或刚刚小于边界的值作为测试数据。此外，边界值分析法不仅需要考虑输入条件边界，还要考虑输出域边界的情况。

在程序中，可能存在多种边界情况，例如：

- 循环结构中第0次、第一次和最后一次循环；
- 数组的第一个和最后一个索引元素；
- 变量数值类型所允许的最大值和最小值；
- 链表的头节点和尾节点；
- 用户名和密码等可接受字符个数的最大值和最小值；
- 报表的第一行、第一列、最后一行和最后一列。

从以上内容可以看出，边界值的测试思想在白盒测试中也会经常用到，边界值技术并不是完全属于黑盒测试。当应用边界值分析法进行黑盒测试时，经常遇到的边界检验情况包括数字、字符、位置、重量、速度、尺寸、空间等。边界值通常表现为最大值和最小值、首位和末位、上和下、最高和最低、最快和最慢、空和满等情况。在实际应用中，需要根据特定问题耐心细致地逐个考虑这些边界情况。

根据边界值分析法选择测试用例时，应遵循以下原则。

(1) 如果输入条件规定了取值的范围，那么测试用例的输入数据应选择该范围的边界值，以及刚刚超出范围的值。

(2) 如果输入条件规定了值的个数，那么测试用例选择最大个数、最小个数，以及比最大个数多1和比最小个数少1的数据等作为测试数据。

(3) 根据规格说明的每一个输出条件，分别应用以上两个原则。

(4) 如果输入域和输出域是顺序表或顺序文件等有序集合，那么选取集合的第一个和最后一个元素作为测试用例。

(5) 对于程序的内部数据结构，应选择其边界值作为测试用例。

(6) 分析规格说明并找出其他可能的边界条件。

2.3.2 边界值选取方法

边界值法经常用于在等价类的基础上设计测试用例数据，对所选择的测试数据有一定要求，通常分为以下两种方法。

- 两值法：选取最大值(max)、略低于最大值(max-)、正常值(normal)、略高于最小值(min+)、最小值(min)。这种选取方法也称为一般边界值分析。
- 三值法：选取略大于最大值(max+)、最大值(max)、略低于最大值(max-)、正常值(normal)、略高于最小值(min+)、最小值(min)、略低于最小值(min-)。这种选取方法也称为健壮性边界值分析，是对两值法的扩展。

1. 两值边界值分析

假设被测程序具有两个输入变量X和Y，规定a≤X≤b和c≤Y≤d。在采用两值边界值分析方法时，测试用例的数据选取按照图2-2(1)所示进行，共产生表2-5所示的9个测试用例。

表2-5 两变量一般边界值分析测试用例

编号	1	2	3	4	5	6	7	8	9
X	a	a+	normal	b-	b	normal	normal	normal	normal
Y	normal	normal	normal	normal	normal	c	c+	d-	d

对于含有N个变量的程序，先对其中的一个变量依次取值max、max-、normal、min+和min，对其他变量取正常值normal。然后，重复进行其他变量取值。除了上下边界处的4个取值，每个变量可以共用一个各变量取值均为正常值normal的测试用例。因此，两值边界值分析测试用例的数量为4N+1。

2. 三值边界值分析

相比于两值边界值分析，三值边界值分析需要为每个变量额外考虑略超过最大值(max+)和略小于最小值(min-)两种情况。因此对于两个变量的情况，其边界值按照图2-2(2)所示进行，共产生13个测试用例。对于含有N个变量的程序，三值边界值分析测试用例的数量为6N+1。

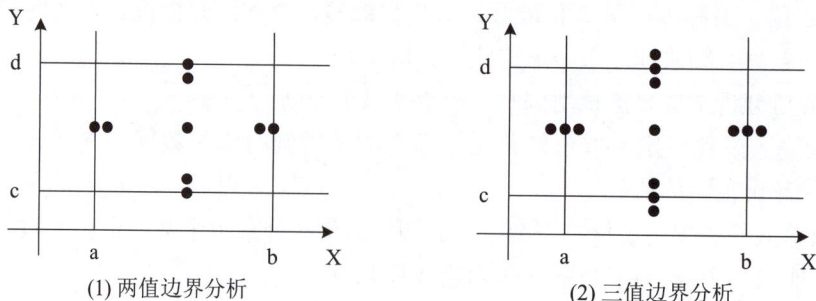

(1) 两值边界分析　　(2) 三值边界分析

图2-2 两类边界值数据选取方法

2.3.3 边界值分析法示例

NextDate函数包含3个输入变量，分别为Year、Month和Day，其输出是输入日期后一天的日期。例如，输入为2023年7月25日，则该函数的输出为2023年7月26日。要求3个输入变量均为正整数值，并且满足以下条件：2000≤Year≤2050，1≤Month≤12，1≤Day≤31。

采用二值边界值分析法设计测试用例。由于问题中共有3个变量，因此测试用例的数量为$4N+1=4×3+1=13$。测试用例如表2-6所示。

表2-6 NextDate函数边界值分析法测试用例

用例编号	Year	Month	Day	预期输出
1	2000	7	8	2000年7月9日
2	2001	7	8	2001年7月9日
3	2023	7	8	2023年7月9日
4	2049	7	8	2049年7月9日
5	2050	7	8	2050年7月9日
6	2023	1	7	2023年1月8日
7	2023	2	7	2023年2月8日
8	2023	11	7	2023年11月8日
9	2023	12	7	2023年12月8日
10	2023	8	1	2023年8月2日
11	2023	8	2	2023年8月3日
12	2023	8	30	2023年8月31日
13	2023	8	31	2023年9月1日

2.3.4 边界值分析法的特点

边界值和等价类之间的联系非常紧密。划分等价类时，经常需要先确定边界值。在许多情况下，一些输入数据边界就是在划分等价类的过程中产生的。由于边界处最容易出现错误，因此在从等价类中选取测试数据时，往往会选取边界值。边界值分析法经常被看作等价类划分法的补充，在测试活动中经常将两者混合使用，以实现更好的测试效果。

边界值分析法可以有效地发现程序中的错误和缺陷，尤其是在处理边界值时更容易出现问题。测试人员只需要测试边界值附近的数据，而不需要测试所有可能的输入组合，这样不仅可以提高测试覆盖率，还能够节省测试时间和成本。

边界值分析法存在明显的局限性。边界值分析法适合分析具有多个独立变量的函数，并且这些变量具有明确的边界范围。如果变量值之间互相影响，则不能称为独立变量。例如，在上面的示例中，只采用单一的边界值分析法，测试用例是很不充分的，对于闰年、闰月、大月和小月的函数处理情况就没有测试到。由于边界值分析法假设变量是完全独立的，不考虑它们之间的依赖关系，因此只能针对各个变量的边界范围导出变量的极限值，没有分析函数的具体性质，也没有考虑变量的语义含义。此外，采用边界值分析法测试布尔型变量和逻辑变量的意义不大，因为取值仅有True和False两种情况。

2.4　判定表

判定表又称为决策表，经常用于描述复杂的程序输入条件组合与相应的程序处理动作之间的对应关系。之前介绍的等价类划分法和边界值分析法都没有考虑被测程序输入条件的组合情况，只是孤立地考虑各个输入条件的测试数据取值问题，对输入组合情况下可能产生的错误没有进行充分的测试。判定表驱动法从多个输入条件组合的角度出发，有助于满足测试覆盖率的要求，是黑盒测试方法中最严谨、最有逻辑性的测试方法。

2.4.1　判定表的要素

判定表是分析和表达多逻辑条件下执行不同操作情况的工具，其主要要素如图2-3所示。

图2-3　判定表的要素

(1) 条件桩(Condition Stub)：列出了问题的所有条件。通常认为条件的排列顺序无关紧要。

(2) 动作桩(Action Stub)：列出了问题规定可能采取的操作。这些操作的排列顺序没有约束。

(3) 条件项(Condition Entry)：列出与左列条件对应的取值，以及在所有可能情况下的真假值。

(4) 动作项(Action Entry)：列出条件项的各种取值情况下应采取的动作。

(5) 规则：由不同的条件导致不同的动作的组合称为规则，在判定表中体现为不同的条件项对应不同的动作项。在判定表中，贯穿条件项和动作项的一列即为一条规则，条件组合的数量即为规则的总数。

因为初始判定表包括条件的所有组合，某些组合可能是不可实现的，同时一些动作可能由一些相似的条件组成，因此需要按照等价类划分的原则进行化简。判定表经过化简后，并不会遗漏规格说明中所要求的任何处理功能。

如图2-4(1)所示，两条规则的动作项相同，条件项中前两项条件的取值相同，只有第3项条件的取值不同。在这种情况下，无论第3项条件取任何值，都会执行相同的动作。因此，可以将两条规则合并为一条，用特定符号"－"表示动作与该项条件取值无关。类似地，在图2-4(2)中，无关条件项"－"可以包含其他条件项取值，并且具有相同动作的规则还可以进一步合并。

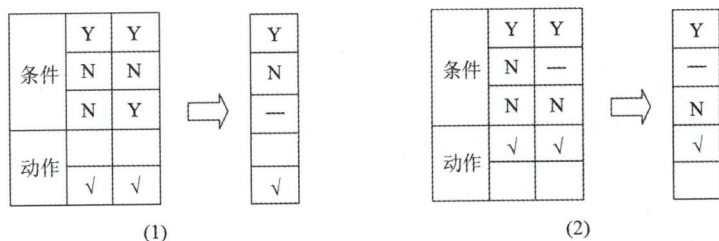

图2-4 判定表规则的合并

判定表的构造过程包括以下步骤。

(1) 列出条件桩和动作桩。

(2) 确定规则的个数,用来为规则编号:若有 n 个原因,且每个原因的可取值为0或者1,那么将会有 2^n 个规则。

(3) 完成所有条件项的填写。

(4) 完成所有动作项的填写,从而得到初始判定表。

(5) 合并化简:如果有两个或多条规则具有相同的动作,并且条件项之间存在极为相似的关系,则可以进行合并。

2.4.2 判定表的实例

接下来,我们通过实例来说明判定表的使用。问题描述为:"对于功率大于50马力且维修记录不全的机器,或者已运行超过10年的机器,应给予优先维修处理。"根据这一问题,可以使用判定表设计测试用例。

设计的条件桩如下。

○ C1:功率大于50马力吗?

○ C2:维修记录不全吗?

○ C3:运行超过10年吗?

设计的动作桩如下。

○ A1:进行优先处理。

○ A2:作其他处理。

下面生成判定表。由于条件有3个,因此生成的规则有 2^3 条。判定表如表2-7所示。

表2-7 初始判定表

序号		1	2	3	4	5	6	7	8
条件桩	功率大于50马力吗?	Y	Y	Y	Y	N	N	N	N
	维修记录不全吗?	Y	Y	N	N	Y	Y	N	N
	运行超过10年吗?	Y	N	Y	N	Y	N	Y	N
动作桩	进行优先处理	√	√	√		√		√	
	作其他处理				√		√		√

下面对判定表进行简化,如表2-8所示。

表2-8　简化后的判定表

序号		1/2	3	4	5/7	6/8
条件桩	功率大于50马力吗?	Y	Y	Y	N	N
	维修记录不全吗?	Y	N	N	—	—
	运行超过10年吗?	—	Y	N	Y	N
动作桩	进行优先处理	√	√		√	
	作其他处理			√		√

合并后的判定表中的每一列就是一个测试用例,具体如下。

(1) 功率大于50马力且维修记录不全,无论运行是否超过10年:优先处理。

(2) 功率大于50马力但维修记录齐全,且运行超过10年:优先处理。

(3) 功率大于50马力但维修记录齐全,且运行未超过10年:其他处理。

(4) 功率不大于50马力,无论维修记录是否齐全,只要运行超过10年:优先处理。

(5) 功率不大于50马力,无论维修记录是否齐全,只要运行未超过10年:其他处理。

2.4.3　判定表的特点

判定表的优点主要在于能够把复杂的问题按各种可能的情况逐一列出,简明易懂,且能够有效避免遗漏。因此,利用判定表能够设计出完整的测试用例集合。在一些数据处理问题当中,某些操作的实施依赖于多个逻辑条件的组合,即针对不同逻辑条件的组合值,分别执行不同的操作。判定表非常适合于处理这类问题。

判定表的缺点主要是不能表达重复执行的动作,例如循环结构。合并存在一定的风险,一个显而易见的原因是,虽然某个输入条件在输出接口上是无关的,但是在软件设计中,内部针对这个条件可能走了不同的程序分支(因分析内部业务流程而定)。当输入和输出的逻辑关系明确的情况下可以使用判定表,不是很明了的话可以先用因果图然后使用判定表。

适合采用判定表驱动法设计测试用例的条件如下。

(1) 规格说明以判定表形式给出,或很容易转换成判定表。

(2) 条件的排列顺序不会影响执行的操作。

(3) 规则的排列顺序不会影响执行的操作。

(4) 每当某一规则的条件已经满足并确定要执行的操作后,无须再检验其他规则。

(5) 如果某一规则满足后需要执行多个操作,这些操作的执行顺序无关紧要。

2.5　因果图

因果图是一种简化的逻辑图,它通过图形记号将自然语言规格说明转变成形式化语言规格说明,从而能够严格表达程序输入和输出之间的逻辑关系。

2.5.1 因果图的原理

1. 因果图的表达形式

图2-5展示了用于表示规格说明中4种基本因果关系的图形符号,描述了输入条件之间的逻辑关系。每一种逻辑符号由左右节点构成,并以直线相连。左节点C_i表示原因(输入状态),右节点E_i表示结果(输出状态)。原因和结果节点都可以取布尔值0或1,0表示条件不成立或状态不出现,1表示条件成立或状态出现。

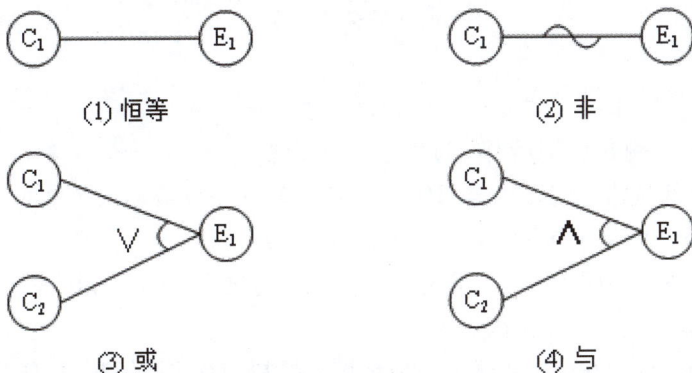

图2-5 因果图的基本图形符号

图2-5所示4种基本因果逻辑关系的含义如下。

○ 恒等: 如果原因出现,则结果出现; 如果原因不出现,则结果也不出现。

○ 非(～): 如果原因出现,则结果不出现; 如果原因不出现,则结果出现。

○ 或(∨): 如果几个原因中有一个出现,则结果出现; 如果几个原因都不出现,则结果不出现。

○ 与(∧): 如果几个原因都出现,结果才会出现; 如果几个原因中有一个不出现,结果就不会出现。

在实际问题中,输入条件之间和输出条件之间往往存在着某种依赖关系,我们称之为约束。例如,某些输入条件不可能同时出现。因果图在基本图形符号的基础上,采用特定符号来表示这些约束。

图2-6(1)～图2-6(4)分别给出了4种输入条件之间的约束关系,图2-6(5)是一种输出条件之间的约束关系,它们的含义分别如下。

○ E(互斥): 表示C_1和C_2两个原因不会同时成立,两个原因中最多有一个可能成立。

○ I(包含): 表示C_1、C_2和C_3三个原因中至少有一个必须成立。

○ O(唯一): 表示C_1和C_2两个原因中,必须有一个且仅有一个成立。

○ R(要求): 表示当C_1出现时,C_2也必须出现,即当C_1为1时,C_2也必须为1。

○ M(强制): 表示当结果E_1为1时,结果E_2必须为0。

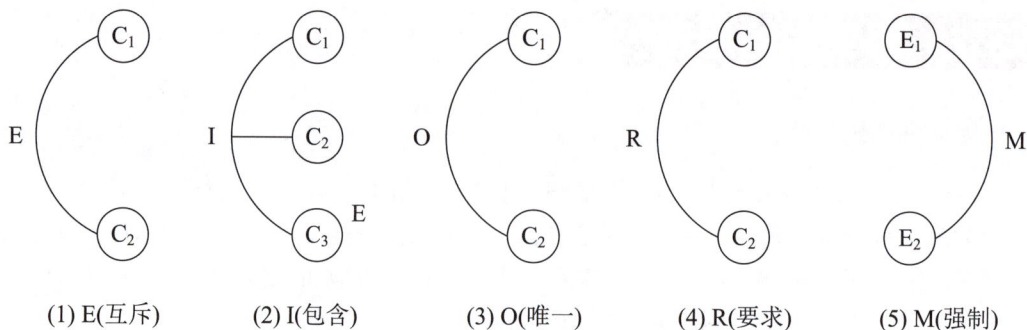

|(1) E(互斥)|(2) I(包含)|(3) O(唯一)|(4) R(要求)|(5) M(强制)|

图2-6 因果图的约束符号

2. 利用因果图法设计测试用例的步骤

利用因果图设计测试用例需要经过以下几个步骤。

(1) 分析软件的规格说明,确定哪些是原因(即输入条件或输入条件的等价类),哪些是结果(即输出条件),并为每个原因和结果赋予标识符。

(2) 分析软件规格说明中的语义信息,确定原因与结果之间、原因与原因之间对应的逻辑关系,然后根据这些关系画出因果图。

(3) 在因果图上标明约束。由于语法或环境的限制,有些原因和结果的组合情况是不可能出现的。为了表明这些特殊情况,在因果图上通过标准的符号标明约束条件。

(4) 将因果图转换为判定表。

(5) 根据判定表的每一条规则设计测试用例。

因果图法的分析结果就是判定表,因此设计测试用例的方法和判定表驱动法是一致的。由此可知,因果图法更适合规格说明中输入输出逻辑复杂和描述不清晰的情况。对于简单清晰的条件组合与逻辑关系,可以直接使用判定表驱动法。

2.5.2 因果图的实例

以下是针对一款单价为1元5角的饮料自动售货机软件的测试用例设计,其规格说明如下:若投入1元5角钱的硬币,并按下"可乐"、"雪碧"或"红茶"按钮,则相应的饮料将被送出来。如果投入2元的硬币,则在送出饮料的同时会退还5角硬币。

1. 分析需求,列出原因和结果。

原因:

○ C1:投入1元5角硬币。

○ C2:投入2元硬币。

○ C3:按"可乐"按钮。

○ C4:按"雪碧"按钮。

○ C5:按"红茶"按钮。

中间状态:

○ 11:已投币。

- 12：已按按钮。

结果：

- E1：退还5角硬币。
- E2：送出"可乐"饮料。
- E3：送出"雪碧"饮料。
- E4：送出"红茶"饮料。

2. 绘制因果图

因果图如图2-7所示。

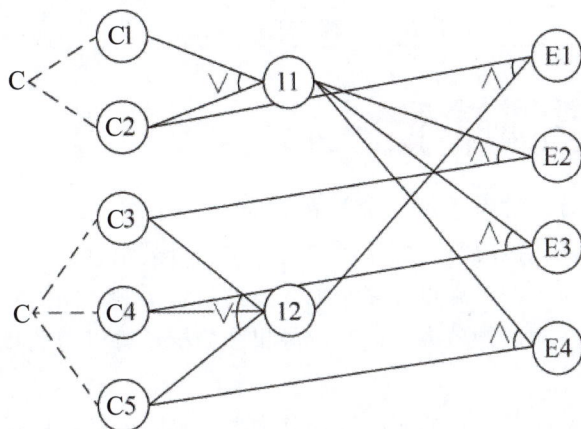

图2-7 自动售货机的因果图

3. 因果图转换为判定表

将因果图转换为判定表，如表2-9所示。

表2-9 因果图转换为判定表

	序号		1	2	3	4	5	6	7	8	9	10	11
原因	1	投入1元5角硬币	Y	Y	Y	Y	N	N	N	N	N	N	N
	2	投入2元硬币	N	N	N	N	Y	Y	Y	Y	N	N	N
	3	按"可乐"按钮	Y	N	N	N	Y	N	N	N	Y	N	N
	4	按"雪碧"按钮	N	Y	N	N	N	Y	N	N	N	Y	N
	5	按"红茶"按钮	N	N	Y	N	N	N	Y	N	N	N	Y
中间原因	11	已投币	Y	Y	Y	Y	Y	Y	Y	Y	N	N	N
	12	已按按钮	Y	Y	Y	N	Y	Y	Y	N	Y	Y	Y
结果	21	退还5角硬币					√	√	√				
	22	送出"可乐"饮料	√				√						
	23	送出"雪碧"饮料		√				√					
	24	送出"红茶"饮料			√				√				

4. 测试用例

根据判定表列举测试用例，如表2-10所示。

表2-10　自动售货机的测试用例

用例编号	测试用例	预期输出
1	投入1元5角，按"可乐"按钮	送出"可乐"饮料
2	投入1元5角，按"雪碧"按钮	送出"雪碧"饮料
3	投入1元5角，按"红茶"按钮	送出"红茶"饮料
4	投入2元，按"可乐"按钮	找5角，送出"可乐"饮料
5	投入2元，按"雪碧"按钮	找5角，送出"雪碧"饮料
6	投入2元，按"红茶"按钮	找5角，送出"红茶"饮料

2.5.3　因果图的特点

尽管等价类划分方法考虑了各个输入条件可能出错的情况，但对于多个输入条件组合所导致的出错情况却往往被忽略。因果图法是一种全排列组合的方法，能够帮助我们按照一定步骤高效选择测试用例，并设计多个输入条件组合用例。因为它考虑了条件与结果之间的关系，从而提高了测试的效率。同时，因果图分析还可以帮助我们识别程序规格说明中存在的问题。

然而，因果图也存在着一定的局限性。其中之一是难以从规格说明书中直接设计程序输入与输出的关系。另外，即使得到了这些因果关系，也会因为因果关系复杂导致因果图非常庞大，从而使得测试用例数量激增，并增加测试工作的负担。

2.6　正交实验法

正交实验法是研究多因素多水平的一种科学方法，它依据 Galois理论从全面实验中挑选出部分具有代表性的水平组合进行实验，并对结果进行分析从而找出最优的水平组合。正交是数理统计中的一个重要分支，利用规格化的表格——正交表，科学地挑选实验条件并合理安排实验。其主要优点是能在很多实验方案中挑选出代表性强的少数几个实验方案，并且通过这些实验方案的结果分析，推断出最优方案。此外，正交实验法还可以进行进一步的分析，从而得到比实验结果本身更多的信息。

正交实验法主要应用于工程技术领域，也可以用于设计测试用例。它通过部分实验代替全面实验，从大量的输入数据组合中挑选出适量的具有代表性和典型性的数据组合进行测试。该方法能够合理且全面地覆盖条件因素及其取值情况，精简测试用例的数量，以最低的测试成本实现尽可能好的测试效果。

2.6.1　正交实验法的原理与实例

正交表测试策略是一种利用数学上的正交表来系统性地、统计地设计测试用例，以高效覆盖多个参数之间或更高阶交互作用的软件测试方法。它提供了一种能对所有变量对的组合进行典型覆盖(均匀分布)的方法。正交排列法能够使用最小的测试过程集合实现最大的测试覆盖率。

下面通过一个例子来说明正交实验法的基本原理。为了提高某产品的转化率，我们选择3个影响转化率的因素进行条件实验：A、B和C。实验的目的是确定因素A、B和C对产品质量的影响。实验设计过程如下。

在正交实验法中，将影响实验结果的条件因素称为因子，而各个因子的取值则称为状态，状态数被称为水平数。接下来，我们将对A、B和C这3个实验因子各取3个水平值，分别如下。

- A：A1，A2，A3
- B：B1，B2，B3
- C：C1，C2，C3

对于上面的例子，可以有多种实验方法，下面将重点介绍全面实验法和正交实验法。全面实验法就是对所有因子的水平进行完全组合，并对每一种组合情况逐一进行实验。在这个例子中，由于涉及3个因子和3个水平的实验，需要完成3^3=27次实验。这27个实验点对应的是图2-8(1)所示立方体的27个点。全面实验法的优点是实验全面，对因子和实验结果的关系反映得非常清楚，缺点是要求的实验次数太多。对于m个因子n个水平的实验，总的实验次数为n^m。当因子数量和各因子水平数都很多时，实验量过大以致难以实现。

正交实验法利用已有的规格化"正交表"，从大量的实验点中挑选出适量的具有代表性的点。通过选择合适的正交表，可以安排9次实验，这9个实验点如图2-8(2)所示。

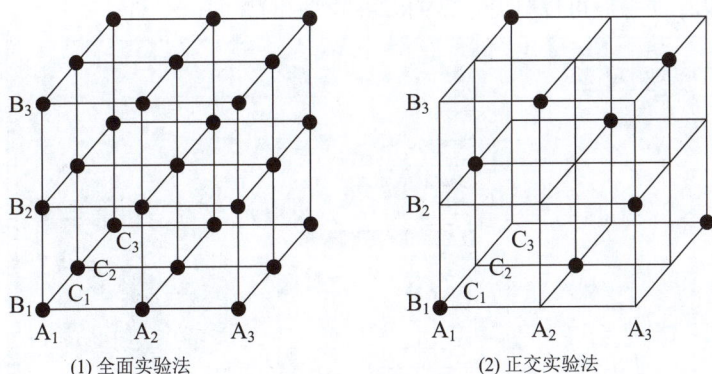

(1) 全面实验法　　　　　　　　　　(2) 正交实验法

图2-8　设计方法的对比

从图2-8(2)可以明显看出，9个实验点分别为：A1B1C1、A1B2C2、A1B3C3、A2B1C2、A2B2C3、A2B3C1、A3B1C3、A3B2C1和A3B3C2。这9个点均匀分布在立方体的各个部分，任何水平面或垂直面都有且仅有3个点，并且任何一条线上只有一个点。因此，正交实验法能够反映全面实验的情况，在一定程度上代表了全面实验，并且实验次数大幅减少。

2.6.2 正交实验法的标准与工具

国家发布了JB/T 7510-1994标准，主要针对工艺参数优化方法的正交试验法。需要注意的是，这里的"试验"和"实验"有一定的行业差异。标准规定了应用正交试验法优化工艺参数(工艺条件)的程序与要求，适用于多因素工艺参数(工艺条件)的优化试验，也适用于产品设计中多因素参数的优化试验。标准说明了正交试验法是应用正交表的正交原理和数理统计分析，研究多因素优化试验的一种科学方法。它可以用最少的试验次数优选出各因素较优参数或条件的组合，因此可以应用于软件测试领域。

下面简单介绍一款正交实验设计软件——正交设计助手。该软件专为正交实验设计及实验结果分析而开发。软件能够以较少的实验次数得到科学的实验结论，内置功能强大的混合水平表编辑器，可以进行正交表的编辑。设计完成后，用户还可进行正交数据分析。其主要特点如下。

- 支持多种结果输出形式。
- 可实现多因素的方差分析。
- 提供工程的概念支持，一个工程可包含多个实验项目。
- 可实现正交实验安排表的生成向导。
- 可实现正交实验后果的直观分析，包括因素指标图及交互作用分析。
- 可实现混合水平(拟水平法和合并法)的实验设计与分析。
- 提供正交表编辑器，可对现有正交表进行改造，最大限度满足工作需求。
- 增加了极差显示功能，并在方差分析时提供可选择使用的F检验临界值表。

运行正交设计助手后可以打开图2-9和2-10所示的界面。

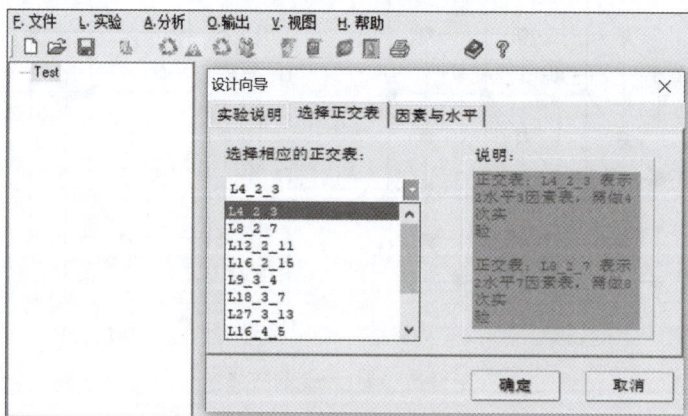

图2-9 正交设计助手运行主界面

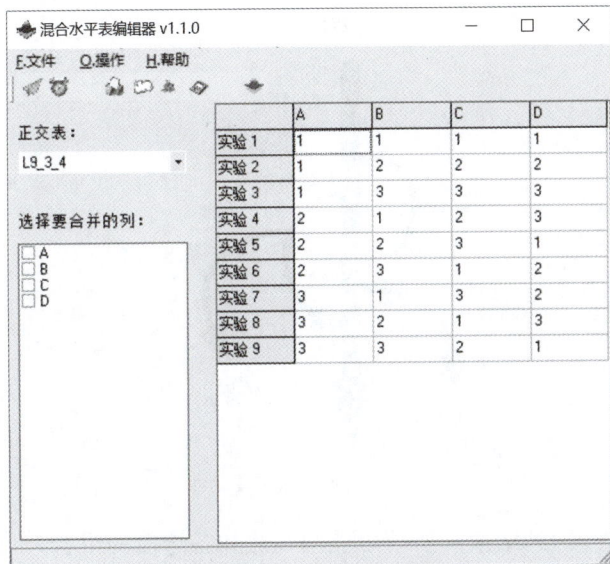

图2-10　混合水平表编辑器

2.7　场景法

软件通常通过事件触发来控制流程，事件触发时的情景形成了"场景"。同一事件不同的触发顺序和处理结果则构成了事件流。这种软件设计理念也可以引入到软件测试中，生动描绘事件触发时的情景，帮助测试设计者更有效地设计测试用例，同时使测试用例更容易理解和执行。

场景法是一种通过"场景"来描述软件系统功能点或业务流程的方法。它针对需求模拟出不同的场景，以覆盖所有功能点及业务流程，从而提高测试效率并取得良好的测试效果。

2.7.1　场景法的设计流程

场景法通常包括基本流和备选流，如图2-11所示。从一个业务流程开始，图2-11中经过用例的每条路径都可以用基本流和备选流表示，通过遍历所有的基本流和备选流来描述场景。

- 基本流：采用直黑线表示，是经过用例的最简单路径，即在没有任何错误的情况下，程序从开始直接执行到结束的流程。这条路径通常是大多数用户最常使用的操作过程，体现了软件的主要功能与流程。通常，一项业务仅存在一个基本流，并且基本流仅有一个起点和一个终点。

- 备选流：备选流可以从基本流开始，在某个特定条件下执行，然后重新加入到基本流中(如备选流1和备选流3)；也可以源于另一个备选流(如备选流2)；还可以在终止用例后不再返回到基本流中(如备选流2和备选流4)，以反映各种异常和错误情况。

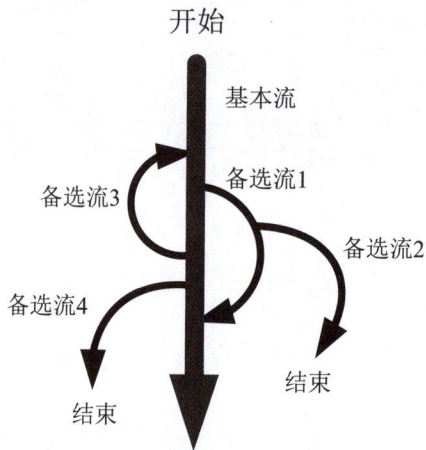

图2-11 基本流和备选流

通过考虑用例从开始到结束的所有可能基本流和备选流的组合，可以确定不同的用例场景。例如，根据图2-11可以确定以下用例场景。

- ○ 场景1：基本流
- ○ 场景2：基本流→备选流1
- ○ 场景3：基本流→备选流1→备选流2
- ○ 场景4：基本流→备选流3
- ○ 场景5：基本流→备选流3→备选流1
- ○ 场景6：基本流→备选流3→备选流1→备选流 2
- ○ 场景7：基本流→备选流4
- ○ 场景8：基本流→备选流3→备选流4

备选流的覆盖准则如下：

- ○ 覆盖每个备选流；
- ○ 覆盖一个循环。

以上两种方法可以根据具体情况进行选择。至此，基本的测试用例已基本形成，每个场景对应一个测试用例。接下来，对每个用例进行评审，并删除重复的用例。

基本流和备选流的识别原则如下。

- ○ 基本流只有一个起点和一个终点。
- ○ 基本流是主流，备选流是支流。
- ○ 备选流可以始于基本流，也可以始于其他备选流。
- ○ 备选流的终点可以是一个流程的出口，也可以返回基本流，或者汇入其他备选流。
- ○ 当备选流汇合时，汇合的方法取决于流量大小，即该流程出现的可能性。通常，流量较小的备选流会汇入流量较大的备选流。
- ○ 如果在流程图中出现了两个不相上下的基本流，通常需要把它们分别当作独立的业务看待。

根据场景法设计测试用例的步骤如下。

(1) 分析需求，根据需求描述程序的基本流及各个备选流。

(2) 根据基本流和各个备选流生成不同的场景。

(3) 针对每一个场景生成相应的测试用例。

(4) 重新审查生成的所有测试用例，删除多余的用例。测试用例确定后，对每个测试用例确定测试数据值。

在此过程中，可以采用矩阵或者判定表来确定和管理测试用例。每个测试用例应包含以下内容：ID、条件(或说明)、数据元素、预期结果。通过从确定执行用例场景所需的数据元素入手构建矩阵，矩阵中可用"V"(有效)表明这个条件必须为有效才可执行基本流，而"I"(无效)用于表明这种条件下将激活相应的备选流。"n/a"(不适用)则表明这个条件不适用于测试用例。一旦确定了所有的测试用例，则应对这些测试用例进行复审和验证，以确保其准确且适度，并删除多余或等效的测试用例。

2.7.2 场景法的特点

场景法的核心在于"场景"二字，最重要的是找出合适的场景。其适用场合如下。

- 场景法适用于解决业务流程清晰和业务比较复杂的系统或功能，是一种基于软件业务的测试方法。
- 使用场景法的目的是用业务流把各个孤立的功能点串联起来，以建立测试人员对整体业务的理解，从而避免在功能细节时忽视业务流程要点。例如，语音通话的典型业务流程就把语音通话、同振顺振、语音留言、呼叫保持和呼叫转移等功能整合在一起。
- 基本上每个软件都会用到场景法，因为每个软件背后都有业务的支撑。
- 场景法主要用来测试软件的业务逻辑和业务流程。当拿到一个测试任务时，我们并不是先关注某个控件的细节测试(如等价类+边界值+判定表等)，而是要优先关注主要业务流程和主要功能是否正确实现，这就需要使用场景法。一旦确认业务流程和主要功能无误，再进一步从等价类、边界值、判定表等方面对控件细节进行测试(先整体后细节)。

场景法测试用例设计的重点是测试业务流程是否正确。测试时需要注意的是，确保业务流程测试没有问题并不代表系统的功能都正确。因此，必须对单个功能进行详细测试，以保证测试的充分性。虽然场景法适合用于涉及业务流程的场景，但它只验证业务流程，不验证单点功能。通常，先采用等价类划分、边界值分析、错误推断法、判定表等方法对单点功能进行验证；验证通过后，再采用场景法对业务流程进行验证。

2.8 状态迁移法

许多需求以状态机的方式进行描述，状态机测试主要关注状态转移的正确性。对于一个有限状态机，通过测试验证其在给定的条件下是否能够产生需要的状态变化，并检查是否存在不可达的状态或非法状态，以及是否可能出现非法的状态迁移等情况。状态迁移法通过构造能导致状态迁移的事件来测试状态之间的转换，常用于协议测试、Web页面转换和自动化测试等。通过这种方法，还可以设计逆向的测试用例，例如测试状态和事件的非法组合。

状态迁移法的用例设计步骤如下。

(1) 分析需求规格说明书，找出状态和触发条件，分析状态条件之间有哪些关系。

(2) 绘制状态迁移图，设定一个初始状态(初始状态是相对的)，用圆圈表示状态，用带有箭头的线段表示条件。

(3) 通过状态图生成状态和事件表，表格应包含四列信息，包括"上一状态""条件""下一状态"和"表现的行为动作"。

(4) 从状态转换树推导出测试路径。

(5) 根据测试路径编写合法测试用例。

(6) 编写非法测试用例。

2.9 错误推测法

错误推测法基于经验和直觉，旨在推测程序中可能出现的各种错误和容易发生错误的特殊情况，并将其列举为清单，从而有针对性地设计测试用例。经验通常来自软件项目的历史测试结果，通过从故障管理库中整理软件缺陷报告，梳理出产品以往容易出现问题的领域。此外，经验也可以来自用户的反馈意见，或者来自项目测试过程中采用非用例方法发现的问题，例如通过探索测试、随机测试等方法发现的问题。如果某些问题具有普遍性，则可以将其转换为用例，作为当前用例库的经验用例补充。直觉则是软件测试知识和经验的积累结果。

在测试一个对线性表(比如数组)进行排序的程序时，可以推测出以下几种需要特别关注的情况。

(1) 输入的线性表为空表。

(2) 表中只含有一个元素。

(3) 输入表中的所有元素已按顺序排列。

(4) 输入表已按逆序排列。

(5) 输入表中部分或全部元素相同。

错误推测法依据经验和直觉，缺乏固定的方法，具有明显的主观性。一般先采用其他的方法设计测试用例，再利用错误推测法补充用例。

错误推测法的优点如下。

- 能够充分发挥测试人员的直觉和经验。
- 通过问题的积累、总结和分享，促进集思广益，不断提高测试效果。
- 使用方便，能够快速切入并解决问题。

错误推测法的缺点如下。

- 难以统计测试的覆盖率。

○　可能对大量未知的问题区域未进行测试，无法保证测试的充分性。

○　具有主观性，缺乏系统性和严格的规范，因此难以复制。

○　难以支持自动化测试。

2.10　黑盒测试实施策略

每种黑盒测试方法都有各自的优缺点和适用场合，因此在选择时需要考虑不同软件的特点以及具体的测试内容，并对这些方法进行综合运用，以实现测试项目所要求的测试效率和测试覆盖率。黑盒测试方法往往都不是单独使用的，以下是一些在进行软件功能测试时黑盒测试方法的综合选择策略，供实际测试工作参考。

○　在任何情况下都应考虑边界值分析法，因为这种方法是发现软件缺陷最有效的手段之一。

○　对比其他方法，等价类划分法经常被优先选用，它可以将无限测试变成有限测试，从而减少测试工作量，提高测试效率。

○　对于业务流程清晰的系统，可以利用场景法贯穿整个测试过程，并在测试过程中综合使用各种测试方法。

○　在各种测试中，可以用错误推测法扩充一些测试用例，充分借鉴测试工程师的宝贵经验。

○　如果程序的功能说明中含有输入条件的组合情况，并且业务逻辑比较复杂，则一开始就可以选用因果图法和判定表驱动法。

○　对于参数配置类的软件，应使用正交实验法选择较少的组合方式，以达到最佳效果。

○　对照软件规格说明书中的功能需求，检查已设计出的测试用例的覆盖程度。当未达到覆盖标准时，需要补充足够的测试用例。

以上应用策略是一些参考性原则，并非固定不变的方法。在实际测试工作中，最重要的是重视和理解软件需求，并根据软件规格说明书设计功能测试用例。规格说明书的正确性至关重要。

2.11　思考题

1. 什么是黑盒测试？

2. 黑盒测试较为适合检测哪些类型的缺陷？

3. 简要阐述各种黑盒测试方法的优缺点及适用性。

4. 假设有一个档案管理系统，要求用户输入以年月形式表示的日期。日期限定在1990年1月至2049年12月之间，并规定日期由6位数字字符组成，其中前4位表示年份，后2位表示月份。请使用等价类划分法设计测试用例，以测试程序的“日期检查功能”。

5. 一个程序读取一个整数,并将其视为学生的成绩。该程序需要打印出信息,说明这个学生的成绩是优秀(90～100)、良好(80～89)、中等(70～79)、及格(60～69)还是不及格(0～59)。请用等价类划分法和边界值分析法设计出相应的测试用例。

6. 判定表驱动法、因果图法和正交实验法有哪些区别与联系?

7. 有一款城市税征收计算软件,其税率计算方法为:对于未定居在此的人,城市税是每年总收入的1%;对于定居在此的人,城市税的征收分为以下几个档次。

⊙ 如果年收入不超过30 000美元,征收总收入的1%。

⊙ 如果年收入在30 000美元～50 000美元之间,征收总收入的5%。

⊙ 如果年收入超过50 000美元,征收总收入的15%。

请采用因果图法设计测试用例。

8. 假设一个软件模块有5个独立的变量(A、B、C、D、E)。变量A和变量B都有两个取值:A1、A2和B1、B2。变量C和D分别有三个可能的取值:C1、C2、C3和D1、D2、D3。变量E有六个取值:E1、E2、E3、E4、E5、E6。请使用正交实验法设计相应的测试用例。

9. 打印机是否能打印出正确的内容,受多个因素影响,包括驱动程序、纸张、墨粉等(为了简化问题,不考虑中途断电、卡纸等因素的影响)。请绘制初始和优化后的判定表。

条件桩:

(1) 驱动程序是否正确?

(2) 是否有纸张?

(3) 是否有墨粉?

动作桩(动作桩分为两种:打印内容和不同的错误提示,假设优先警告缺纸,然后警告缺少墨粉,最后警告驱动程序不正确):

(1) 打印内容。

(2) 提示驱动程序不正确。

(3) 提示没有纸张。

(4) 提示缺少墨粉。

10. 在什么情况下应当采用场景法对软件进行测试?根据场景法设计测试用例的步骤是什么?

11. 针对购物类网站,绘制相应的基本流和备选流,并给出需要测试的典型场景。

12. 简述黑盒测试方法的应用策略。

13. 黑盒测试和白盒测试各自的优缺点是什么?在实际测试工作中应当如何进行综合运用?

第 3 章

白盒测试

本章主要介绍白盒测试方法。白盒测试是对软件实现细节进行深入检查的一种测试方法。它将测试对象视为一个"打开的盒子",允许测试人员利用程序内部的逻辑结构以及相关信息,设计或选择测试用例,从而对程序所有逻辑路径进行测试。通过在不同点检查程序状态,测试人员可以确定实际状态是否与预期的状态一致。本章将从静态和动态两种方式对白盒测试方法进行介绍,并涵盖常用的基本路径测试、循环测试、程序插桩、域测试等其他白盒测试技术。

本章的学习目标:

- ◯ 理解黑盒测试和白盒测试的定义和区别
- ◯ 理解白盒测试的基本概念
- ◯ 理解各种白盒测试方法的基本内容
- ◯ 理解每种白盒测试方法的特点
- ◯ 熟悉一种或多种代码静态检测工具
- ◯ 理解白盒测试方法的实施策略

3.1 白盒测试概述

软件测试方法根据是否测试程序的内部结构分为黑盒测试和白盒测试。黑盒测试是指在不了解系统内部结构或工作原理的情况下,通过输入数据并观察输出结果来判断系统的正确性、完整性和可靠性的测试方法。白盒测试可以理解为一种专门用于评估代码及程序内部结构的测试技术,常被称为结构测试,因为它涉及对代码结构的深入分析。对于测试工程师而言,如果掌握了软件产品、系统或应用程序的内部结构,可以尽早展开针对性的测试以确保程序内部操作是按照规范运行的,并且所有内部结构都能得到全面的测试执行。

白盒测试按照是否运行软件系统分为静态白盒测试和动态白盒测试。静态白盒测试是在不运行程序的情况下,通过人工对程序和文档进行分析与检查,重点关注源程序的语法、结构、过程和接口等,以验证程序的正确性。

　　静态白盒测试主要包括各阶段的评审、代码检查、程序分析、软件质量度量等，用于对被测程序进行特性分析。相对而言，动态白盒测试是通过运行被测程序来检查运行结果与预期结果的差异，并分析运行效率和健壮性等指标。动态白盒测试主要包括逻辑覆盖法、基本路径测试法、域测试、符号测试、Z路径覆盖和程序变异等技术。其中代码覆盖率分析消除了测试用例套件中的空白，标识一组测试用例未执行的程序区域。一旦发现用例覆盖空白域，就可以创建测试用例以验证未经测试的代码部分，从而提高软件产品的质量。

　　以下是静态白盒测试中检查的故障模式：

- 内存泄漏的故障(Memory Leak Fault，MLF)
- 数组越界故障(Out of Bounds Array Access Fault，OBAF)
- 使用未初始化变量故障(Uninitialized Variable Fault，UVF)
- 空指针使用故障(NULL Pointer Dereference Fault，NPDF)
- 非法计算类故障(Illegal Computing Fault，ILCF)
- 死循环故障(Dead Loop Fault，DLF)
- 资源泄漏故障(Resource Leak Fault，RLF)
- 并发故障(Concurrency Fault，CF)
- 安全漏洞故障(Security Vulnerability Fault，SVF)
- 疑问代码故障(Questionable Code Fault，QCF)

白盒测试的实施流程如下。

(1) 测试计划阶段：根据需求说明书制定测试进度。

(2) 测试设计阶段：依据程序设计说明书，按照规范化的方法进行软件结构划分，并设计测试用例。

(3) 测试执行阶段：输入测试用例，获取测试结果。

(4) 测试总结阶段：对比测试的结果和代码的预期结果，分析错误原因，找到并解决错误。

3.2　静态白盒测试

3.2.1　编码规范

　　每一种编程语言都有自己的语法和语义规则，编译器会针对程序员编写的代码进行语法和语义规则检测。如果代码不符合编译器的要求，编译器在编译时就会报错，这种规定称为"规则"。学习编程语言最重要的就是学习并灵活运用与之对应的规则。但是有一种规定，它是一种人为约定的、广为接受的，即使不遵循这些规定也不会出错，这种规定称为"规范"。

　　编码规范指的是我们在编写代码时需要遵守的一些规则。好的编码规范可以大大提高代码的可读性和可维护性，甚至提高程序的可靠性和可修改性，从而保证代码的质量。特别是在团队开发大型项目时，编码规范成为项目高效运作的重要因素。

下面简单列举一些软件工程领域通用的编码规范。

1. 命名规范

○ 变量、函数、类和文件名应简明易懂，使用英文单词或单词缩写，并使用下画线或驼峰命名法。

○ 变量名应使用名词，函数名应使用动词，类名应使用名词或名词短语，文件名应使用有意义的名称。

2. 格式化规范

○ 代码行长度应不超过80个字符。

○ 使用一致的缩进和空格，以提高代码的可读性。

○ 在两个操作符之间使用空格，例如赋值、比较和算术操作符。

3. 注释规范

○ 注释应清晰、有意义，并解释代码的目的，而非仅仅描述显而易见的内容。

○ 注释应位于需要注释的代码上方，并在需要的地方使用空行分隔。

4. 函数的长度规范

○ 尽量保持函数简洁，以提高代码的可读性和可维护性。

○ 函数应专注于完成一件明确的任务，如果函数过于复杂，应考虑将其拆分成较小的函数。

5. 错误处理规范

○ 带有适当错误处理的代码不仅更可靠，而且更容易调试。

○ 尽可能使用异常处理来处理错误。

6. 冗余代码规范

○ 尽管DRY(不要重复自己)原则广为人知，但它仍是一个很好的编程实践，有助于减少冗余代码和错误。

○ 尽可能使用现有的代码或函数，而不是编写新的代码。

7. 通用开发模式规范

○ 在编程实践中，应尽量使用通用的设计模式，以提高代码的可维护性。

○ 使用面向对象编程的原则，如高内聚、低耦合等。

下面简要介绍设计模式和面向对象的设计原则。设计模式(Design Pattern)是针对面向对象设计中反复出现的问题的解决方案，是一套被反复使用、经过整理和分类的代码设计经验的总结。使用设计模式可以实现代码重用，使代码更容易被他人理解，并提高代码的可靠性。

设计模式的经典教程*Design Patterns：Elements of Reusable Object-Oriented Software*(中文译名为《设计模式：可复用的面向对象软件元素》)中提到，总共有23种设计模式。这些模式可以分为三大类：创建型模式(Creational Patterns)、结构型模式(Structural Patterns)、行为型模式(Behavioral Patterns)。其中，创建型模式包括工厂模式(Factory Pattern)、抽象工厂模式(Abstract Factory Pattern)、单例模式(Singleton Pattern)、建造者模式(Builder Pattern)和原型模式(Prototype Pattern)等。

面向对象的设计原则主要有单一职责原则、开闭原则、里氏代换原则、依赖倒转原则、接口隔离原则、合成复用原则和迪米特原则，每一种原则的说明如下。

- 单一职责原则：一个对象应只包含单一的职责，并且该职责被完整地封装在一个类中。
- 开闭原则：软件实体应当对扩展开放，对修改关闭。
- 里氏代换原则：所有引用基类的地方必须能透明地使用其子类的对象。
- 依赖倒转原则：高层模块不应该依赖低层模块，它们都应该依赖抽象。抽象不应依赖细节，细节应依赖抽象。
- 接口隔离原则：客户端不应依赖于其不需要的接口。
- 合成复用原则：优先使用对象组合，而不是继承来达到复用的目的。
- 迪米特原则：每一个软件单位对其他的单位都只有最少的知识，并且局限于那些与本单位密切相关的单位。

这些设计模式和设计原则，不仅可以提高软件的可维护性、可复用性和灵活性，还能有效减少系统中的错误和问题，提高代码质量。此外，它们也可以作为代码审查的重要依据。如果读者对此感兴趣，可以进一步深入研究。

针对不同的编程语言，各自形成了有效的编码规范。下面以C++和Python为例进行说明。

Google C++编码规范的内容列表如图3-1所示。

C++ Version	
Header Files	Self-contained Headers The #define Guard Include What You Use Forward Declarations Inline Functions Names and Order of Includes
Scoping	Namespaces Internal Linkage Nonmember, Static Member, and Global Functions Local Variables Static and Global Variables thread_local Variables
Classes	Doing Work in Constructors Implicit Conversions Copyable and Movable Types Structs vs. Classes Structs vs. Pairs and Tuples Inheritance Operator Overloading Access Control Declaration Order
Functions	Inputs and Outputs Write Short Functions Function Overloading Default Arguments Trailing Return Type Syntax
Google-Specific Magic	Ownership and Smart Pointers cpplint
Other C++ Features	Rvalue References Friends Exceptions noexcept Run-Time Type Information (RTTI) Casting Streams Preincrement and Predecrement Use of const Use of constexpr Integer Types 64-bit Portability Preprocessor Macros 0 and nullptr/NULL sizeof Type Deduction (including auto) Class Template Argument Deduction Designated Initializers Lambda Expressions Template Metaprogramming Boost Other C++ Features Nonstandard Extensions Aliases Switch Statements
Inclusive Language	
Naming	General Naming Rules File Names Type Names Variable Names Constant Names Function Names Namespace Names Enumerator Names Macro Names Exceptions to Naming Rules
Comments	Comment Style File Comments Class Comments Function Comments Variable Comments Implementation Comments Punctuation, Spelling, and Grammar TODO Comments
Formatting	Line Length Non-ASCII Characters Spaces vs. Tabs Function Declarations and Definitions Lambda Expressions Floating-point Literals Function Calls Braced Initializer List Format Looping and branching statements Pointer and Reference Expressions Boolean Expressions Return Values Variable and Array Initialization Preprocessor Directives Class Format Constructor Initializer Lists Namespace Formatting Horizontal Whitespace Vertical Whitespace
Exceptions to the Rules	Existing Non-conformant Code Windows Code

图3-1　Google C++编码规范

Python的编码规范被称为 PEP 8，它是Python Enhancement Proposal的缩写。PEP 8详细定义了Python代码应遵循的编码约定和最佳实践，其内容列表如图3-2所示。

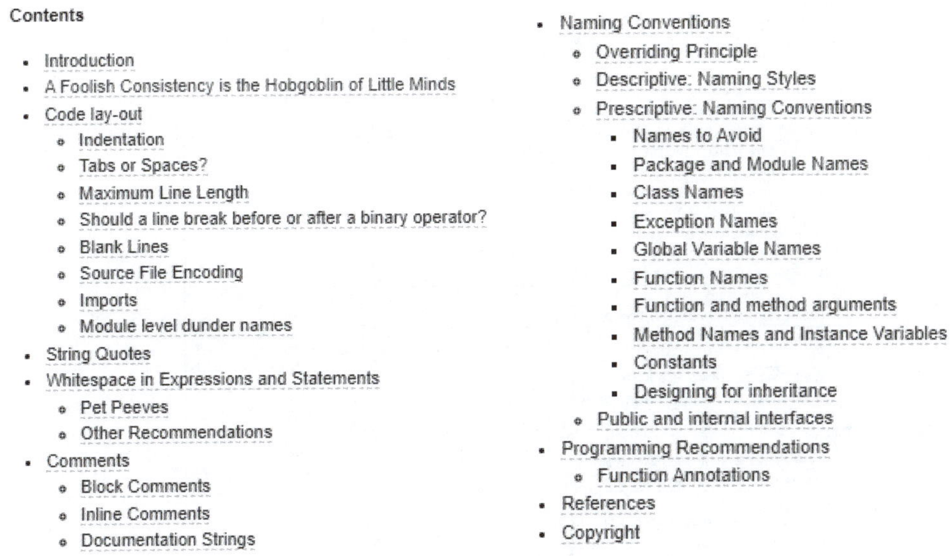

Contents

- Introduction
- A Foolish Consistency is the Hobgoblin of Little Minds
- Code lay-out
  - Indentation
  - Tabs or Spaces?
  - Maximum Line Length
  - Should a line break before or after a binary operator?
  - Blank Lines
  - Source File Encoding
  - Imports
  - Module level dunder names
- String Quotes
- Whitespace in Expressions and Statements
  - Pet Peeves
  - Other Recommendations
- Comments
  - Block Comments
  - Inline Comments
  - Documentation Strings

(1)

- Naming Conventions
  - Overriding Principle
  - Descriptive: Naming Styles
  - Prescriptive: Naming Conventions
    - Names to Avoid
    - Package and Module Names
    - Class Names
    - Exception Names
    - Global Variable Names
    - Function Names
    - Function and method arguments
    - Method Names and Instance Variables
    - Constants
    - Designing for inheritance
  - Public and internal interfaces
- Programming Recommendations
  - Function Annotations
- References
- Copyright

(2)

图3-2   PEP 8编码规范

3.2.2 代码静态检测

代码静态检测，即静态代码分析，是指在不运行被测代码的情况下，通过分析和检查源程序的语法、结构、过程、接口等，来验证程序的正确性，并识别代码中隐藏的错误和缺陷。例如，它可以检测出参数不匹配、有歧义的嵌套语句、错误的递归、非法计算和可能出现的空指针引用等问题。

代码检查法主要包括程序员自查、代码走查和代码审查等方式。程序员自查是指程序员根据程序的规格说明、编码规范、常见错误等，仔细分析源代码，发现程序中的问题和错误。代码走查是一个非正式的过程，一般在开发组内部进行。通过代码走查小组，以会议的方式来检查代码。小组成员一般提前阅读设计规格书、源程序等相关文档，并准备一些代表性的测试用例，通过逻辑运行程序的方式共同交流、讨论和发现程序中的问题。

代码审查是一种相对正式的评审活动，通过正式会议的方式进行，一般具有制订好的会议计划和流程。在会议中，会应用预先定义好的标准和检查技术检查程序和文档，以发现软件缺陷。会后会形成正式的审查结果报告。与代码走查相比，代码审查也是通过组成审查小组的形式对程序进行检查，但参与人员更多，通常包括项目开发组、测试组、质量保证人员和产品经理等。

代码审查的清单有多种格式，如图3-3所示。

项目名称			检查日期				
文件编号、名称			填写人				
编号	问题		是	否	不适用	BUG数	备注
结构							
1	代码是否正确完整的实现了设计?		☐	☐	☐		
2	代码是否符合相关的编码标准?		☐	☐	☐		
3	代码结构是否适当,风格和格式是否保持一致?		☐	☐	☐		
4	代码中是否有没有被调用的或无用的程序,或没有被执行的代码?		☐	☐	☐		
5	代码中是否还有多余的桩程序或测试代码?		☐	☐	☐		
6	是否存在能被调用外部复用组件或库函数替代的代码?		☐	☐	☐		
7	有没有能被压缩成简单程序的程序块或重复的代码?		☐	☐	☐		
8	存储空间是否被有效利用?		☐	☐	☐		
9	数字和字符串常量是否用符号代替?		☐	☐	☐		
10	是否有过于复杂的模块需要重新构造或拆分成多个程序?		☐	☐	☐		
文档							
1	代码是否已被用易于维护的注释方式清晰充分的文档化?		☐	☐	☐		
2	注释是否与代码协调一致?		☐	☐	☐		
变量							
1	所有变量的命名是否清晰,一致并且有意义?		☐	☐	☐		
2	所有被赋值的变量赋值类型是否一致或有类型转换?		☐	☐	☐		
3	是否有冗余或无用的变量?		☐	☐	☐		
算法操作							
1	代码是否避免了对浮点数值的相等比较操作?		☐	☐	☐		
2	被除数是否做了零值测试和噪音测试?		☐	☐	☐		
循环和分支							
1	所有的循环,分支和逻辑构造是否完整,正确并且欠套适当?		☐	☐	☐		
2	在IF-ELSEIF链中,最一般的状况是否最先被考虑到?		☐	☐	☐		
3	所有可能的状况,包含ELSE语句或DEFAULT语句是否都被覆盖到IF-ELSEIF或CASE块中?		☐	☐	☐		
4	每种状况是否都有缺省值?		☐	☐	☐		
5	循环结束的条件是否明显并且总是可以达到?		☐	☐	☐		
6	索引或下标在循环开始前被正确初始化?		☐	☐	☐		
7	在循环中的声明是否能放到循环之外?		☐	☐	☐		
8	代码中的循环是否避免了对索引变量进行操作或依靠索引变量来退出循环?		☐	☐	☐		
防御性编程							
1	索引,指针和下标是否经过了数组,记录或文件的边界测试?		☐	☐	☐		
2	是否验证了导入的数据或输入的参数的正确性和完整性?		☐	☐	☐		
3	所有的输出变量是否都被赋值?		☐	☐	☐		
4	在每个声明中数据是否被正确操作?		☐	☐	☐		
5	分配的内存空间是否都被释放?		☐	☐	☐		
6	对于外部设备接入是否有超时设计或错误陷阱?		☐	☐	☐		
7	在操作文件时是否判断了文件存在与否?		☐	☐	☐		
8	在程序结束的时候所有的文件和设备是否都保持了正确的状态?		☐	☐	☐		
其他							

结论: ☑通过　☐有条件通过　☐不通过

图3-3　通用代码审查清单

代码静态检测实践建议如下。

(1) 选择合适的工具:根据项目需求和编程语言选择适合的静态代码检测工具(应考虑工具的功能、可配置性、集成性和社区支持等方面)。

(2) 定义和遵循编码规范:制定明确的编码规范并在团队中广泛采纳。静态代码检测工具可以帮助确保代码符合规范,并提供有关违规的警告和建议。

(3) 集成到持续集成(CI)流程:将静态代码检测纳入持续集成流程中,确保每次代码提交都进行检测(这有助于尽早发现问题,并促使团队及时修复)。

(4) 定期执行全面的代码检测,定期执行全面的静态代码检测,以确保代码库的整体质量。这可以帮助发现长期存在的问题,并改进团队的编码实践。

(5) 根据项目需求进行配置:根据项目的特点和需求,对静态代码检测工具进行适当的配置。选择适当的规则集,调整警告级别,以减少误报并集中关注项目中最重要的问题。

(6) 处理警告和问题:认真对待静态代码检测工具的警告和问题,并及时处理。遵循团队协商的修复标准,确保问题得到妥善解决。

(7) 教育和培训:培养团队成员对静态代码检测工具的认识和使用技巧。提供培训和教育资源,以便他们能够理解工具的输出并有效地处理检测结果。

(8) 结合其他质量保证方法：静态代码检测只是质量保证的一部分。应结合其他测试方法，如单元测试、集成测试和手动代码审查，以全面提高代码质量。

(9) 定期更新工具和规则：保持静态代码检测工具和规则集的最新版本，定期更新工具，以获取新的功能和改进，并确保使用最新的规则来检测潜在问题。

3.2.3 代码静态检测工具

静态代码检测是一种通过对源代码进行分析来检测潜在问题的技术。它可以检查代码的结构、语法、语义等方面，并根据预定义的规则或模式来发现错误、安全漏洞和性能问题。静态代码分析的原理和常见方法如下。

(1) 词法分析(Lexical Analysis)：在静态代码分析的过程中，首先需要对源代码进行词法分析。词法分析器将源代码分解为一系列的标记 (token)，例如变量名、关键字、运算符等。这一步骤有助于建立代码的基本语法结构，为后续的分析提供基础。

(2) 语法分析(Syntax Analysis)：语法分析器将词法分析器生成的标记按照语法规则进行解析，建立抽象语法树(Abstract Syntax Tree，AST)。抽象语法树表示代码的结构和关系，它是后续静态分析的基础数据结构。

(3) 语义分析(Semantic Analysis)：语义分析器在抽象语法树的基础上进行进一步的分析，检查代码中的语义错误和潜在问题。它验证类型的一致性、函数调用的正确性以及变量的作用域等，以确保代码的逻辑正确性。

(4) 数据流分析(Data Flow Analysis)：数据流分析是静态代码分析中的一种重要技术，它通过分析代码中的数据流和变量的使用情况，来检测未初始化的变量、空指针引用和不可达代码等问题。数据流分析可以帮助确定代码中的数据依赖关系和控制流程，并识别潜在的错误和性能问题。

(5) 符号执行(Symbolic Execution)：符号执行是一种基于符号变量而非具体数值的执行方式。它通过对代码的每个路径进行符号执行，生成约束条件并求解，以发现代码中的漏洞和错误。符号执行可以发现难以通过传统测试方法覆盖到的代码路径，并提供更全面的代码覆盖。

(6) 规则检查(Rule-based Analysis)：规则检查是一种基于预定义规则或模式的静态分析方法。开发人员可以定义一组规则，用于检测代码中的常见问题、最佳实践和安全漏洞。静态分析工具根据这些规则来分析代码，并给出相应的警告和建议。

(7) 模型检查(Model Checking)：模型检查是一种形式化的静态分析方法，它使用数学模型来验证代码的正确性。模型检查器根据事先定义的规范(如时序逻辑公式)检查代码是否满足特定的性质或约束条件。通过对代码的状态空间进行完全或部分穷举，模型检查可以帮助发现潜在的错误和不变性违规。

(8) 抽象解释(Abstract Interpretation)：抽象解释是一种静态分析方法，它通过对代码进行抽象和近似，推导出关于程序行为的信息。抽象解释器可以利用抽象域和半格结构来进行代码状态的抽象表示和计算。通过对抽象状态进行操作，抽象解释可以分析程序的属性，如可达性、安全性和性能等。

(9) 综合技术(Hybrid Approaches)：在某些情况下，静态代码分析需要综合多种方法和技术来提高准确性和覆盖范围。综合技术将符号执行、模型检查、抽象解释等多种静态分析方法相结合，旨在发现更广泛的问题并提供更全面的代码分析。

静态代码检测工具通常具有以下特点。

(1) 自动化检测：静态代码检测工具能够自动分析和检查源代码，不需要人工逐行检查，提高了检测效率和准确性。

(2) 支持多种编程语言：静态代码检测工具通常支持多种编程语言，包括但不限于Java、C/C++、Python、JavaScript等，可以满足不同项目的需求。

(3) 识别潜在问题：静态代码检测工具能够识别代码中的潜在问题，如内存泄漏、空指针引用、未使用的变量、代码重复等，帮助开发者发现潜在的Bug和优化机会。

(4) 检查代码风格：静态代码检测工具可以检查代码的风格和规范是否符合标准，如缩进、命名规范、注释规范等，帮助开发团队保持一致的代码风格。

(5) 可定制化配置：静态代码检测工具通常提供了可定制的配置选项，可以根据项目的特定需求进行调整，灵活地控制检测规则和行为。

(6) 支持集成开发环境：一些静态代码检测工具可以与常用的集成开发环境(IDE)集成，提供实时检测和即时反馈，方便开发者在开发过程中及时发现和修复问题。

(7) 生成结果报告：静态代码检测工具通常会生成检测结果报告，包括问题的详细描述、位置和建议修复措施。同时，这些工具还提供可视化展示，帮助开发者更直观地理解和解决问题。

以下是一些常用的静态代码检测工具。

- SonarQube：多语言代码质量管理平台。
- PMD：Java和其他语言的静态代码分折器。
- Checkstyle：Java的静态代码分析器。
- ESLint：JavaScript和TypeScript的静态代码分析器。
- JSHint：JavaScript的静态代码分析器。
- FindBugs：Java代码的静态代码分析器。
- Bandit：Python的静态安全性分析器。
- Pylint：Python的静态代码分析器，支持PEP 8检查和其他检查。
- Infer：C、C++和Java的静态代码分析器。
- Code Climate：多语言的代码质量平台，包括静态代码分析功能。
- Codacy：多语言的代码质量平台，提供静态代码分析。
- Better Code Hub：多语言的代码质量平台，包括静态代码分析功能。
- CodeFactor：多语言的代码质量平台，提供静态代码分析。
- Cppcheck：C和C++的静态代码分析器。
- Clang Static Analyzer：C和C++的静态代码分析工具。
- Flawfinder：C和C+的静态代码分析器，专注于安全性。
- PHP_Codesniffer：PHP代码的静态分析器。
- OWASP Dependency-Check：用于检测Java和.NET应用程序。

下面简单介绍一下Pylint工具。Pylint是一个Python工具，除了提供常规的代码分析功能外，它还提供了许多额外的功能，例如检查行长度、变量名是否符合命名标准，以及已声明的接口是否被实际实现等。Pylint的一大优势在于其高度的可配置性和可定制性，用户可以轻松编写插件来扩展其功能。

Pylint 在 Windows 系统中的安装过程如下。

(1) 安装Python包(高于版本2.2)，右击系统桌面上的"我的电脑"图标，在弹出的菜单中选择"属性"命令，在打开的对话框中选择"高级"选项卡，然后单击"环境变量"按钮。在 $PATH 中添加 Python 的安装路径(如C:\Python\)。

(2) 使用解压缩工具解压缩相关的包。

(3) 打开命令行窗口，使用cd命令进入logilab-astng、logilab-common和解压后的Pylint文件夹中，运行命令python setup.py install进行安装。

(4) 安装完成后，在 Python 的安装路径下会出现一个 Scripts 文件夹，其中包含一些bat脚本(如pylint.bat)。

(5) 为了在调用 pylint.bat 的时候不需要输入完整路径，可以在Python的安装目录下创建重定向文件pylint.bat。这个纯文本文件的内容应包含pylint.bat的实际路径(如D:\Python\Scripts\pylint.bat)。

(6) 安装完成后，可以通过命令pylint [options] module_or_package来调用Pylint。

使用Pylint对模块module.py进行代码检查的步骤如下。

(1) 进入模块所在的文件夹，运行命令pylint [options] module.py。这种调用方式始终有效，因为当前的工作目录会被自动加入 Python 的路径中。

(2) 不进入模块所在的文件夹，在命令行中直接运行pylint [options] directory/module.py。这种调用方式在满足以下条件时有效：directory是一个Python包(例如包含一个__init__.py文件)，或者directory已被加入到Python的路径中。

使用Pylint对一个包pakage进行代码检查的步骤如下。

(1) 进入这个包所在文件夹，运行命令pylint [options] pakage。这种调用方式始终有效，因为当前的工作目录会被自动加入Python的路径中。

(2) 不进入包所在的文件夹，运行命令pylint [options] directory/pakage。在这种情况下，只有当以下条件满足时才能正常工作：directory被加入到Python的路径中。例如在Linux上，可以使用命令export PYTHONPATH=$PYTHONPATH: directory。

此外，对于安装了tkinter包的机器，可以使用命令pylint-gui打开一个简单的GUI界面，在此界面中输入模块或包的名字(规则同命令行)，单击Run按钮，Pylint的输出会在GUI中显示。

本章重点讲解代码静态检测工具，关于代码动态检测工具的内容将在其他章节中进行介绍。

3.3 逻辑覆盖测试

逻辑覆盖测试是一种常用的动态白盒测试方法，主要包括语句覆盖、判定覆盖、条件覆盖、判定条件覆盖、条件组合覆盖和路径覆盖。下面将针对实例分别说明这些覆盖的含义。

已知有一个函数F，接收三个参数A、B和C，并返回C的值。如图3-4所示，左侧为代码，右侧为程序流程图。在流程图中，使用a到e分别代表程序的执行路径。

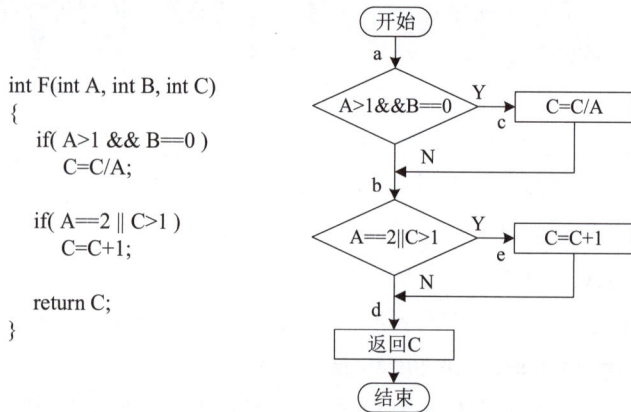

```
int F(int A, int B, int C)
{
    if( A>1 && B==0 )
        C=C/A;

    if( A==2 || C>1 )
        C=C+1;

    return C;
}
```

图3-4　逻辑覆盖被测程序

在逻辑覆盖测试中，首先需要明确"判定"和"条件"这两个概念。判定是指决定程序路径的布尔型表达式，其取值为True或False。条件是指条件表达式，通常为比较关系，其比较的结果也取值为True或False。一个判定可能包含多个条件，多个条件通过逻辑运算符(与、或、非、异或等)进行连接。因此，该段代码包含两个判定和四个条件，如下所示。

- 判定1："A>1 && B=0"，记为P1。
- 判定2："A=2 || C>1"，记为P2。
- 条件1："A>1"，记为C1。
- 条件2："B==0"，记为C2。
- 条件3："A==2"，记为C3。
- 条件4："C>1"，记为C4。

3.3.1　语句覆盖

语句覆盖是指设计若干个测试用例，以确保被测程序中每一条可执行语句至少被执行一次。这里的"若干个"是指使用测试用例越少越好。语句覆盖在测试中主要发现缺陷或错误语句。

针对上述被测程序，为了使程序中的每条语句都被执行一次，只需要选取一组测试用例数据，使程序沿着路径"a-c-b-e-d"运行即可。如表3-1所示，可以选取A=2、B=0、C=8作为输入数据，这样，P1和P2两个判定的值都为True，且三条语句都被执行。这样的测试用例即可达到语句覆盖的标准，语句覆盖只关心判定表达式的结果，而没有测试判定表达式中的每个条件取不同值的情况。另外，测试用例不一定是唯一的，例如，A=6、B=0、C=9同样可以满足语句覆盖的要求。

表3-1　语句覆盖测试用例

测试用例	P1	P2	执行路径
A=2，B=0，C=8	True	False	a-c-b-e-d

3.3.2 判定覆盖

判定覆盖(又称分支覆盖)是指设计若干个测试用例,使被测程序中每个判定的取真分支和取假分支至少执行一次,即每个判定的真假值均被满足。

针对上述被测程序,需要设计若干测试用例,使得P1和P2两个判定的值为True和False至少满足一次。由于一组测试用例只能满足P1和P2的判定值为True或者False,因此至少需要两组测试用例才能满足判定覆盖。如表3-2所示,分别设计两组测试用例,使得P1的取值分别为True和False,P2的取值也分别为True和False,程序执行路径分别为"a-c-b-e-d"和"a-b-d",从而满足判定覆盖的要求。

表3-2 判定覆盖测试用例

测试用例	P1	P2	执行路径
A=2,B=0,C=4	True	True	a-c-b-e-d
A=3,B=2,C=1	False	False	a-b-d

判定覆盖也不一定是唯一的。例如,可以设计另外两组测试用例,使得P1的取值分别为True和False,P2的取值分别为False和True,同样可以满足判定覆盖。

以上的if判断属于双分支语句,其他如for、while等语句也是双分支语句。根据判定覆盖的定义,同样设计相应的测试用例,使得双分支的真和假都满足一次即可。除了双分支语句,还有多分支语句,例如C语言中的switch和case语句。在这种情况下,判定覆盖需要对每一个分支的每一种可能都进行测试。

判定覆盖的测试充分性优于语句覆盖。然而,判定覆盖仅关注判断整个判定表达式的最终取值结果,无法覆盖到每个子条件的所有取值情况,因此可能会遗漏一些特殊情况。

3.3.3 条件覆盖

条件覆盖是指设计若干测试用例,以确保被测程序中所有判定语句中的每个条件可能取值至少满足一次。

针对上述被测程序,需要设计若干测试用例,使得C1、C2、C3、C4四个条件的True和False取值至少被满足一次。我们可以对这些条件进行如下标记:

○ C1取True (即A>1)记为T1,取False (即A≤1)记为F1。

○ C2取True (即B=0)记为T2,取False (即B≠0)记为F2。

○ C3取True (即A=2)记为T3,取False (即A≠2)记为F3。

○ C4取True (即C>1)记为T4,取False (即C≤1)记为F4。

如表3-3所示,设计两组测试用例,以确保程序中的四个条件取真和取假都至少出现一次。

表3-3 条件覆盖测试用例

测试用例	C1	C2	C3	C4	P1	P2	执行路径
A=2,B=0,C=1	T1	T2	T3	F4	True	True	a-c-b-e-d
A=1,B=1,C=4	F1	F2	F3	T4	False	True	a-b-e-d

由于条件覆盖只关注每个条件都取得真假两种情况，而不考虑判定结果的取值情况，因此测试用例满足条件覆盖的同时，不一定满足判定覆盖。例如，上述的测试用例就没有覆盖P2为False的情况。

3.3.4 判定条件覆盖

判定条件覆盖是指设计若干测试用例，使得被测程序中每个判定的每个条件的所有可能取值至少被执行一次，并且每个判定结果也至少被执行一次。

如表3-4所示，设计两组测试用例，使得程序中的两个判定和四个条件取真和取假都出现一次。

表3-4　判定条件覆盖测试用例

测试用例	C1	C2	C3	C4	P1	P2	执行路径
A=2，B=0，C=4	T1	T2	T3	T4	True	True	a-c-b-e-d
A=1，B=1，C=1	F1	F2	F3	F4	False	False	a-b-d

判定条件覆盖测试所有判定和条件的取值，但在逻辑表达式中，部分条件取值可能会掩盖其他条件的取值。因此，判定条件覆盖测试并不一定覆盖所有条件的真假取值组合情况。这意味着，判定条件覆盖并不一定能够发现逻辑表达式中的所有错误。

3.3.5 条件组合覆盖

条件组合覆盖是指设计若干测试用例，以确保被测程序中每个判定的所有可能条件取值组合至少被执行一次。条件组合覆盖与条件覆盖的区别是，条件组合覆盖不仅要求每个条件都能有真假两种取值结果，还要求这些结果的所有可能组合都至少出现一次。

上述被测程序一共有C1到C4四个条件。C1和C2属于判定P1，有四种组合情况；C3和C4属于判定P2，也有四种组合情况。所有八种组合情况如表3-5所示。

表3-5　条件取值组合情况

编号	1	2	3	4	5	6	7	8
条件组合	T1，T2	T1，F2	F1，T2	F1，F2	T3，T4	T3，F4	F3，T4	F3，F4

根据表3-5所示的组合情况，接下来设计条件组合覆盖测试用例，如表3-6所示。

表3-6　条件组合覆盖测试用例

测试用例	C1	C2	C3	C4	覆盖条件组合	P1	P2	执行路径
A=2，B=0，C=4	T1	T2	T3	T4	1，5	True	True	a-c-b-e-d
A=2，B=1，C=1	T1	F2	T3	F4	2，6	False	True	a-b-e-d
A=1，B=0，C=2	F1	T2	F3	T4	3，7	False	True	a-b-e-d
A=1，B=1，C=1	F1	F2	F3	F4	4，8	False	False	a-b-d

条件组合覆盖包含了判定覆盖和条件覆盖的各种要求。满足条件组合覆盖一定满足判定覆盖、条件覆盖、判定条件覆盖。因此，条件组合覆盖是前面几种覆盖方法中最强的一种。然而，尽管满足条件组合覆盖要求，测试用例仍然可能无法覆盖程序中的所有执行路径。

3.3.6 路径覆盖

路径覆盖是通过若干测试用例，以确保被测程序中的每条可执行路径都至少执行一次。在前述被测程序中，共有四条执行路径。可以设计四组测试用例，分别覆盖这四条路径，如表3-7所示。

表3-7 路径覆盖测试用例

测试用例	C1	C2	C3	C4	P1	P2	执行路径
A=2，B=0，C=3	T1	T2	T3	T4	True	True	a-c-b-e-d
A=1，B=1，C=1	F1	F2	F3	F4	False	False	a-b-d
A=3，B=0，C=3	T1	T2	F3	F4	True	False	a-c-b-d
A=2，B=1，C=1	T1	F2	T3	F4	False	True	a-b-e-d

路径覆盖是一种测试覆盖率较高的方法。100%满足路径测试的要求必然能100%满足判定覆盖标准，但并不一定能100%满足条件覆盖和条件组合覆盖。如果程序的逻辑较为复杂，程序的可执行路径数量就会非常庞大。

为了解决执行路径过于庞大的问题，可以舍掉一些次要因素，对循环机制进行简化，从而极大地减少路径的数量，使得覆盖这些有限的路径成为可能。简化循环意义下的路径覆盖称为Z路径覆盖。

这里所提到的对循环的简化是指限制循环的次数。无论循环的形式和实际执行循环体的次数多少，只考虑执行一次和零次两种情况，即只考虑进入循环体一次和跳过循环体这两种情况。对于程序中的所有路径可以用路径树来表示。当得到某一程序的路径树后，从其根结点开始进行一次遍历。当返回到根结点时，把所经历的结点名称排列起来，即可得到一个路径。如果能够遍历所有的叶结点，就可以获得所有的路径。当得到所有的路径后，生成每个路径的测试用例，就能够实现Z路径覆盖测试。

3.4 基本路径测试

基本路径测试是在程序控制流图的基础上，通过分析控制构造的环路复杂性，导出基本可执行路径的集合，然后根据可执行路径进行测试用例设计的方法。需要注意的是，基本路径不一定涵盖全部路径。

基本路径测试包括以下四个步骤。

(1) 绘制程序控制流图。程序控制流图是描述程序控制流的一种图示方法。

(2) 计算程序环形复杂度。使用McCabe复杂性度量来评估程序的环形复杂度。通过环形复杂度，可导出程序基本路径集中独立路径的数量，这为确保程序中每个可执行语句至少执行一次提供了测试用例数量的上限。

(3) 导出测试用例。根据环形复杂度和程序结构来设计测试用例数据输入和预期结果。

(4) 准备测试用例。确保基本路径集中的每一条路径都能够被执行。

程序控制流图是另一种形式的程序流程图，用于突出表示程序的控制结构。控制流图只呈现程序的控制流程，不表现具体的语句以及选择或循环的具体条件。图3-5展示了几种典型的程序控制结构的控制流图形式。

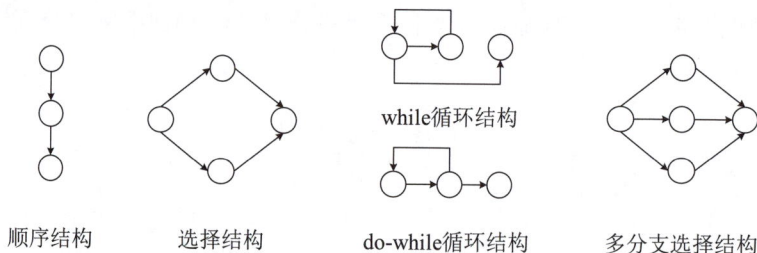

顺序结构　　　　选择结构　　　　do-while循环结构　　　　多分支选择结构

图3-5　程序控制流图的基本形式

根据程序控制流图，可以定量地度量程序的复杂程度，度量结果称为程序的环形复杂度、环路复杂度或圈复杂度。控制流图通常用符号G表示，环路复杂度用V(G)表示。

计算环路复杂度的方法有以下三种。

(1) 控制流图中的区域数等于环路复杂度。

(2) $V(G)=E-N+2$，其中E表示控制流图中边的数量，N表示节点的数量。

(3) $V(G)=P+1$，其中P表示控制流图中判定节点的数量。

程序的环路复杂度计算结果给出了程序独立路径集合中独立路径的数量，这是保证程序中每条可执行语句至少被执行一次所必需的测试用例数量的上限。换句话说，最多只要V(G)个测试用例就可以满足基本路径覆盖要求。

在获得独立路径集合后，就可以根据每条独立路径设计相应的输入数据，以形成测试用例，保证每一条独立路径都可以被有效测试。

下面通过一个具体的示例来说明基本路径测试方法。已知函数BinSearch的功能为折半查找，在一个升序排列的数组中查找值为key的元素。

```
    private int BinSearch( int array[], int key )
1{
2       int mid, low, high;
3       low = 0;
4       high = array.Length - 1;
5       while (low <= high)
6       {
7           mid = ( low + high ) / 2;
8       if ( key == array[mid] )
9           return mid;
10      else if ( key < array[mid] )
11          high = mid - 1;
12      else
13          low = mid + 1;
14      }
15      return -1;
16}
```

下面按照基本路径测试的步骤进行说明。

1. 画程序控制流图

可以先绘制程序流程图，以方便分析控制流图。程序流程图如图3-6(1)所示，控制流图如图3-6(2)所示。其中，数字是源程序中的行号，5、8、10则是判定节点。

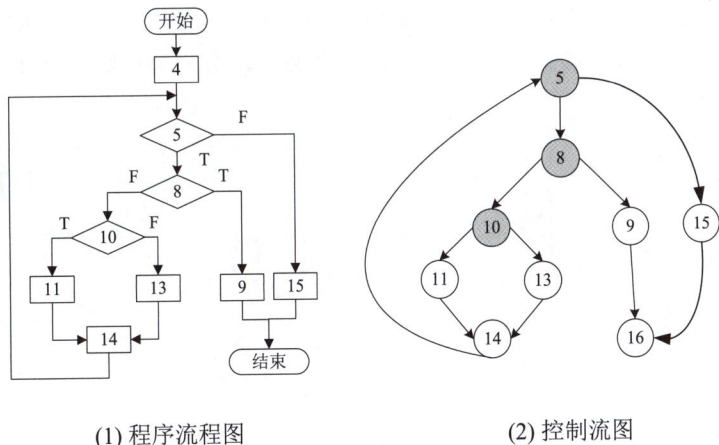

(1) 程序流程图   (2) 控制流图

图3-6　程序流程图和控制流图

2. 计算程序的环路复杂度

根据图3-6(2)所示的程序控制流图，可以计算得出：

- V(G)=图中区域数=4
- V(G)= E−N+2=11−9+2=4
- V(G)=P+1=3+1=4

因此，程序的环路复杂度是4，这意味着需要4个测试用例才能实现基本路径覆盖。

3. 确定独立路径集合

在程序控制流图中，从起始节点5到终止节点16共有4条独立路径：

- 5-15-16
- 5-8-9-16
- 5-8-10-11-14-5
- 5-8-10-13-14-5

4. 设计测试用例

根据上面得到的4条独立路径，可以设计表3-8所示的4个测试用例。

表3-8　基本路径测试用例

输入数据	返回结果	路径
Array=null, key=0	−1	5-15-16
Array=[1, 2, 3], key=2	1	5-8-9-16
Array=[1, 2, 3], key=1	0	5-8-10-11-14-5
Array=[1, 2, 3], key=3	2	5-8-10-13-14-5

3.5　循环测试

逻辑覆盖测试主要针对程序中的选择结构。然而，当程序中存在循环结构时，需要对其进行一定的简化，将循环结构转换为选择结构进行测试。如果程序中包含比较复杂的循环结构，或者循环结构中的程序计算很容易出错，就需要对其进行深入的循环测试。

循环结构可以分为四种形式：简单循环、嵌套循环、级联循环和不规则循环，如图3-7所示。

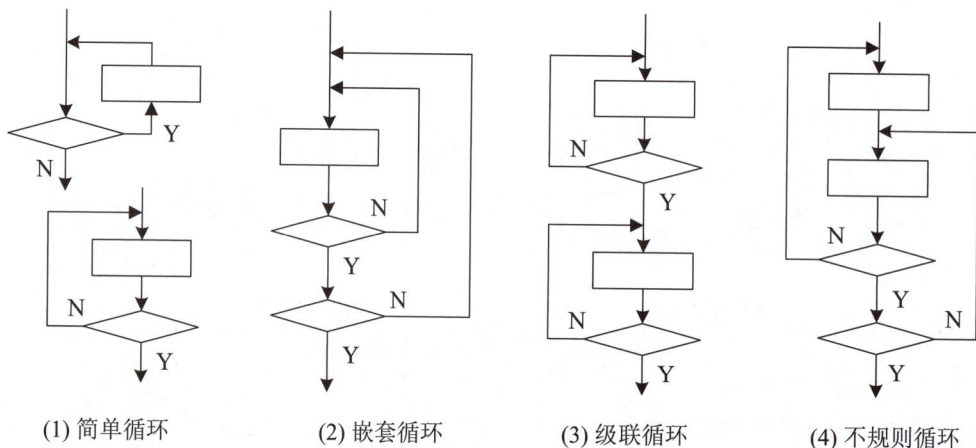

(1) 简单循环　　　(2) 嵌套循环　　　(3) 级联循环　　　(4) 不规则循环

图3-7　四种典型的循环结构

1. 简单循环测试

以C++语言为例，考虑使用while和do-while循环。规定n为简单循环允许通过循环的最大次数，简单循环测试可以按照以下方式进行。

(1) 跳过整个循环，检查循环从开始到结束的情况。

(2) 只执行一次循环，检查循环初始值。

(3) 执行两次循环，检查多次循环的情况。

(4) 执行m次循环，其中$m < n$且m不等于1或2，以检查更多循环的情况。

(5) 执行$n-1$、n和$n+1$次循环，以检查临界值。

2. 嵌套循环

使用简单循环的测试方法来测试嵌套测试时，测试次数会随着嵌套层数的增加呈几何级数增长。因此，可以设计以下测试方法。

(1) 从最内层循环开始，将其他循环次数设置为最小值。

(2) 对最内层循环进行简单循环测试，同时确保其他循环的迭代参数(即循环计数)保持最小。

(3) 由内向外构造下一个循环，使得其他外循环的送代参数最小，并增加其他测试用例，以便对所有其他嵌套内层循环的循环次数取"典型"值。

(4) 继续测试，直到所有测试用例完成。

3. 级联循环

级联循环也称为串接循环或并列循环，可以分为两种情况。

(1) 如果级联循环的循环彼此独立，可以使用简单循环测试策略来进行测试。

(2) 如果级联循环的循环彼此不独立，例如第一个循环的循环计数是第二个循环的初始值，可以使用嵌套循环策略测试。

4. 不规则循环

不规则循环难以进行测试，因此可以对循环结构进行重新设计，使其成为结构化的程序后再进行测试。

3.6　程序插桩

程序插桩是一种常见的软件测试方法，广泛应用于安全领域。其主要目的是在程序中插入指定的代码块(即"桩"或者"探针")，从而获取程序运行过程中的关键信息。这种测试方法能够帮助测试人员更全面地理解程序的执行情况，揭示程序中可能存在的问题和缺陷。目标代码插桩对程序运行时的内存监控、指令跟踪、错误检测等有着重要意义。相比于逻辑覆盖法，目标代码插桩在测试过程中不需要代码重新编译或链接程序，并且目标代码的格式和具体的编程语言无关，主要和操作系统相关。因此，目标代码插桩具有广泛的应用前景。

程序插桩根据对象不同，可以分为目标代码插桩和源代码插桩。根据粒度的不同，可以分为函数级插桩、基本块级别插桩、边界级别插桩、指令级别插桩。根据分析方法的不同，可分为静态插桩和动态插桩。动态插桩是在程序的运行期间插入特定的代码块，以便实时获取程序的执行情况；而静态插桩则是在程序编译时插入代码块，以便在程序运行时获取相关信息。不同的插桩方式可以应用于不同的场景。例如，对于需要监控系统运行状态的情况，可以使用动态插桩；而对于分析程序结构变化的情况，则可以使用静态插桩。

常见的插桩位置包括以下几种。

- 程序的第一条语句。
- 分支语句的开始；
- 循环语句的开始；
- 下一个入口语句之前的语句；
- 程序的结束语句；
- 分支语句的结束；
- 循环语句的结束。

常见的插桩策略包括以下几种。

- 语句覆盖探针(基本块探针)：在基本块的入口和出口处分别植入相应的探针，以确定程序执行时该基本块是否被覆盖。

○ 分支覆盖探针：在C/C++语言中，分支由分支点确定。对于每个分支，在其开始处植入一个相应的探针，以确定程序执行时该分支是否被覆盖。

○ 条件覆盖探针：在C/C++语言中，if、swich、while、do-while和for等语法结构都支持条件判定，在每个条件表达式的布尔表达式处植入探针，进行变量跟踪取值，以确定其被覆盖情况。

下面将简要介绍目标代码插桩和源代码插桩。

1. 目标代码插桩

目标代码插桩法的原理是在程序运行平台和底层操作系统之间建立中间层，通过中间层检查执行程序并修改指令。这样，开发人员和软件分析工程师能够观察运行中的程序，判断程序是否被恶意攻击或者出现异常行为，从而提高程序的整体质量。

由于目标代码是可执行的二进制程序，因此目标代码的插桩可分为两种情况：一种是对未运行的目标代码进行插桩，即从头到尾插入测试代码，然后执行程序。这种方式适用于需要实现完整系统或进行仿真时的代码覆盖测试。另一种情况是向正在运行的程序插入测试代码，以检测程序在特定时间的运行状态信息。

目标代码插桩具有以下三种执行模式。

(1) 即时模式：原始的二进制或可执行文件没有被修改或执行，修改部分的二进制代码生成文件副本存储在新的内存区域中。在测试时，仅执行修改部分的目标代码。

(2) 解释模式：在解释模式中目标代码被视为数据，测试人员插入的测试代码作为目标代码指令的解释语言。每当执行一条目标代码指令，程序就会在测试代码中查找并执行相应的替代指令，通过替代指令的执行信息获取程序的运行信息。

(3) 探测模式：探测模式使用新指令覆盖旧指令进行测试，这种模式在某些体系结构(如x86)中表现较好。

由于目标程序是可执行的二进制文件，人工插入代码是无法实现的，因此目标代码插桩一般通过相应的插桩工具实现。插桩工具提供的API可以为用户提供访问指令。常见的目标代码插桩工具主要有Pin、DynamoRIO和Frida等。下面简要介绍一下Pin工具。

Pin(Dynamic Binary Instrumentation Tools Pin)是由Intel公司开发的免费框架，它可以用于二进制代码检测与源代码检测。Pin支持IA-32、x86-64、MIC体系，可以在Linux、Windows和Android平台上运行。Pin具有基本块分析器、缓存模拟器、指令跟踪生成器等模块，用户使用该工具可以创建程序分析工具，并监视程序运行的状态信息。Pin以其稳定可靠的特性，常用于大型程序测试，如办公软件、虚拟现实引擎等。

Pin的压缩文件中包含source/tools下的大量Pintools示例。制作的Pintools可以作为外部工具集成到Visual Studio中(如图3-8所示)，从而无须使用命令行即可运行和测试所制作的Pintool。设置完成后，用户只需从工具菜单中运行相应的Pintool即可。

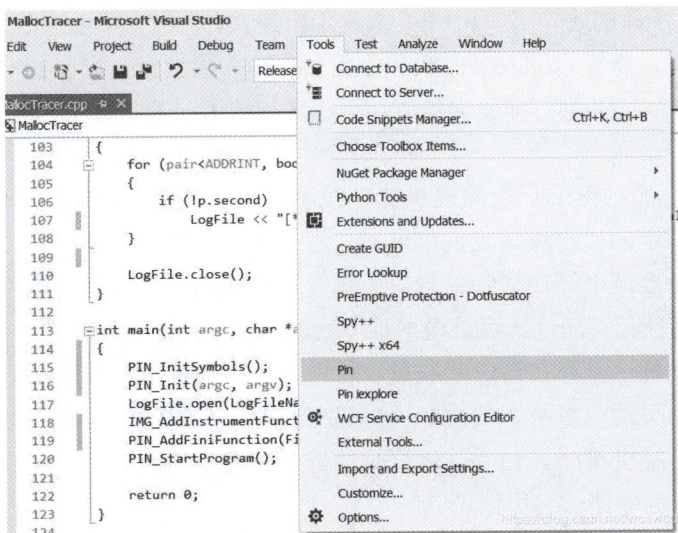

图3-8 Visual Studio集成Pin

2. 源代码插桩

源代码插桩是指对源文件进行完整的词法、语法分析后，确认插桩的位置并植入探针代码。相比于目标代码插桩，源代码插桩具有更强的针对性和精确性。源代码插桩是在程序执行之前完成的，因此源代码插桩在程序运行过程中会产生探针代码的开销。相比于目标代码插桩，源代码插桩的实现复杂程度较低。源代码插桩是源代码级别的测试技术，其生成的探针代码程序具有较好的通用性，因为使用同一种编程语言编写的程序可以共享同一个探针代码程序来完成测试。

下面以除法运算为例，说明源代码插桩的使用。

```
# include < stdio.h >
# define ASSERT(y) if (y) {
    printf("出错文件：%s\n", __FILE__);\
    printf("在第%d行：\n") __LINE__\);
    printf("提示：除数不能为0！\n");\
}
int main() {
    int x, y;
    printf( "请输入被除数："  );
    scanf( "%d", & x );
    Printf( "请输入除数："  );
    scanf( "%d", & y );
    ASSERT( y == 0 ); //插入的桩(即探针代码)
    printf( "%d", x / y );
    return 0;
}
```

为了监控除法运算中的除数输入是否正确，我们在上述代码中插入宏函数ASSERT(y)。当除数为0时，程序将打印错误原因、出错文件及出错行数等信息提示。宏函数ASSERT(y)

中使用了C语言标准库的宏定义__FILE__来提示出错文件,使用__LINE__来提示文件出错位置。程序运行后,将提示输入被除数和除数。在输入除数后,宏函数ASSERT(y)将判断除数是否为0,若除数为0则打印错误信息,程序运行结束;若除数不为0,则进行除法运算并打印计算结果。

程序插桩法的优点在于它能够提供比传统测试方法更加全面和详细的测试结果。通过在程序中插入特定的代码块,我们可以捕获程序运行期间的各种信息,例如程序执行路径、变量赋值、函数调用等,这些信息对于排查程序缺陷至关重要。此外,程序插桩法还有非常好的可扩展性和灵活性,可以根据具体测试需要进行定制化改进。

然而,程序插桩法也存在着一些缺点。首先,程序插桩需要修改待测软件的源代码,这可能会对测试结果造成影响。其次,程序插桩需要较高的技术水平和经验,需要针对具体问题制定合理的插桩策略。最后,运行时插桩会对程序性能产生一定的影响,因此需要在测试过程中进行性能评估和优化。

插桩技术也可以应用在安全监测领域,尤其适用于交互式应用检测和程序运行时的自我保护。例如,通过Java探针,可以在执行代码时深入分析上下文环境。基于插桩技术也可以实现Java程序的动态交互安全监测(如RASP和IAST)。在Java中,插桩主要通过Instrument以及字节码操作工具(如ASM、Javassist、Byte Buddy等)来实现。

除了程序插桩技术之外,在开发过程中经常使用日志记录运行时的信息。为了更好地定义日志系统,出现了很多日志框架以简化开发工作流。在Java领域,常用的日志框架包括Log4j、Log4j2、Logback、JCL、SLF4J、Jboss-logging、jUL等。JDK自带了logging功能,而Log4j、Log4j2、Logback这些框架都各自定制了日志API,并且提供相应的实现。目前,用于实现日志统一的框架有Apache commons-logging和SLF4J,它们遵循面向接口编程的原则,使用户在程序运行期间能够选择具体的日志实现系统,从而实现统一的抽象接口。

3.7 灰盒测试

灰盒测试是一种测试方法,它结合了需求规范说明语言(RSL)产生的基于测试用例的要求(RBTC),并利用测试单元的接口参数,对受测软件在控制的测试执行环境下进行检查。灰盒测试法的目的是验证软件是否满足外部指标要求,并确保软件的所有通道都进行了检验。通过对程序所有路径的验证,能够实现全面的测试覆盖。完成功能和结构验证后,可以随机地一次变化一行代码,以验证软件测试用例在软件遇到违背原先验证的不利变化时的可靠性。

1999年,美国洛克希德公司发表了一篇关于灰盒测试法的论文,正式提出了灰盒测试法。灰盒测试是一种综合测试法,它将黑盒测试、白盒测试、回归测试和变异(Mutation)测试结合在一起,构成了一种无缝测试技术。它是一种软件全寿命周期测试法,用于在功能上检验为嵌入式应用研制的Ada、C、FORTRAN和汇编语言。通过该方法,可以自动生成所有测试软件,从而降低成本并缩短软件的开发时间。

灰盒测试主要有以下特点：

○ 结合了白盒测试和黑盒测试的优点。

○ 同时考虑开发人员和测试人员的意见，以提高产品的整体质量。

○ 减少了长时间功能和非功能测试的时间消耗。

○ 为开发人员提供了足够的时间来修复产品缺陷。

○ 包括用户观点，而不仅仅是设计师或测试者的观点。

○ 深入关注用户需求的检查和规格确定。

测试人员必须从源代码设计测试用例时，并不一定需要使用灰盒测试。为了执行此测试，可以基于体系结构、算法、内部状态或程序行为等高级描述的知识来设计测试用例，并使用传统的黑盒测试技术进行功能测试。测试用例的生成应基于需求，并在通过断言方法测试程序之前预设所有条件。执行灰盒测试的一般步骤如下。

(1) 选择并识别来自黑盒测试和白盒测试的输入。

(2) 确定这些选定输入的预期输出。

(3) 确定在测试过程中将遍历的所有主要路径。

(4) 确定子功能(这些功能是执行深层次测试的主要功能的一部分)。

(5) 确定子功能的输入。

(6) 确定子功能的预期输出。

(7) 执行子功能的测试用例。

(8) 验证结果的正确性。

3.8 其他白盒测试方法

上文介绍的代码静态检测、逻辑覆盖、基本路径测试和程序插桩等是常用的白盒测试方法。除此之外，还有一些其他的白盒测试方法，具体如下。

1. 程序变异

程序变异是一种错误驱动测试，旨在针对某类特定程序错误进行测试。程序变异又分为程序强变异和程序弱变异。程序强变异通过对程序进行微小的改变而生成许多程序变异体；而程序弱变异并不实际产生程序变异体，而是分析源程序中易于出错的环节，找出有效的测试数据以执行这些关键部分。

执行变异测试(变异分析)的步骤如下。

(1) 通过创建称为变体的许多版本，将错误引入程序的源代码中。每个突变体都应包含一个故障，目的是使突变体版本失败，从而验证测试用例的有效性。

(2) 将测试用例应用于原始程序以及突变程序。测试用例应充分且经过调整，以便能够检测出程序中的错误。

(3) 对比原始程序和突变程序的结果。

(4) 如果原始程序和突变程序产生不同的输出，则说明该突变被测试用例"杀死"。因此，测试用例足够有效，能够检测原始程序和突变程序之间的差异。

(5) 如果原始程序和突变程序生成相同的输出，则该突变体仍然处于"活动"状态。在这种情况下，需要创建更有效的测试用例以"杀死"所有突变体。

变异测试的优点如下。

- 变异测试是一种强大的方法，可以使源程序获得更高的覆盖率。
- 变异测试能够全面测试突变程序。
- 变异测试为软件开发人员提供了良好的错误检测水平。
- 此方法发现了源代码中的歧义，并具备检测程序中所有错误的能力。
- 通过获得最可靠、最稳定的系统，客户将从变异测试中受益。

2. 域测试

域测试是一种软件测试方法，它通过提供一组输入并评估应用程序的输出结果来验证软件的正确性。域测试是一种确保软件程序在一定范围内获取数据，并且输出符合用户期望的技术。通过使用少量输入检查系统的输出，以确保系统不接受错误数据，并且不接受超出范围的输入值，可以确保系统不会接受超出设置参数的输入。域测试中的"域"指的是程序的输入空间。测试的理想结果就是检验输入空间中的每一个输入元素是否都产生正确的结果。输入空间又可分为不同的子空间，子空间的划分是由程序中分支语句中的谓词决定的，每个子空间对应一种特定的计算逻辑。

域测试常用的策略如下。

- 确定在边界方面可能出现的问题。
- 找到处理每种情况的方法。
- 决定应测试的具体值。
- 划去所有不必要的测试点。
- 检查是否存在任何边界错误。
- 仔细检查每个域的边界。

域测试的基本步骤如下。

(1) 根据各个分支谓词，绘制子域的分割图。

(2) 针对每个子域的边界，采用ON-OFF-ON原则选取测试点。

(3) 在各个子域内选取一些测试点。

(4) 针对这些测试点进行测试。

3. 符号测试

符号测试的基本思想是允许程序的输入不仅仅是具体的数值数据，还包括符号值。这些符号值可以是基本的符号变量，也可以是符号变量的表达式。

符号测试中的解释程序需要在被测试程序的判定点计算谓词。语法路径的分支形成一棵"执行树"，其中每个结点都表示执行到该结点时累积的判定谓词，这些谓词包含输入符号、判断和运算的表达式。一旦解释程序对被测源程序的每一条语法路径都进行了符号计算，就会为每一条路径生成一组输出。这组输出由输入符号以及遍历该路径所需满足的条件的谓词组成，二者均以符号形式表示。

符号测试的优点如下。

- 符号测试执行代数运算，可以作为普通测试的扩充。
- 符号测试可以视为程序测试和程序验证之间的一种折中方法。
- 符号测试程序中仅有有限的几条执行路径。

符号测试的缺点如下。

- 分支问题不能控制。
- 二义性问题不能控制。
- 对于大型程序，难以进行有效控制。

4. 形式化测试方法

形式化方法是一种基于数学的技术(数学表示和精确的数学语义)，用于描述目标软件系统属性。形式化规范说明语言的构成包含语法、语义和一组关系。形式化方法可应用在软件规格和验证之上，包括软件系统的精确建模和软件规格特性的具体描述，通常分为面向模型的形式化方法和面向属性的形式化方法。

形式化的具体方法包括以下几种。

- 基于模型的方法，如Z语言、B语言等。
- 代数方法，如OBJ、CLEAR、ASL、ACT等。
- 过程代数方法，如CSP、CCS、ACP、LOTOS、TPCCS等。
- 基于逻辑的方法，如区间时序逻辑、Hoare 逻辑、模态逻辑、时序逻辑、时序代理模型等。
- 基于网络的方法。

形式化测试(验证)是根据某些形式规范或属性，通过形式逻辑方法证明其正确性或非正确性。一般通过形式化规范进行分析和推理，研究其各种静态和动态性质，以验证一致性和完整性，从而识别存在的错误和缺陷。需要注意的是，无法证明某个系统完全没有缺陷，因为"没有缺陷"的定义本身是模糊的。我们只能证明一个系统不存在已知的缺陷，并验证其满足系统质量要求的属性。

形式化验证的一些具体方法如下。

- 有限状态机(FSM)或扩展有限状态机(EFSM)。
- SPIN和线性时态语言。
- UML语义转换。
- 标准RBAC模型。
- 扩展的RBAC模型和基于粒计算的RBAC模型。
- 符号模型检验。
- BAN逻辑模型。

3.9 白盒测试实施策略

白盒测试分为静态测试和动态测试。每种类型又包含多种不同的白盒测试方法，这些方法各具特色，可以根据具体情况选择合适的测试策略。

以下是一些白盒测试的实施策略。

(1) 项目初期可以制定统一的编码规范，该规范将作为后续的编程标准和代码的部分测试依据。

(2) 可以采用先静态后动态的方式进行测试。首先进行静态结构分析和代码检查，然后再进行覆盖测试等动态测试。

(3) 在静态分析过程中，可以先使用代码静态测试工具进行代码分析。根据项目的技术选型，选择相应的测试工具进行测试，例如Java平台可以选择PMD。测试工具的分析结果可以作为代码审查的依据。

(4) 在编码初期或编写过程中，除了内部审查之外，还可以邀请同行参与评审活动。

(5) 利用静态分析的结果作为依据和引导，随后使用代码检查和动态测试的方式对静态测试分析结果进行进一步确认，使测试工作更为准确和有效。

(6) 覆盖率测试是白盒测试的重点，是测试报告中可以作为量化指标的依据。通常可以使用基本路径测试达到语句覆盖的标准。对于重点模块，应当使用多种覆盖率标准衡量代码的覆盖率，并可以使用测试工具辅助进行覆盖率测试。

(7) 在不同的测试阶段，白盒测试的应用侧重点也有所不同。单元测试以代码检查和逻辑覆盖为主，集成测试需要增加静态结构分析，而系统测试则需要根据黑盒测试结果采取相应的白盒测试策略。

3.10 思考题

1. 什么是白盒测试？

2. 白盒测试的基本测试原则有哪些？

3. 代码静态检测主要包括哪些方法？它们各自的特点是什么？

4. 一般在程序的哪些位置进行程序插桩？

5. 逻辑覆盖测试主要有哪些类型？它们的覆盖标准是什么？这些类型相互之间的强弱关系是怎样的？

6. 以下C语言代码的V(G)是多少？

```
int IsLeap(int year)
{
    if (year % 4 == 0)
    {
        if (year % 100 == 0)
```

```
        {
            if ( year % 400 == 0)
                leap = 1;
            else
                leap = 0;
        }
        else
            leap = 1;
    }
    else
        leap = 0;
    return leap;
}
```

7. 下面是选择排序的程序实现，其中datalist是数据表，包含两个数据成员：一个是元素类型为Element的数组V，另一个是数组大小n。算法中使用了两个操作：一个是取某数组元素V[i]的关键码操作getKey( )，另一个是交换两数组元素内容的操作Swap( )。

```
void SelectSort ( datalist & list )
{
    for ( int i = 0; i < list.n-1; i++ )
    {
        int k = i;
        for ( int j = i+1;  j < list.n;  j++ )
        {
            if ( list.V[j].getKey()< list.V[k].getKey ( ) )
                k = j;
        }
        if ( k != i )
            Swap ( list.V[i], list.V[k] );//交换
    }
}
```

(1) 绘制上述程序的控制流图。

(2) 计算控制流图的环路复杂度V(G)。

(3) 使用基本路径测试法设计测试用例，以满足基本路径覆盖要求。

8. 简单循环测试一般需要设计哪些测试用例？

9. 尝试编写一个利用控制流图矩阵自动获得独立路径集合的小程序，然后利用本章介绍的基本路径测试示例，验证程序的功能是否正确实现。

10. 绘制以下程序的流程图，然后设计语句覆盖、判定覆盖、条件覆盖、判定条件覆盖、条件组合覆盖和路径覆盖测试用例。

```
int Example( int x, int y )
{
```

```
    int z = 0;
    if ( x>0 && y>0 )
    {
        z = x+y+10;
    }
    else
    {
        z = x+y-10;
    }
    if ( z < 0 )
    {
        z = 0;
    }
    return z;
}
```

11. 灰盒测试的主要特点是什么?

第4章

软件测试过程

本章将主要介绍软件测试过程。在实施软件测试之前，首先需要重点参考软件测试的相关标准。本章将从国际标准、国家标准、行业标准和企业标准四个维度介绍软件测试的参考标准，为软件测试过程的实施提供基本的参考依据。其次，软件测试过程实践可以重点依托成熟的过程模型，例如V模型、W模型、H模型、X模型和前置测试模型等。在实施过程中，需要进行详尽的过程管理，包括测试策划、测试设计、测试执行、测试总结等基本的软件测试生命周期，并可以应用相关的管理工具提升效率。此外，软件测试过程在敏捷方法和DevOps过程中也会有相应的体现。

本章的学习目标：

- ○ 理解软件测试的各种标准
- ○ 掌握软件测试过程模型
- ○ 掌握软件测试过程管理
- ○ 掌握常用的软件测试管理工具
- ○ 理解敏捷测试的方法、技术和工具
- ○ 理解DevOps测试的方法、技术和工具

4.1 软件测试标准

4.1.1 标准概述

在如果想要迅速了解一个新的技术领域，可以重点研究该领域的相关标准，因为标准是已经形成的知识或技术体系的指导纲要。通常情况下，标准可以分为以下几类：

1. 国际标准

国际标准是指国际标准化组织(ISO)、国际电工委员会(IEC)以及其他被国际标准化组织确认并公布的国际机构制定的标准。这些国际标准在全世界范围内统一使用。

2. 国家标准

国家标准是由国家标准化主管机构制定或批准，并在全国范围内统一适用的标准，强制性国家标准的代号为"GB"，推荐性国家标准的代号为"GB/T"。

3. 行业标准

行业标准是指由某个行业机构或团体制定的，适用于某个特定行业业务领域的标准。行业标准是为填补国家标准缺失而制定的，旨在在全国特定行业范围内统一技术要求。行业标准不得与相关国家标准相抵触，并在相应的国家标准实施后即行废止。行业标准由行业标准归口部门统一管理，例如国际电气与电子工程师协会(IEEE)发布的标准，以及国内信息产业部发布的SJ电子标准等。

4. 区域/地方标准

区域/地方标准是由某一区域或地方的标准化主管机构定制和批准的，适用于某个特定区域或地方的标准。这类标准可以更好地满足地方的自然条件、风俗习惯等特殊技术需求。

5. 企业标准

企业标准是指企业内部根据需要制定的统一技术要求、管理要求和工作要求等标准，适用于企业内部的各项标准规范。

4.1.2　软件测试相关标准

1. 国际标准

ISO/IEC软件工程国际标准针对软件测试领域制定了一系列标准，例如12207、29119、15504、9000系列等。

- ISO/IEC 12207是一项关于软件生命周期过程的国际标准，它提供了一个完整的软件开发生命周期模型，包括需求分析、设计、编码、测试、部署和维护等阶段。该标准可以帮助开发团队更好地管理软件开发过程，提高软件开发的质量和效率。
- ISO/IEC 29119是一项针对软件测试的国际标准，它提供了一套软件测试的方法和工具，包括测试计划、测试用例设计、测试执行、测试评估和测试报告等。该标准可以帮助开发团队更好地进行软件测试，及时发现并修复缺陷和错误。
- ISO/IEC 15504是一项关于软件质量保证的国际标准，它提供了一套软件质量保证的方法和工具，包括质量计划、质量度量、质量控制和质量改进等。该标准可以帮助开发团队确保软件的质量和可靠性，从而减少缺陷和错误。
- ISO/IEC 25010是一个系统和软件质量模型，由八个特征组成，这些特征与软件的静态特性和计算机系统的动态特性相关。

○ ISO 9000系列标准包括ISO 9001、ISO 9000-3、ISO 9004-2、ISO 9004-4等。其中，ISO 9001质量体系是在产品设计、开发、生产、安装和维护时的质量保证参考文件。ISO 9000-3是在对ISO 9001进行改造后，专门应用于软件开发领域的指导文件。ISO 9004-2是指导软件维护和服务的质量系统标准，而ISO 9004-4是提供改善软件质量的质量管理系统指导文件。

2. 国家标准

为了规范软件测试行业并推动国内软件产业健康发展，国家相关部门制定了一系列的软件测试国家标准。这些标准的出台不仅为软件测试提供了规范化指南，同时也为提升软件产品质量和降低软件开发风险发挥了重要作用。

我国的软件测试国家标准制定工作始于20世纪90年代。1992年，国家技术监督局颁布了《计算机软件测试规范》，标志着软件测试国家标准的正式确立。此后，随着软件技术的不断更新和软件产业的迅速发展，软件测试国家标准也在不断修订和完善。

2016年，国家质量监督检验检疫总局和国家标准委联合发布了《软件测试基本要求和评价方法》。该标准对软件测试的原则、过程、方法、质量评价等方面进行了详细规定，为软件测试提供了全面的指导和依据。

软件测试国家标准的要点如下。

(1) 测试流程规范：软件测试国家标准规定了测试流程的各个环节，包括测试计划的制订、测试用例的设计、测试执行和缺陷管理等。通过规范测试流程，确保测试工作的全面、准确和高效。

(2) 测试方法多样：软件测试国家标准支持多种测试方法，包括黑盒测试、白盒测试、灰盒测试、功能测试、性能测试等。根据不同的测试需求和项目特点，可以采用合适的测试方法进行测试。

(3) 质量评价标准：软件测试国家标准提供一套完整的质量评价标准，包括测试覆盖率、缺陷发现率、缺陷修复率等指标。通过这些指标的评价，可以评估测试效果和软件质量水平，为软件开发团队提供改进建议。

(4) 文档管理要求：软件测试国家标准强调了文档管理的重要性，要求对测试过程中产生的各种文档(如测试计划、测试用例、测试报告等)进行分类、整理和存档。这些文档对于后续的软件开发和改进具有重要的参考价值。

(5) 安全与保密原则：软件测试国家标准强调了安全与保密原则，要求在测试过程中保护被测系统的敏感信息，避免信息泄露或受损。同时，对于涉及国家安全或商业机密的软件项目，需遵循相关的安全保密规定。

(6) 第三方评测机构：为了确保软件测试的公正性和专业性，软件测试国家标准鼓励采用第三方评测机构进行软件测试。第三方评测机构具有独立性和公正性，能够提供客观的测试结果和评价报告，有助于提高软件产品的质量和竞争力。

软件测试国家标准的制定和实施，对于促进我国软件产业的健康发展具有重要意义。一方面，标准化的测试流程和方法可以提高软件质量，降低软件开发过程中的风险；另一方面，规范的文档管理和质量评价机制有助于提高软件开发团队的综合素质和竞争力。同时，软件测试国家标准的实施也有助于提升国内软件产业的国际竞争力。在全球化的背景下，各国之间的软件产业竞争日益激烈。通过标准化提高软件产品质量和可靠性，有助于增强我国软件企业在国际市场上的竞争力。

以下列举了部分与软件测试相关的国家标准：

- 《信息系统及软件完整性级别》(GB/T 17544-1998)
- 《软件质量模型与度量》(GB/T 16260-2006)
- 《软件工程产品评价》(GB/T 18905-2002)
- 《计算机软件文档编制规范》(GB/T 8567-2006)
- 《计算机软件测试文件编制规范》(GB/T9386-2008)
- 《软件质量要求与评价(SQuaRE)指南》(GB/T 25000.1-2010)
- 《应用软件产品测试规范》(CSTCJSBZ02)
- 《软件产品测试评分标准》(CSTCJSBZ03)
- 《系统与软件功能性》(GB/T 29831-2013)
- 《系统与软件可靠性》(GB/T 29832-2013)
- 《系统与软件可移植性》(GB/T 29833-2013)
- 《系统与软件维护性》(GB/T 29834-2013)
- 《系统与软件效率》(GB/T 29835-2013)
- 《系统与软件工程 系统与软件质量要求和评价(SQuaRE)》(GB/T 25000.51-2016)
- 《软件与系统工程 软件测试工具能力》(GB/T 41905-2022)

3. 行业标准

1) IEEE

1983年，IEEE提出的软件工程术语中对软件测试的定义为："使用人工或自动的手段来运行或测定某个软件系统的过程，其目的在于检验该系统是否满足规定的需求，或弄清预期结果与实际结果之间的差异。"这个定义明确指出：软件测试的目的是检验软件系统是否满足需求。软件测试不再被视为一个一次性的、仅在开发后期进行的活动，而是与整个开发流程融合成一体。软件测试已成为一个专业，需要运用专门的方法和手段，并由专门人才和专家进行相关工作。

随后，IEEE发布了IEEE 829-1998标准，也称为829软件测试文档标准。该标准定义了一套文档格式，涵盖了八个已定义的软件测试阶段，每个阶段都可能产生其独立的文件类型。2008年7月，IEEE 829-2008对IEEE 829-1998进行了修订。

与IEEE 829相关的标准如下。

- IEEE 1008：适用于单元测试的标准。
- IEEE 1012：适用于软件检验和验证的标准。
- IEEE 1028：适用于软件检查的标准。
- IEEE 1044：适用于软件异常分类的标准。
- IEEE 1044-1：软件异常分类指南。
- IEEE 1233：开发软件需求规格的指南。
- IEEE 730：适用于软件质量保证计划的标准。

○ IEEE 1061：适用于软件质量度量和方法学的标准。
○ IEEE 12207：适用于软件生命周期过程和软件生命周期数据的标准。
○ BSS 7925-1：软件测试术语词汇表。
○ BSS 7925-2：适用于软件组件测试的标准。

2) TMMI

CMM(Capability Maturity Model for Software，软件能力成熟度模型)是由美国卡内基梅隆大学软件工程研究所(CMU SEI)于1987年研究制定的。该模型对组织软件过程进行了描述，核心内容是将软件开发视为一个过程，并根据相应的原则对于软件开发进行监控和研究。CMM提供了一个从混乱走向成熟的规范化过程框架，已经成为软件业权威的评估认证体系。CMM一共分为5个等级，8个过程域，52个目标以及300多个关键实践。CMM的5个等级分别为初始级、可重复级、已定义级、已管理级和优化级。

CMMI(Capability Maturity Model Integration for Software，软件能力成熟度模型集成)是在CMM的基础上发展而来的。开发和应用CMMl的主要原因有三点：一是软件项目的复杂性快速增长使过程改进的难度增大；二是软件工程的并行与多学科组合；三是实现过程改进的最佳效益。CMMI没有针对测试领域进行详细阐述，测试过程没有等级化的成熟度考量，缺少改进的指导与动力。

TMM(Test Maturity Mode，测试成熟度模型)是基于CMM的，最早由伊利诺伊理工学院开发。TMMI(Test Maturity Mode Lntegration，测试成熟度模型集成)是由TMMI基金会开发的一个非商业化的、独立于组织的测试成熟度模型。它与国际标准相一致，以业务驱动(目标驱动)为基础，是测试过程改进的详细模型，借鉴了TMM、CMM、CMMI、Gelperin&Hetzel过程演进模型、IEEE 829、ISO 9126和ISTQB等国际成熟标准体系。

TMMI的5个成熟度级别及其对应的过程域如图4-1所示。

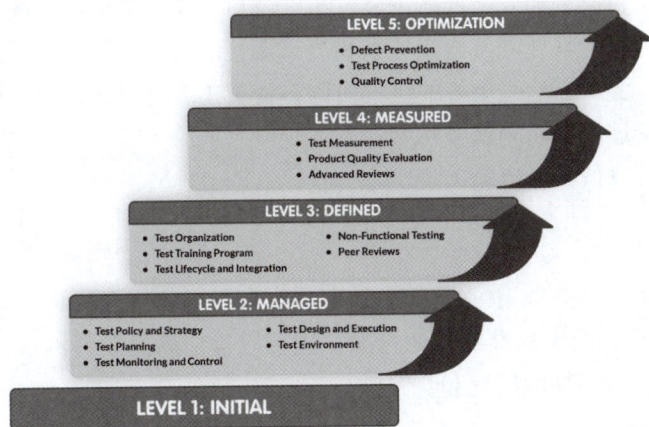

图4-1　TMMI的5个成熟度级别及其对应的过程域

TMMI包括5个成熟度级别，每个级别都定义了实现该级别所需实施的具体措施。组织实现的成熟度级别越高，组织的测试过程就越成熟。除了初始级，其他成熟度级别都包括了几个过程域，每个过程域明确定义了组织要达到成熟度级别所必须要解决的问题。针对每个过程域定义了一系列测试活动，通过执行这些测试活动，组织能够不断改进该过程域的测试实践。

(1) 初始级。在初始级，测试管理是杂乱无序的，通常测试被认为是调试的一部分。缺乏必要的资源、工具和受过良好培训的测试的人员，导致产品往往不能按时发布，预算超支并无法达到预期的交付质量。

(2) 管理级。在管理级，测试成为一个已管理的过程，并且明确与调试分开。组织制定了全公司或者全项目的测试策略以及测试计划，在测试策略中定义了基于产品风险评估的测试途径。测试过程被有效的监督和控制，测试的设计和执行是根据规格设计和选择的，并且具有独立的测试环境。

(3) 定义级。在定义级，测试不再是编码之后的一个阶段，而是被完全集成到开发生命周期中。测试计划在项目前期完成，并制订了主测试计划。组织建立了标准测试流程并随着时间推移而改进，拥有独立的测试组织和具体的测试培训方案；测试内容扩大到非功能测试，组织也认识到评审的重要性。

(4) 测量级。在测量级，测试是一个完全定义且具有良好基础的可测量过程。组织实施了组织级的测试测量方案，用于评估测试过程的质量，并监督改进；产品质量通过可量化的指标进行管理，并建立基于数据的同行评审与动态测试前的协作测试方法。

(5) 优化级。在优化级，组织具有基于统计的质量控制能力，能够持续改进并具备缺陷预防的能力。

TMMI成熟度准则的应用，可以对改进测试过程、提高产品质量、改善测试效率和降低周期工作量等方面产生积极的影响。通过TMMI，测试的演进从一个缺乏资源、工具和测试技能的无序混乱过程，逐步发展到以预防缺陷为主要目标的成熟可控的过程。测试成为一种职业，并与开发过程密不可分。实施TMMI的主要优势如下：

- 优化组织测试流程，消除浪费和缺陷预防，从而降低成本；
- 提高组织对项目的管控，增强可预测性，提升软件产品的质量；
- 增加项目交付质量和效率，减少突发事件及后期支持需求，提高用户满意度；
- 为企业培养精通软件测试测量体系和测试流程的高素质测试人员；
- 促进开发、测试、运维更好的进行协同，使员工有更好的职业发展；
- 改进组织管理，提高测试成熟度；
- 规范流程，降低人员流动风险。

4. 企业标准

在进行软件项目开发时，企业通常会制定适合自身具体情况的标准体系。这些标准体系可以依托国际标准、国家标准或行业标准，也可以提出新的软件测试标准体系，并在软件测试技术领域进行创新性的研究和实践。

4.2 软件测试过程模型

软件过程模型，通常也称为软件开发模型或软件开发过程模型，它是软件开发全过程、活动和任务的结构框架。软件开发的过程模型是软件开发工作中的蓝图，能够指导开发工作的流程和步骤。过程模型是一种规范化的开发方法，它通常包括项目计划、系统分析、设计、编程、测试、上线等环节，以确保软件产品的质量和可靠性。典型的软件过程模型包括瀑布模型、原型模式、增量模型、螺旋模式、喷泉模型、基于构件的开发模型、形式化方法模型以及敏捷开发等。

(1) 瀑布模型：瀑布模型将软件生命周期划分为软件计划、需求分析和定义、软件设计、软件实现、软件测试、软件运行和维护等阶段，规定了这些阶段自上而下、相互衔接的固定顺序，如同瀑布流水逐级下落。

(2) 原型模型：原型模型通过构建原型，即软件系统的最初版本，来验证概念和适用性设计方案，并发现更多的问题和可能的解决方法。

(3) 增量模型：增量模型融合了瀑布模型的基本要素和原型实现的迭代特征，可以有多个可用版本的发布。核心功能往往最先完成，在此基础上，每轮迭代会有新的增量发布，确保核心功能可以得到充分测试，并强调每一个增量均可发布一个可操作的产品。

(4) 螺旋模型：螺旋模型结合了瀑布模型和增量模型的优点，其最主要的特点在于加入了风险分析。该模型由制订计划、风险分析、实施工程、客户评估这一循环组成，它最初从概念项目开始第一个螺旋。螺旋模型属于面向对象开发模型，强调风险引入。

(5) 喷泉模型：喷泉模型是一种以用户需求为动力，以对象为驱动的模型，主要用于描述面向对象的软件开发过程。该模型认为软件开发过程自下而上周期的各阶段是相互迭代和无间隙的。

(6) 基于构件的开发模型：基于构件的开发模型利用预先包装的构件来构造应用系统。构件可以是组织内部开发的构件，也可以是商品化的软件产品。基于构件的开发模型具有许多螺旋模型的特点，本质上是演化模型，需要以迭代的方式构建软件。其独特之处在于采用预先打包的软件构件开发应用系统。

(7) 形式化方法：形式化方法是建立在严格数学基础上的一种软件开发方法，其主要活动是生成计算机软件形式化数学规格说明。

(8) 统一过程模型：统一过程模型是一种用例驱动、以体系结构为核心的迭代增量软件过程框架，由UML方法和工具支持。其典型特点是用例驱动、以架构为中心、迭代和增量。统一过程把一个项目分为构思阶段、细化阶段、构建阶段和移交阶段。

(9) 敏捷开发：敏捷开发以用户需求为核心，采用迭代、循序渐进的方法进行软件开发。在敏捷开发中，软件项目在构建初期被划分成多个子项目，各个子项目的成果都经过测试，具备可视化、可集成和可运行的特征。具体的实践方法包括极限编程、水晶方法、精益开发、动态系统开发方法和Scrum等。

软件测试与软件开发密切相关，是一种有计划的系统性活动。软件测试同样需要测试模型来指导实践。软件测试专家通过无数次测试实践总结出了许多优秀的测试模型。这些模型将测试活动进行抽象，并与开发活动相结合，为测试过程管理提供了重要的参考依据。接下来，将重点介绍软件测试相关的过程模型。

4.2.1 V模型

V模型是一种兼顾开发和测试的过程模型。V模型强调测试在系统工程各个阶段中的作用，并将系统分解和系统集成的过程通过测试彼此关联。V模型从整体上看就是一个V字型的结构。如图4-2所示，模型中箭头代表时间方向，左边的是开发过程的各个阶段，与此相对应的是右边测试过程的各个阶段。左边的模块分别代表了用户需求、需求分析、概要设计、详细设计和编码；而右边的模块则代表了单元测试、集成测试、系统测试与验收测试。

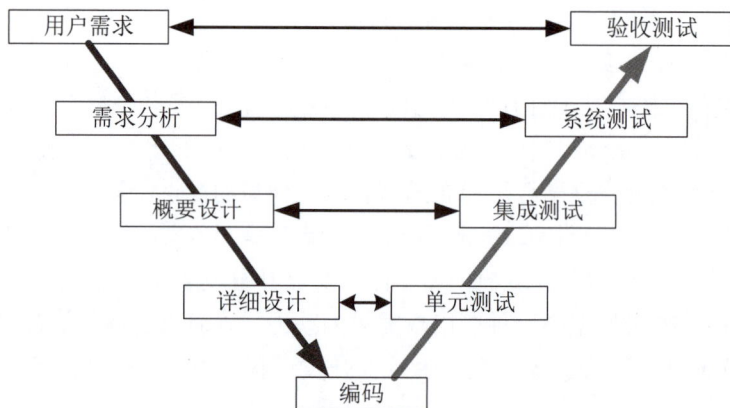

图4-2 V模型

图4-2右边测试部分的每一个模块分别对应于左边的开发部分。

(1) 单元测试：验证软件单元是否按照单元规格说明(详细设计说明)正确执行，确保每个最小单元能够正常运行。单元测试通常由开发人员执行，首先设定最小的测试单元，然后通过设计相应的测试用例来验证各个单元功能的正确性。

(2) 集成测试：检查多个单元是否按照系统概要设计的描述协同工作。集成测试的主要关注点是系统能够成功编译、实现主要业务功能，以及系统各个模块之间的数据能够正常通信。

(3) 系统测试：验证整个系统是否满足需求规格说明的要求。

(4) 验收测试：从用户的角度检查系统是否满足合同中定义的需求或用户需求。

V模型的主要特点如下。

- V模型体现的主要思想是开发和测试同等重要，左侧代表的是开发活动，而右侧代表的是测试活动。
- 每个开发阶段都有一个相应的测试级别。
- 测试仍然是开发生命周期中的一个阶段，与瀑布模型不同的是，V模型中有多个测试级别与开发阶段相对应。
- V模型适用于需求明确且变更不频繁的情况。

V模型存在一定的局限性，它把测试过程视为软件开发的最后一个阶段，这样会间接地让人们认为测试可以放在最后阶段进行。如此一来，需求分析等开发的前期工作中隐藏的问题只能在后期验收时发现，这不仅会影响整个开发工作，还可能造成严重的损失。

4.2.2 W模型

在V模型中增加软件各开发阶段应同步进行的测试后，演变为W模型。这是因为实际上开发过程和测试过程都是并行的"V"结构。基于"尽早且持续进行软件测试"的原则，在软件的需求和设计阶段的测试活动应遵循IEEE Std 1012-1998《软件验证和确认(V&V)》的标准。基于V&V原理的W模型如图4-3所示。

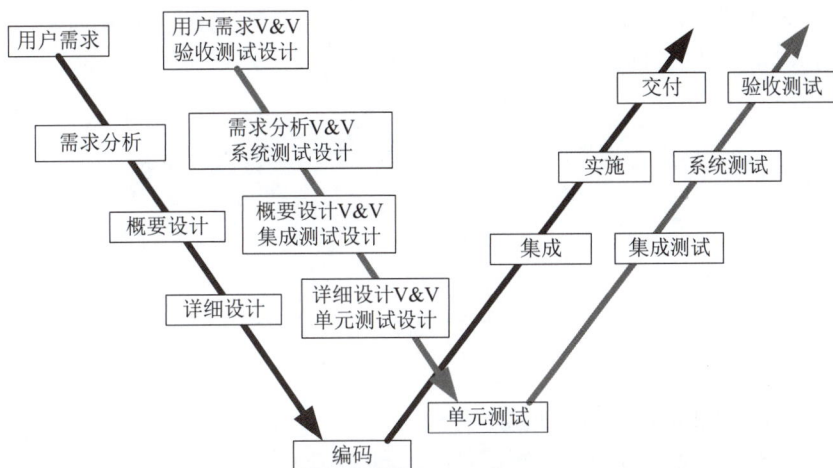

图4-3 W模型

相对于V模型，W模型更科学。W模型强调测试伴随着整个软件开发周期，测试的对象不仅仅是程序，还包括需求、功能和设计。只要相应的开发活动完成，就可以开始执行测试，因此测试与开发是同步进行的，这有助于尽早发现问题。以需求分析为例，需求分析完成后，就可以对需求进行测试，而不必等到最后才进行针对需求的验收测试。

如果测试文档能够尽早提交，将会有更多的检查和审阅时间，这些文档还可用于评估开发文档。另外，一个显著的好处是，测试者可以在项目中尽可能早地面对规格说明书的挑战。这意味着测试不仅仅是评定软件的质量，还可以尽可能早地找出缺陷，从而帮助提升项目的整体质量。参与前期工作的测试人员可以预先估计问题和难度，这将显著减少总体测试时间，加快项目进度。根据W模型的要求，一旦有文档提供，就应及时确定测试条件并编写测试用例，这些工作对各级别的测试都有意义。当需求被提交后，就需要确定高级别的测试用例来测试这些需求；当概要设计完成后，就需要确定测试条件来查找该阶段的设计缺陷。

W模型也是有局限性的。W模型和V模型都把软件的开发视为需求、设计、编码等一系列串行的活动。在这种框架下，软件开发和测试保持一种线性的前后关系，需要有严格的指令表示上一阶段完全结束，才能正式开始下一个阶段。这种方式无法支持迭代、自发性以及变更调整。当前，许多文档需要在事后补充，甚至根本没有相关文档。这种缺乏文档的做法使得开发人员和测试人员之间的沟通和协作变得困难。

4.2.3 H模型

在H模型中，软件测试过程相对独立，贯穿整个产品生命周期，并与其他流程并行进行。当某个测试点准备就绪时，就可以从测试准备阶段直接进入测试执行阶段。软件测试可以尽早进行，并且可以根据被测对象的不同而分层次进行测试。如图4-4所示，在整个生产周期中，某个层次上的测试可以形成一个"微循环"。图中标注的其他流程可以是任意的开发流程，例如设计流程或编码流程。也就是说，只要测试条件成熟且测试准备活动完成，测试执行就可以随时开始。

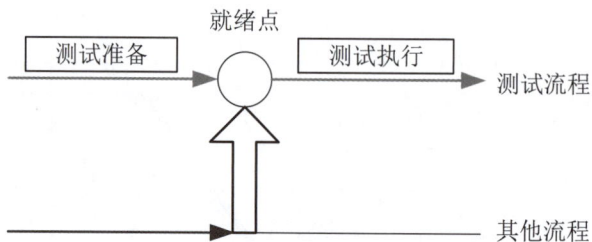

图4-4　H模型

H模型中每个测试阶段的测试内容如下。

- 测试准备：包括人员配备、测试时间、测试模块等。
- 就绪点：评估测试准备工作的完成程度，以确定何时可以执行测试。
- 测试执行：根据测试用例对文档和程序进行测试。

H模型的优点如下。

- 软件测试完全独立，贯穿整个生命周期，并与其他流程并发进行。
- 软件测试活动可以尽早准备和执行，具有很强的灵活性。

H模型的缺点如下。

- 就绪点的分析相对困难。
- 对于整个项目组的人员素质要求较高。

4.2.4 X模型

X模型的左边是单元测试和单元模型之间的集成测试，针对每一个单独程序片段进行相互独立的编码和测试过程。每一个过程中都包含测试设计、工具配置和测试执行环节。X模型的右边是功能的集成测试，通过不断的集成，最终形成一个完整系统。如果整个系统测试没有问题就可以进行发布。多个并行的曲线表示变更可以在各个部分发生，如图4-5所示。X模型有一个显著的优点是能够有效地处理软件开发和测试之间的交接过程，它呈现了一种动态测试的过程，即测试是一个不断迭代的过程，这更符合企业的实际情况，而其他模型则更像是一个静态的测试过程。

X模型提倡探索性测试，这是一种不进行事先计划的特殊类型的测试方法。这种方法可以帮助有经验的测试人员发现测试计划之外更多的软件错误，避免把大量时间花费在编写测试文档上，从而减少真正用于测试的时间。

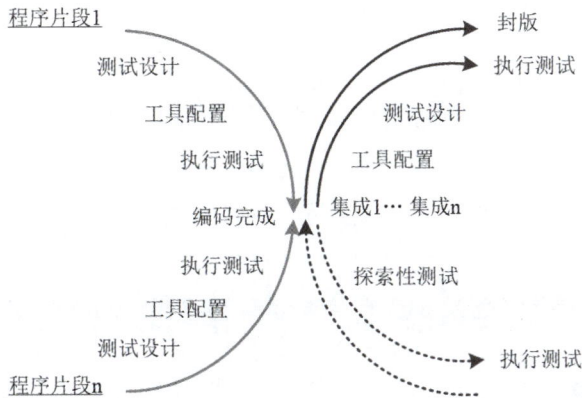

图4-5　X模型

4.2.5　前置测试模型

前置测试模型将开发和测试的生命周期整合在一起，标识了项目生命周期从开始到结束之间的关键行为，展示了这些行为在项目周期中的价值。如果其中有些行为未能有效执行，那么项目成功的可能性就会因此降低。前置测试模型提倡验收测试和技术测试沿着两条不同的路线进行，每条路线分别验证系统是否能够按照预期正常工作，如图4-6所示。

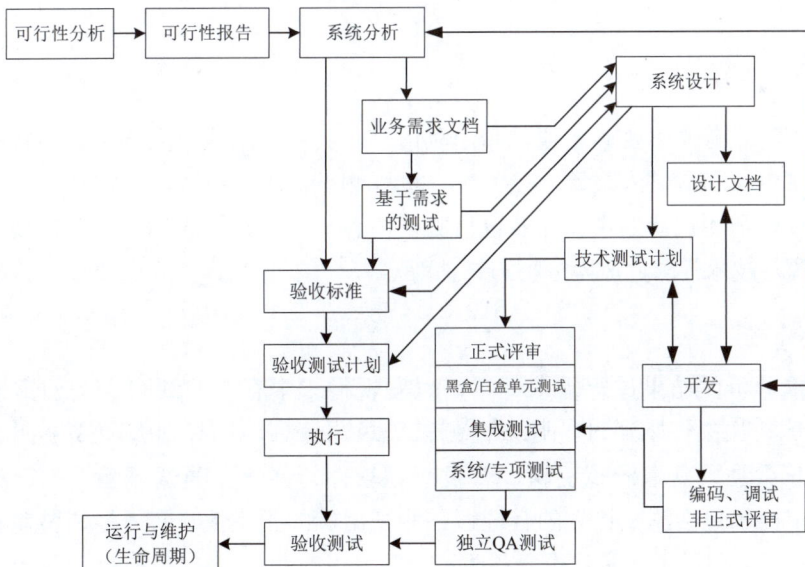

图4-6　前置测试模型

4.3 软件测试过程管理

软件测试是软件工程的重要组成部分。根据国家标准GB/T 15532-2008《计算机软件测试规范》中的规定，软件测试过程一般包括四项活动，按顺序分别是：测试计划、测试设计、测试执行和分析总结，这构成了软件测试的基本生命周期。在软件测试实施过程中，主要依赖这四项基本活动展开，如图4-7所示。

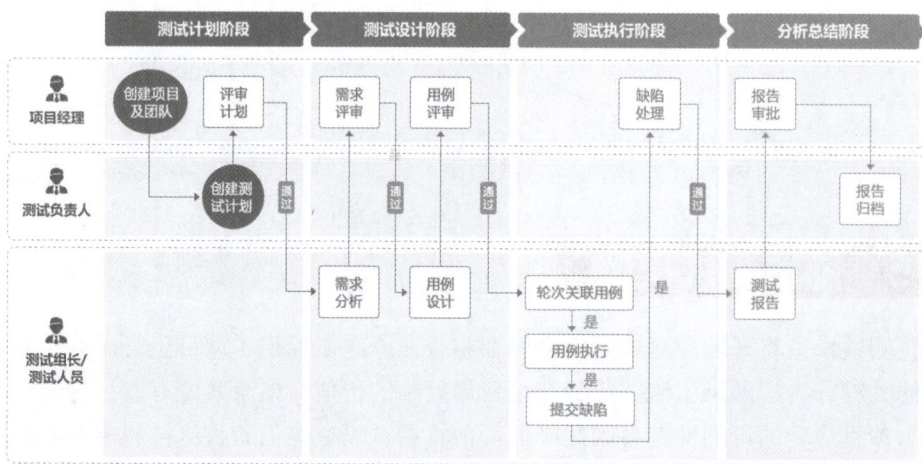

图4-7　软件测试过程

1. 测试计划阶段

测试计划阶段首先需要确定项目和团队信息，其中团队成员主要包括项目经理、测试负责人、测试组长和测试人员等。接下来，进行测试需求分析并制订测试计划。测试需求分析的结果反映在测试计划中，主要包括测试内容与质量特性、测试充分性要求、测试基本方法、资源与技术需求、风险分析与评估等。

2. 测试设计阶段

根据需求分析的结果进行需求评审，以发现需求中存在的缺陷，例如错误、不完整性、二义性等。如果评审通过，则依据测试需求与计划，选择现有的或设计新的测试用例，准备测试数据，获取测试资源，开发测试软件，并建立测试环境，进行测试就绪评审。主要评审内容包括测试计划的合理性、测试用例的正确性、有效性和覆盖充分性，以及测试组织、环境和设备工具是否齐备并符合要求。

3. 测试执行阶段

关联测试用例并执行测试，以获取和分析测试结果。测试执行一般由单元测试、集成测试、系统测试、验收测试以及回归测试等阶段组成。根据不同的判定结果采取相应的措施，对测试过程的正常或异常终止情况进行核对。根据核对结果，决定对未达到测试终止条件的测试用例是停止测试，还是需要修改或补充测试用例集，并进一步进行测试。

4. 分析总结阶段

整理和分析测试数据，评价测试效果和被测软件的状态，描述实际测试与测试计划及测试说明之间的差异，进行测试充分性分析，以及记录未解决的测试事件等。完成软件测试报告后，对软件的质量、开发和测试的工作情况进行评估。最后，对测试报告进行评审，如果审核通过则进行归档。

4.4　软件测试管理工具

测试管理涵盖多个方面，包括测试框架、测试计划与组织、测试过程管理、测试分析与缺陷管理等。目前市场上主流的软件测试管理工具如下。

1. 禅道

禅道是国内第一款开源项目管理软件，其核心管理思想基于敏捷方法Scrum。该软件内置产品管理和项目管理功能，并根据国内研发现状增加了测试管理、计划管理、发布管理、文档管理、事务管理等功能。用户可以在一个软件中有序跟踪和管理需求、任务、Bug、用例、计划和发布等要素，全面覆盖项目管理的核心流程。

2. TestCenter

TestCente可以实现测试用例的过程管理，对测试需求过程、测试用例设计过程、业务组件设计实现过程等整个测试流程进行管理。该工具实现测试用例的标准化，使每个测试人员都能够理解并使用标准化后的测试用例，降低了测试用例对个人的依赖。同时，TestCenter支持测试用例的复用，确保用例和脚本能够被复用，保护测试人员的资产。此外，它还提供可扩展的测试执行框架，并支持自动化测试，同时提供测试数据管理功能，帮助用户统一管理测试数据，降低测试数据和测试脚本之间的耦合度。

3. PingCode

PingCode是国内的一站式软件研发项目管理工具，广泛用于需求管理、敏捷/瀑布/看板项目管理、测试管理、缺陷管理、文档管理等工作领域。PingCode拥有专门的测试管理模块，支持用例创建、用例库管理、用例评审、测试计划制订以及自动生成测试报告。此外，测试用例还可以与版本、需求和缺陷等进行关联，以实现更全面的管理和追踪。

4. TestRail

TestRail是一个测试用例管理工具，不包含需求和缺陷管理模块。TestRail提供全面且基于Web的测试用例管理功能，能够帮助团队组织测试工作，并实时掌握测试活动的进展。用户可以通过屏幕截图和预期结果获取测试用例或场景的详细信息，并跟踪单个测试的状态。TestRail还提供信息丰富的仪表盘和活动报告，以便于测量进度，并比较多个测试运行、配置和里程碑的结果。

5. Jira

Jira是Atlassian公司开发的项目管理工具，广泛用于缺陷管理。凭借其高度的自定义性，Jira能够实现缺陷管理、任务管理、进度管理和日程管理等多方面的项目管理。用户可以统一管理多个项目的进度和任务。此外，Jira还提供了插件支持测试用例的管理，并在此基础上实现了需求、测试用例和缺陷之间的可追溯性。

6. PractiTest

PractiTest作为测试管理领域的新锐解决方案，提供完整的端到端测试管理服务。该工具提供了测试用例管理和缺陷状态管理功能，配备可定制的仪表板和详细报告。此外，PractiTest支持手动测试和自动化测试管理选项，同时还提供探索式测试管理功能。

7. TestLink

TestLink是一个开源的测试过程管理工具，专注于项目管理、缺陷跟踪和测试用例管理。TestLink遵循集中测试管理的理念，通过其提供的功能，用户可以全面管理测试过程，包括测试需求、测试设计和测试执行。同时，该工具还提供多种测试结果的统计和分析功能。

8. Kualitee

Kualitee是一款全面的测试管理工具，旨在帮助软件开发团队更有效地管理测试过程。Kualitee提供了各种功能，如缺陷跟踪、测试计划、测试执行和报告，可以协助团队识别软件中的问题并追踪其解决方案。Kualitee可以与多种测试工具和系统进行集成，包括Jira、Selenium、Git、Jenkins等。此外，Kualitee还提供了强大的API，使用户可以轻松集成其他应用程序并自动化测试流程。

9. Zephyr Enterprise

Zephyr Enterprise最初是Jira中的一个插件，用于增强Jira支持测试管理的能力。然而，对于规模较大的组织来说，由于测试活动的复杂性，采用这种方式进行测试用例管理是不够的，因此开发了企业版。Zephyr Enterprise支持与Jira、CI/CD调度工具Jenkins以及自动化测试工具Selenium等的集成，可以满足更高要求的测试管理。

10. MeterSphere

MeterSphere是一站式的开源持续测试平台，遵循GPLv3开源许可协议，涵盖测试管理、接口测试、UI测试和性能测试等功能。该平台全面兼容JMeter、Selenium等主流开源标准，能够有效帮助开发和测试团队充分利用云弹性，实现高度可扩展的自动化测试，从而加速高质量的软件交付。

11. Codes

Codes是国内首款重新定义SaaS模式的开源项目管理平台，支持云端认证和本地部署，所有功能对30人以下团队免费开放。通过整合迭代、看板、度量和自动化等功能，Codes简化了测试协同工作，使敏捷测试更易于实施。它提供低成本的敏捷测试解决方案，包括同步在线与离线测试用例、流程化管理缺陷、低代码自动化测试接口和 CI/CD支持，以及基于迭代的测试管理和测试用时成本计算等，切实践行敏捷测试理念。

12. TestDirector

TestDirector是Mercury Interactive公司开发的企业级测试管理工具，也是业界首个基于Web的测试管理系统，可以在公司内部或外部进行全球范围内测试的管理。TestDirector通过在一个整体的应用系统中集成了测试管理的各个部分(包括需求管理、测试计划、测试执行以及错误跟踪等功能)，极大地加速了测试过程。

下面以TestCenter为例，介绍软件测试管理的过程。TestCenter(简称TC)是上海泽众软件科技有限公司自主研发的一款强大的测试管理工具，基于B/S体系结构，支持通过自动化测试或手工测试制定测试流程。该工具提供多任务测试执行和缺陷跟踪管理系统，最终生成详细的测试报表。TC可以和公司的测试工具AutoRumner和Teminal AutoRunner进行集成，也可以和其他测试工具集成，提供强大的自动化功能测试支撑。TC是面向测试流程的测试生命周期管理工具，符合TMMI标准的测试流程，能够迅速建立完善的测试体系，规范测试流程，提高测试效率与质量，实现对测试过程的管理，从而提高测试工程的生产力。

TC总体架构如图4-8所示，其主要的功能模块如下。

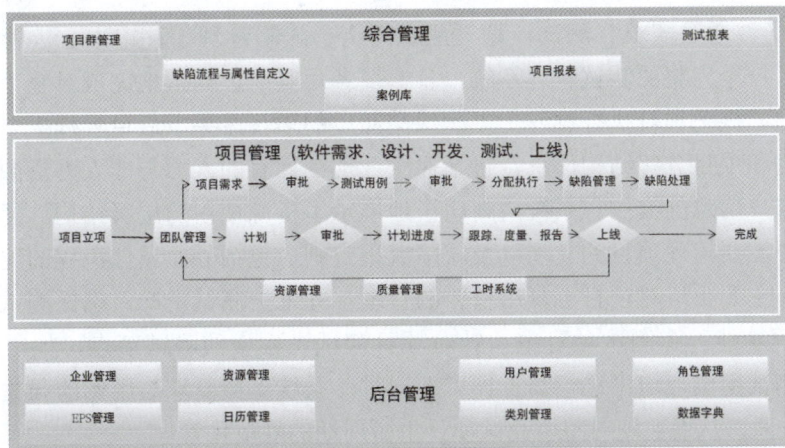

图4-8　TC总体架构

1) 案例库

案例库实现集中化管理，支持对测试用例统一管理与项目复用，具备用例版本比较和恢复功能，以确保用例版本的有效控制。

2) 测试需求管理

支持对测试需求树形结构和条目化管理。针对每个需求，可以添加相应的功能点以及相关的内容文档。同时支持Word、Excel格式的需求导入、测试需求评审，以及测试需求与用例和缺陷的关联。此外，通过需求活动图，系统可以自动设计测试用例。

3) 测试计划管理

支持发布版本管理，版本下可以创建多个测试计划，计划关联测试轮次与项目需求；支持轮次包含测试集合，通过测试集合执行用例；支持通过发布版本的需求基线创建测试集。用户可以针对不同的需求创建测试计划，并展示该轮次是否延期，以及是否在指定时间内完成。

4) 标准化测试用例库构建

支持测试用例的各种状态，包括通过、未执行、失败和阻塞；支持手工编写测试用例、用例附件批量导入、用例复用以及案例库导入；支持执行中的测试用例管理；保证测试用例的质量，实现测试用例的标准化，从而降低测试用例对个人的依赖。

5) 缺陷管理

支持根据实际情况自定义缺陷处理流程，包括项目角色、缺陷状态、缺陷属性的自定义；支持缺陷合并，并提供全方面的筛选缺陷功能；支持实时邮件通知功能，在关注的缺陷发生状态改变时，发送邮件通知给相关人员；支持缺陷列表的导出、缺陷处理状态的自动跳转、处理角色的选择，以及缺陷与测试用例和需求的关联等功能。

6) 测试项目管理

支持项目团队管理，包括自定义字段属性、项目模块分类和项目日历设置。新版本新增了工作周报和报工审批等功能，可以统筹管理整个测试项目。

7) 测试分析

支持查看多维度的缺陷报告，如缺陷状态统计图和模块缺陷类别统计图等，展示团队中每个人员的用例执行情况与缺陷提交情况。此外，支持查看TPI/PCB指标，并可以自定义报表，生成Word或Excel格式的报告。

TC管理平台通过需求、测试计划、测试用例、缺陷管理、评审中心等管理模块的相互作用形成了一个完整的测试管理系统。各模块各司其职，高效地完成对整个测试项目生命周期的管理，规范项目执行过程，以确保高品质的项目成果。后台管理主要关注企业的组织分解结构和项目分解结构信息，包括对企业现在拥有的人力与非人力资源管理，以及对历史商业客户信息的维护。系统清晰明了地展示了资源使用的层级结构，便于资源的维护。高层视图主要管理项目的立项以及缺陷流程定制，包括界面属性流程的配置、管理与维护。案例库主要负责对项目可复用资料的管理，并维护测试资产，确保测试资产存储、复用、维护等功能。在测试项目中，针对项目测试过程中的测试节点，如需求、测试计划、轮次、测试用例，均可进行线上评审。同时，系统支持需求与用例的强关联以及用例与缺陷的强关联，从而实现对整个测试项目生命周期的规范化管理。

4.5　敏捷测试

2001年，一批专家在对一系列轻量级软件开发中广泛使用的方法进行讨论之后，同意将一些具有共性的价值观和原则汇集成"敏捷软件开发宣言"，简称敏捷宣言。敏捷宣言包含以下四条价值观。

- 个体与交互胜过流程与工具。
- 可工作的软件胜过详尽的文档。
- 与客户合作胜过合同谈判。
- 响应变更胜过遵循计划。

敏捷宣言的核心价值包含以下十二条原则。

- 我们的最高目标是通过尽早和持续交付有价值的软件来满足客户需求。
- 即使在开发的后期，也欢迎改变需求，敏捷过程能够灵活应对变化，为客户创造竞争优势。
- 持续地交付可以工作的软件，交付的间隔可以从几个星期到几个月，交付的时间间隔越短越好。
- 在整个项目开发期间，业务人员和开发人员必须每天紧密合作。
- 围绕被激励的个体来构建项目，提供所需的环境和支持，并且信任他们能够完成工作。
- 在团队内部，最具有效果并且富有效率的信息传递方法是面对面的交流。
- 可工作的软件是首要的进度度量标准。
- 敏捷过程提倡可持续的开发，责任人、开发人员和用户应能够保持一个长期稳定的开发进度。
- 不断关注优秀的技能和好的设计会增强敏捷能力。
- 简单化是根本，尽可能简化一切未完成的工作。
- 最好的构架、需求和设计出自于自组织的团队。
- 每隔一定时间，团队会反思如何更有效地工作，并相应地调整自己的行为。

目前流行的敏捷方法有多种，每一种都用不同的方式实现敏捷宣言中的价值和原则。下面将简单讨论其中三种具有代表性的敏捷方法：极限编程(XP)、Scrum和看板。

(1) 极限编程(XP)最早由Kent Beck提出，是一种通过特定价值、原则和开发实践来描述软件开发的敏捷方法。极限编程包含五个价值要素来指导开发：沟通、简单、反馈、勇气和尊重。极限编程还描述了13个基本的实践，包括：坐在一起、全团队方式、信息化的工作空间、充满活力的工作、结对编程、用户故事、周循环、季度循环、轻松的工作、十分钟构建、持续集成、测试先于编程和增量设计。

(2) Scrum是一个敏捷管理框架。包含以下组成要素和实践。

- 冲刺(Sprint)：Scrum 把项目分为若干个固定长度(通常每个迭代周期为2至4周)的迭代周期，这些周期被称为Sprints。
- 产品增量(Product Increment)：在一个迭代周期中完成一个可发布或可交付的产品，称为产品增量。
- 产品待办列表(Product Backlog)：由产品负责人管理一个已经划分优先级的产品条目列表(称为产品待办列表)，该列表在一个迭代周期结束后需要更新(称为列表细化)。
- 冲刺待办列表(Sprint Backlog)：在一个迭代周期开始时，Scrum团队需要从产品待办列表中选择一些高优先级的条目放入一个较小的列表，称为冲刺待办列表。这个选择过程由Scrum团队自行决定，而不是由产品负责人做出选择。
- 完成的定义(Definition of Done)：为了确保每个冲刺结束的时候有一个潜在可发布产品，Scrum团队讨论并定义冲刺完成的合适准则。团队的讨论可以加深团队对列表项和产品需求的理解。

○ 时间盒(Timeboxing)：只有当Scrum团队希望把某些任务、需求和特性在某一个冲刺中实现时，才需要把这些功能放在冲刺待办列表中。如果某些功能在一个冲刺中实现不了，Scrum团队应把它们移回到产品待办列表中。时间盒的适用范围不仅包括任务，还适用于其他场景(例如规定会议开始和结束时间点)。

○ 透明性(Transparency)：开发团队通过每天的例会(称为每日Scrum)来汇报和更新冲刺的状态。这使得当前冲刺的内容和进展，包括测试结果，对团队、管理层和其他感兴趣的人员来说都是可见的。例如，开发团队可以在白板上展示冲刺进展。

(3) 看板是一种常用于敏捷项目的管理方法，其主要目的是在一个供应链内构建可视化的工作流并进行优化。看板采用以下几个工具。

○ 看板图：需要管理的供应链通过看板图实现可视化。每一列显示了一个工位，包含一系列相关的活动，例如开发或测试。将要产出的项或需要处理的任务用标签标识，并在看板上从左到右移动，经过各个工位。

○ 进行中的工作数限制：严格限制并行处理的任务数量。控制每个工位或整个看板图的最大可允许标签数。一旦某个工位有空闲的工作容量，团队成员可以从前一道工序领取看板标签。

○ 交货期：看板通过最小化价值流的平均交货期，来优化连续的任务流。

测试人员在敏捷项目中的工作方法和传统项目中是不同的。测试人员必须理解支撑敏捷项目的价值观和原则，并与开发人员及业务代表紧密合作，成为全团队的一部分。敏捷项目成员之间越早、越频繁的沟通，越有利于尽早移除缺陷，从而开发出高质量的产品。

4.5.1 敏捷测试方法

无论测试实践是否是敏捷的，许多测试实践都可以应用于各种开发项目中，以开发出高质量的产品。测试驱动开发、验收测试驱动开发和行为驱动开发是敏捷团队中常用的三种互补的方法，这些方法可以在不同的测试级别中使用。它们都提倡测试和QA工作应尽早介入，并且测试应该在代码编写之前进行。

1. 测试驱动开发

测试驱动开发(TDD)使用自动化测试用例来指导和验证开发代码。TDD过程主要包括以下活动。

○ 新增一个测试，生成测试用例并实现自动化，以描述在代码内的某一小片段所期望的功能(程序设计的思路)。

○ 编写业务代码并运行测试直到测试通过。

○ 在测试通过后，如果代码发生变更(例如对业务代码进行重构)，则需再次运行测试以确保变更后的代码仍然可以通过测试。

○ 对代码中的下一个小片段继续执行上述过程，并运行之前的测试(回归测试)以及新加入的测试。

2. 验收测试驱动开发

验收测试驱动开发(ATDD)是一种在用户故事的创建阶段就设定验收准则和测试的技术。ATDD强调协作，参与者不仅要理解软件组件应具备的行为，还需要理解如何做才能确保可以通过验收。ATDD需要使用一系列工具以支持测试的创建和执行，其中持续集成工具是最常用的。这些工具可以在数据层和应用服务层之间搭建桥梁，从而允许在系统和验收级别上执行测试。ATDD使得缺陷能够快速修正，并对修正之后的特性进行验证，从而帮助确认特性的实现是否符合验收标准。

3. 行为驱动开发

行为驱动开发(BDD)使开发人员专注于测试软件行为是否符合预期。由于测试是以软件行为的形式展示出来的，测试对于团队成员和其他干系人来说更容易。因此，BDD框架可以帮助开发人员生成测试代码。通过BDD框架，开发人员能够与其他参与者有效协作，从而针对业务需求定义精确的单元测试。

4.5.2　敏捷测试技术

1. 测试级别

敏捷测试可以分为面向业务(用户)和面向技术(开发人员)两大类。一些测试旨在支持敏捷团队的工作，用于判断软件的行为是否符合预期；而另外一些测试则是从用户角度对产品进行验证。测试可以是完全手工、完全自动化、半手工半自动化，或有工具支持的手工测试。以下是四个不同测试级别的简要描述。

- ○ 单元级别是面向技术的，目的是支持开发人员。该级别包含单元测试，这些测试应能够完全自动化并整合在持续集成中。
- ○ 系统级别是面向业务的，主要目的是对产品的行为进行确认。该级别包含功能测试，例如对用户故事的测试、用户体验原型和仿真。这些对验收准则的检验可以是手工的，也可以是自动化的。这类测试常常在用户故事的构建阶段就被创建，有助于发现用户故事编写中的问题，提高用户故事本身的质量，同时也为创建自动化回归测试套件提供支持。
- ○ 验收级别是面向业务的，该级别内的测试使用真实的用户数据和场景，包含对产品进行确认。在该级别中经常使用到探索性测试、场景测试、业务流程测试、易用性测试、用户验收测试、α测试和β测试。这些测试通常是手工进行，主要面向用户。
- ○ 系统或运维验收级别是面向技术的，同时包含对产品的确认。该级别经常使用性能、负载、压力测试、可伸缩性测试、安全性测试、可维护性测试、内存管理、合规性测试、数据迁移测试、基础设施测试以及可恢复性测试。这些测试通常是自动化执行的。

2. 团队合作

团队合作是敏捷开发的基本原则。敏捷开发强调开发人员、测试人员、业务代表之间的协作，倡导全团队共同工作。以下是Scrum团队在组织和行为上的最佳实践要点。

- 跨职能团队：每个团队成员都会带来不同的技能。整个团队一起协作开发测试策略、计划、测试规格说明，执行测试，进行测试评估并整理测试结果报告。
- 自组织：整个团队可能仅由开发人员组成。在理想情况下，团队应有测试人员参与。
- 相同工作地点：测试人员要和开发人员、产品负责人坐在一起。
- 协作：测试人员与团队成员、其他团队成员、干系人、产品负责人以及 Scrum Master共同协作。
- 授权：设计和测试的技术决策由整个团队(开发人员、测试人员、Scrum Master)共同做出，必要时可与产品负责人和其他团队合作。
- 承诺：测试人员致力于发现问题，同时根据客户与用户的期望和需求评估产品性能和特点。
- 透明：可以借助敏捷任务板(或任务墙)展示开发和测试进程。
- 可信：测试人员必须确保测试从策略制定到实现和执行的可信性，否则干系人不会相信测试结果。通常需要向干系人提供测试过程的相关信息。
- 开放：对反馈的开放态度是任何项目成功的重要因素之一，特别是对于敏捷项目。团队通过回顾可以从成功和失败中吸取经验教训。
- 适应：测试工作必须像敏捷项目中的其他活动一样，及时响应变化。

3. 验收准则

在每个迭代中，开发人员负责编写代码以实现用户故事中描述的功能和特性，并确保满足相应的质量标准。通过验收测试进行验证和确认。为了确保可测试性，验收准则应解决以下相关问题。

- 功能行为：在特定配置下，用户活动作为输入操作的外部可观察行为。
- 质量特性：系统执行指定行为的方式，这些特性也称为质量属性或非功能性需求。常见的质量特征包括性能、可靠性、易用性等。
- 场景：为了完成特定目标或业务任务，外部参与者与系统之间的一系列行动。
- 业务规则：由外部规程或约束定义的行为，这些行为在某些条件下只能在系统中执行。
- 外部接口：描述待开发系统与外部世界之间的联系，外部接口可以分为不同的类型。
- 约束：任何设计和实现的约束都会限制开发人员的选择。嵌入式软件设备必须遵循物理约束，例如尺寸、重量和接口连接。
- 数据定义：对于一个复杂的业务数据结构，客户会针对数据项来描述格式、数据类型、允许的值和默认值。

4. 探索性测试

探索性测试在敏捷项目中很重要，主要是因为测试分析只有有限时间可用，并且用户故事只有有限的详细资料。为了达到最佳结果，探索性测试应该与其他基于经验的技术结合，作为应对式测试策略的一部分。它可以与其他测试策略混合使用，如基于风险的测试分析、基于需求的测试分析、基于模型的测试和面向可重用的测试。在探索性测试中，测试设计和测试执行是同时进行的，并且由一个准备就绪的测试章程引导。测试章程提供相应的测试条件来覆盖一段固定时间的测试。在探索性测试期间，最新的测试结果会引导下一次的测试。在测试设计时，探索性测试可以使用白盒和黑盒技术。

4.5.3　敏捷测试工具

与传统项目相比，敏捷项目中的工具使用方式并不完全相同，有些工具在敏捷项目中有着更现实的意义。例如，虽然敏捷团队也可以使用测试管理工具、需求管理工具、缺陷跟踪工具等，但一些工具如任务板、燃尽图或者用户故事可以更有效地支持敏捷开发。对于敏捷团队来说，配置管理工具是非常重要的，这是因为敏捷团队大量使用覆盖多个层次的自动化测试，而配置管理工具需要存储、管理、集成这些自动化测试工具。此外，某些工具对于敏捷测试人员在软件测试过程中某些环节也非常有帮助。

常用的工具体系如下。

○ 配置管理工具：敏捷环境中，配置管理工具不仅可以用于存储源代码，还可以用于自动化测试。

○ 测试设计工具：在为一个新的功能快速设计和定义测试时，使用思维导图这样的工具变得越来越流行。

○ 测试用例管理工具：在敏捷项目中，测试用例管理工具可能是整个团队的生命周期管理或任务管理工具的一部分。

○ 测试数据准备和生成工具：当测试应用程序需要大量的数据和数据组合时，能够在应用程序的数据库中生成数据的工具是非常有用的。随着敏捷项目中产品的变化，这些工具可以帮助重新定义数据结构并重构生成数据的脚本，从而在发生变化时快速更新测试数据。有些测试数据准备工具使用原始生产数据作为输入，并使用脚本将其中的敏感数据删除或匿名化。此外，还有一些工具可以帮助验证大量的数据输入或输出。

○ 测试数据加载工具：用于测试数据生成之后，加载到应用程序中。手工的数据录入常常需要花费大量的时间，而且容易出错，而数据加载工具可以使这个过程可靠并有效率。实际上，很多数据生成工具包括集成数据加载组件。有时，也可能会使用数据库管理工具来加载大量的数据。

○ 自动化测试执行工具：有一些测试执行工具更适合敏捷测试。这些工具既包括商用产品，也有开源解决方案，支持测试优先的方法。例如行为驱动开发、测试驱动开发和验收测试驱动开发。这些工具允许测试人员和业务人员通过表格或自然语言关键词描述期望的系统行为。

○ 探索性测试工具：在执行探索性测试会话时，这些工具能够捕获和记录在应用程序上执行的活动以及采取的措施，为测试人员和开发人员提供了宝贵的反馈。通过记录失效发生前的行为，这些工具帮助测试人员向开发人员报告缺陷，从而加速问题的定位和修复。此外，如果测试最终包括自动化回归测试套件，探索性测试会话中记录的执行日志步骤可以作为自动化测试脚本的参考，为后续测试工作提供支持。

4.6　DevOps测试

DevOps(Development和Operations的组合词)是一组过程、方法与系统的统称，用于促进开发(应用程序/软件工程)、技术运营和质量保障(QA)部门之间的沟通、协作与整合。它是一种重视软件开发人员(Dev)和IT运维技术人员(Ops)之间沟通合作的文化、运动或惯例。通过自动化"软件交付"和"架构变更"的流程，DevOps使得构建、测试、发布软件能够更加地快捷、频繁和可靠。采用DevOps的文化、实践和工具的团队能够提升效率，以更快的速度构建更好的产品，从而获得更高的客户满意度。

DevOps实施主要依托的工具有Project、Matlab、git、GitHub、docker、kubernetes、JACOCO、Jenkins、JMeter、JUnit、TestNG、Jira、mantis、puppet等，如图4-9所示。

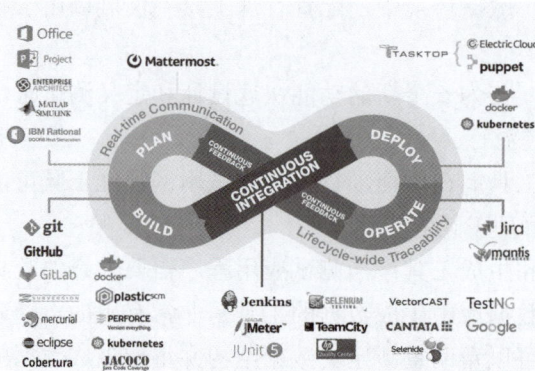

图4-9　DevOps工具体系

DevOps影响应用程序生命周期的规划、开发、交付和运营阶段。每个阶段都依赖于其他阶段，并且这些阶段并非局限于某个特定的角色。在真正的DevOps文化中，每个角色在某种程度上都涉及每个阶段，具体的实施过程如图4-10所示。

图4-10　DevOps实施过程

敏捷与DevOps之间的主要区别在于：敏捷是关于如何开发和交付软件的理念，而DevOps则描述了如何通过使用现代工具和自动化流程来持续部署代码。

以下是DevOps和敏捷之间常见的区别和相似之处。

- 敏捷由敏捷宣言定义，而DevOps没有普遍认可的定义。
- DevOps定义了一种工作文化，而敏捷是一种软件开发理念。
- 敏捷的最高优先级是持续交付，而DevOps则专注于持续部署。
- DevOps坚持所有手动任务的自动化，而敏捷则重视"未完成的工作量"。
- DevOps从业者拥护敏捷思维，而敏捷则要求参与者具备自组织和自我激励的能力。

软件测试在DevOps领域扮演着关键的角色，它不仅是一项技术活动，还是确保软件质量、持续集成和持续交付的关键组成部分。软件测试在DevOps中至关重要，它有助于发现和修复潜在的缺陷和问题，确保软件高质量和可靠性。软件测试在DevOps中的重要性体现在以下几个方面。

- 提高软件质量：软件测试能够发现并修正软件中的缺陷，确保软件的质量。通过对软件进行全面测试，可以检查其功能、性能和安全性，以满足用户的需求和期望。
- 降低风险：通过软件测试，可以减少软件开发和部署中的风险。及早发现和解决问题，可以降低后期开发和维护的成本，并减少由于缺陷和故障而导致的潜在损失。
- 支持持续集成和交付：软件测试是持续集成和持续交付实践的核心。通过自动化测试和持续测试，可以确保每次更改都能够无缝集成和交付，从而加快软件发布的速度并保持高质量。

为了在Devops环境中实施有效的软件测试，需要采用适当的测试策略和工具。以下是几种常用的测试策略和工具。

(1) 自动化测试：自动化测试是DevOps中至关重要的一环。它可以提高测试效率、缩短测试周期，并确保每次更改都能够迅速测试和验证。常用的自动化测试工具包括Selenium、Appium和Jenkins等。

(2) 集成测试：集成测试是验证不同组件和模块之间是否正常协同工作的关键环节。通过集成测试，可以检测到潜在的兼容性问题和接口问题。常用的集成测试工具包括Spring Framework、TestNG和Cucumber等。

(3) 性能测试：性能测试是评估软件在用户负载下的性能和稳定性的重要手段。它可以帮助发现性能瓶颈和性能问题，并通过优化措施改进软件的性能。常用的性能测试工具包括JMeter、LoadRunner和Gatling等。

(4) 安全性测试：安全性测试是确保软件在安全方面的核心测试活动。它可以发现和修复潜在的安全漏洞，并保护软件免受潜在威胁。常用的安全性测试工具包括OWASP ZAP、Burp Suite和Nessus等。

DevOps的一个重要组成部分是持续集成/持续交付(CI/CD)，在CI和CD之间，持续测试扮演着关键角色。如图4-11所示，如果没有持续测试，也就不能对持续集成进行及时验证，从而无法做到有效的持续交付。作为持续测试必需的能力，测试自动化自然不可或缺，但它也不仅仅只是工具的运用，还需要在过程、方法等多个方面的全面支撑。

图4-11　DevOps中的持续测试

持续自动化测试是在持续集成和持续部署过程中运行自动化测试，旨在快速反馈测试结果，并及时发现失败。这一概念最早源自开发人员在开发环境中通过单元测试获取快速反馈的思想。持续自动化测试是随着CI/CD的发展而逐步成熟的。现实需求促使开发人员能够更快地发布产品并修复在线问题。如果仍然依赖原来的手工测试或者将开发和测试完全分离的方式，就难以在很短的时间内完成测试质量保障活动。因此，在CI/CD过程中嵌入自动化测试，是为了"持续"保障交付物的质量。

持续测试意味着将测试活动纳入持续集成、持续反馈、持续改进循环中，持续不断的测试贯穿了整个软件交付周期。持续测试提倡尽早测试、频繁测试和自动化测试。"持续"体现在敏捷和DevOps流程中，交付物由小粒度逐步演变为软件成品的全过程，涵盖从白盒测试，到组件模块测试、接口测试、E2E(端到端)功能测试，甚至交付之后进行生产环境的在线测试。每个阶段正好映射了测试金字塔由下向上的各层，越下层的测试在越早的阶段执行，越上层的测试在越后的阶段执行。这种方法类似于汽车制造流水线的各个环节，每个环节的组装结束后都会进行必要的检查，只有通过后才进入到下一个环节。在软件DevOps开发过程中，Pipeline流水线承载了这样的组装和测试检查过程，如图4-12所示。

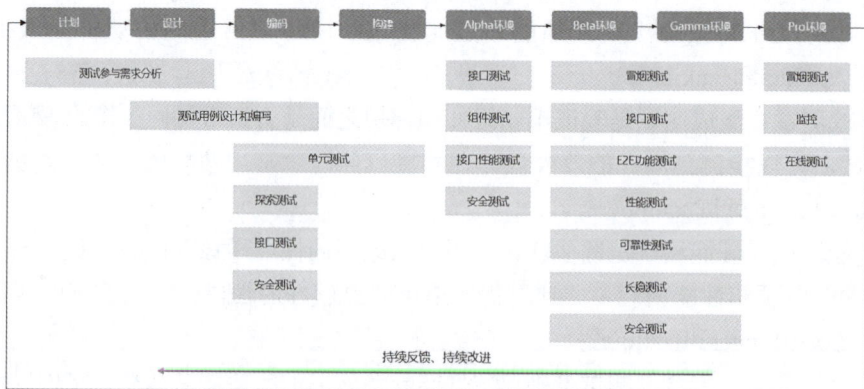

图4-12　DevOps中的持续测试具体流程

关于测试左移和测试右移，这两者强调在持续测试过程中，测试活动越过了传统测试的时间、角色和部门限制，发展为连贯的持续质量保障活动。测试左移强调尽早开展测试活动，测试人员应尽早参与到软件项目前期的各项活动中，在功能开发之前定义好相关的测试用例，以便提前发现质量问题。同时，开发人员参与测试过程。测试右移则强调在生产环境中的测试监控，实时获取用户反馈，持续改进产品的用户体验和满意度，从而提升产品质量。

4.7 思考题

1. 常用的软件测试相关标准有哪些？

2. 简述软件测试过程模型。

3. H模型有哪些优缺点？

4. 常见的软测试管理工具有哪些？

5. 敏捷测试方法主要包含哪些内容？

6. 什么是持续集成、持续交付和持续测试？

7. 如果项目团队采用DevOps开发模式，如何对软件测试进行系统化设计？

第 5 章

单元测试与集成测试

本章将主要介绍单元测试与集成测试。作为软件开发工作流的组成部分，单元测试对代码质量的影响最大。本章将重点讨论在编写函数或其他应用程序代码块后，如何创建单元测试以验证代码在标准输入、边界条件和不正确情况下的行为，同时检查代码所做的任何显式或隐式假设。此外，本章还将详细讲解单元测试的内容和过程、驱动程序、桩程序和Mock，以及单元测试工具的基本使用方法。同时，本章将深入探讨集成测试的基本概念和模式，以微服务架构和持续集成为例，说明集成测试的过程。

本章的学习目标：

- ○ 理解软件单元的定义
- ○ 理解单元测试的定义和意义
- ○ 理解单元测试的开始时间、实施人员、数据和通过标准
- ○ 理解单元测试的具体内容
- ○ 理解驱动程序、桩程序和Mock的概念
- ○ 熟悉单元测试工具JUnit、Mockito和JaCoCo
- ○ 理解集成测试的概念和模式
- ○ 理解微服务架构的集成测试过程与内容
- ○ 理解持续集成与测试的概念、过程及相关工具的应用

5.1　单元测试

前面章节已经介绍过，按照软件测试执行阶段的不同，可以将测试分为单元测试、集成测试、系统测试和验收测试，这些阶段在V模型和W模型中都有所体现。每个测试阶段所使用的测试方法各有不同。在单元测试和集成测试中，主要使用白盒测试方法，其中静态白盒测试包括代码评审和静态分析，而动态白盒测试则通常使用测试工具对代码进行动态分析。静态白盒测试方法在前面章节已经介绍过，本章将重点介绍动态白盒测试方法。

5.1.1 单元测试概述

1. 软件单元

单元测试是指对软件中的最小可测试单元进行检查和验证。关于"单元"的大小或范围，并没有明确的标准，"单元"可以是一个函数、方法、类、功能模块或者子系统。以方法为例，我们可以将其与代码的其余部分隔离开，并验证其行为是否符合预期。单元测试的目标是检查每个功能单元是否按预期执行，从而避免错误在整个应用中传播。在Bug发生的位置直接进行检测，往往比在次要故障点间接观察Bug的影响更有效。

2. 单元测试的意义

作为软件开发工作流的一个组成部分，单元测试对代码质量的影响最为显著。单元测试可以充当应用程序的设计文档和功能规范。一旦编写了方法，就应该编写单元测试来验证该方法响应标准、边界和不正确输入数据情况的行为，并检查代码做出的任何显式或隐式假设。如果使用测试驱动开发，则应在代码之前编写单元测试。单元测试还有以下几个优点。

○ 隔离被测代码。在依赖代码不能使用或不容易控制的情况下，使用自动桩框架或者Mock来隔离要测试的单元。

○ 方便修改代码。灵活的测试用例使得分析代码更为高效，团队可以快速集中精力于需要修改的测试用例，从而便于重新测试。

○ 与CI/CD流程集成。可以轻松快速地将单元测试集成到敏捷的CI/CD管道中，通过持续测试交付高质量的软件。

○ 应用程序安全合规性的自动化。通过单元测试自动化，可以实现花更少的时间，满足安全和可靠代码的行业需求。

○ 达到100%覆盖率。使用单元测试工具能够全面测试代码，并获取测试结果和测试用例覆盖率，从而帮助团队更高效地开发应用程序。

○ 融入AI的单元测试有助于提升整个团队的效率。借助自动化AI的辅助，单元测试最佳实践对整个团队来说更加简单。通过创建有意义的测试用例，不仅能够帮助专业的单元测试人员节省时间和精力，还提供了有效的断言来测试代码的实际功能。

3. 单元测试的开始时间

单元测试越早进行效果越好。通常在编码完成并且已经通过编译后开始单元测试，进行单元测试之前应当准备好单元测试计划、单元测试用例等。尽早开始单元测试可以在开发过程早期发现程序错误，在此阶段也更容易定位和排除错误，大幅降低后期测试和软件维护成本。项目后期再进行单元测试将失去发现软件缺陷的最好时机，也失去了代码检查和预防软件缺陷的意义。测试驱动开发(TDD)更加强调单元测试的优先性，其最大的好处是帮助开发人员更好地理解需求，甚至在挖掘需求之后再进行开发。当然，开发人员不可能一次性编写所有的测试代码再进行编码，这是一个重复迭代的过程。

4. 单元测试的实施人员

单元测试可以由开发人员、测试人员或者第三方来实施。具体由谁来实施并没有一个绝对的标准，应根据项目的实际情况来决定。开发人员对代码最熟悉，且编程技能相对较强，因此开发人员自己编写单元测试在效率和覆盖率上都比较高。然而，开发人员缺乏更系统的测试思维，测试自己写的代码时往往会出现盲目自信的情况。测试人员具有相对系统的测试思想，可以更好地保证用例的覆盖。此外，通过单元测试能更好地了解代码的结构和流程，对于后续的业务测试也较为有利。然而，由于测试人员的编程技能相对较弱，并且测试人员对代码并不熟悉，可能导致测试效率较低。第三方测试的目的是为了保证测试工作的客观性，并兼顾初级监理的职能。他们可以进行需求分析的评审、设计评审、用户类文档的评审等，这些工作对用户进行系统的验收以及推广应用都具有重要意义。

5. 单元测试数据

在单元测试阶段，由于获取真实业务数据较为困难，通常使用模拟的测试数据。由于被测单元规模一般较小，根据测试经验手工生成的一些典型测试数据往往测试效率和测试效果更佳。如果被测单元没有操纵和使用大量数据，可以根据软件业务特点和具体单元的代码逻辑结构手工设计有代表性的测试数据。如果单元需要操纵大量数据，可以使用部分有代表性的真实数据，然后根据经验辅助生成一些典型测试数据。这些测试数据需要与用例同步维护，以便于后期测试重用。

6. 单元测试的通过标准

不同的软件企业和软件项目会导致单元测试的通过标准有所差异，但一般应符合以下技术要求。

- 对软件设计文档中规定的软件单元的功能、性能、接口等进行逐项测试。
- 每个软件特性应至少被一个正常测试用例和一个被认可的异常测试用例覆盖。
- 测试用例的输入应至少包括有效等价类值、无效等价类值和边界数据值。
- 在对软件单元进行动态测试之前，通常应对软件单元的源代码进行静态测试。
- 语句覆盖率应达到100%。
- 分支覆盖率应达到100%。
- 对输出数据及其格式进行测试。

5.1.2　单元测试的内容

执行单元测试时，测试人员依据详细设计说明书和源程序清单，在理解模块的I/O条件和内部逻辑结构的基础上，主要采用白盒测试为主、黑盒测试为辅的方法，对软件模块合理和不合理输入进行全面验证，以检测程序功能实现的正确性。为了达到上述目标，单元测试可以涵盖程序逻辑、功能、数据和安全性等多个方面。

以C语言为例，单元测试主要包括以下内容。

1. 模块接口测试

模块接口测试是单元测试的基础。在单元测试开始时，首先应当检查模块的输入和输出数据流是否正确。如果一个模块不能正确地接收数据和输出数据，那么后续其他内容的单元测试将失去意义。在执行模块接口测试时，通常使用以下检查表。

- 被测模块输入的实际参数与形式参数在数量、属性和顺序是否一致。需要注意的是，一些编程语言支持隐式类型转换和默认参数，因此规则会有一定的差异。
- 被测模块调用其他模块时，实际参数与形式参数在个数、属性、顺序是否一致。同样需要注意隐式类型转换和默认参数的问题。
- 引用内部函数时，实际参数的个数、属性、顺序是否正确。
- 当模块有多个入口时，是否引用了与当前入口无关的参数。
- 常量是否被当作变量来传递，是否修改了只读参数。
- 在经过不同模块时，全局变量的定义是否一致。
- 限制条件是否以形式参数的形式传递。
- 使用外部资源(例如内存、文件、硬盘或端口)时，是否检查了这些资源的可用性，并及时释放了资源。
- 规定的格式是否与I/O语句相符。

2. 局部数据结构测试

模块的局部数据结构是最常见的错误来源，因此在单元测试中应重点检查以下几类问题。

- 不正确或不一致的数据类型说明。
- 使用了没有赋值或尚未初始化的变量，以及错误的初始值或默认值。不同的编译器处理方式可能有所不同。
- 变量名拼写或缩写错误。
- 数据类型不一致。
- 数据上溢、下溢或地址错误。
- 非法指针或野指针等问题。

3. 独立路径测试

对程序执行路径的测试是单元测试的主要内容，应对模块中所有独立的可执行路径进行测试，检查由于判定错误、控制流错误、计算错误导致的程序错误。对于重要的执行路径要进行重点测试。重要的执行路径是指那些完成主要算法、程序控制、数据处理等重要功能的执行路径，同时也包括由于逻辑复杂而容易出错的路径。在独立路径测试中所要检查的错误主要包括错误的计算优先级、算法错误、无法执行的代码、初始化不正确、运算精度错误、比较运算错误、表达式符号错误、循环变量使用错误等。

4. 异常处理测试

异常处理是提高程序的健壮性和容错性的重要措施，模块中经常存在针对各种错误的处理路径。异常处理机制可以使程序在遇到问题时仍然继续运行。进行异常处理测试时，需要考虑以下几个可能出现的错误。

- 对异常的处理不正确，例如未进行处理、缺乏详细的真实记录或未及时通知用户等。
- 错误描述难以理解，无法根据描述对错误定位。
- 显示的错误与实际错误不一致。
- 在对错误进行处理之前，错误条件已经导致系统的干预。
- 在资源使用前后，程序没有对可能出现的错误进行检查。
- 交互处理不当。

5. 边界条件测试

程序在边界情况下很容易出错。边界条件测试需要采用边界值分析法，重点测试在数据流和控制流中，当输入恰好等于、大于或小于某一比较值时可能出现的错误。此外，如果对模块性能有特定要求，还需要确定最坏情况下和平均情况下影响模块性能的因素。

5.1.3　单元测试的过程

单元测试的过程通常可以分为以下四个阶段。

1. 计划阶段

计划阶段规划整个单元测试过程的时间表、工作量、任务划分、测试覆盖范围、测试覆盖程度、测试人员、测试软件和硬件资源、测试方法、风险分析以及单元测试的结束标准。同时，输出单元测试计划文档，作为整个单元测试过程的指导。单元测试计划需要进行评审，评审测试的范围和内容、资源的分配、进度及各方责任等是否明确，测试方法是否合理、有效和可行，风险分析、评估及应对措施是否准确可行，测试文档是否符合规范，以及测试活动是否独立等。

2. 设计阶段

根据单元测试计划，提取测试需求并设计测试用例。根据测试用例设计测试数据或测试脚本，确定测试顺序，建立单元测试环境，并编写测试程序。如有必要，还需要开发测试工具，以准备正式开始测试执行。此外，单元测试设计也可以进行评审，确保测试用例的正确性、可行性和充分性，以及测试环境的合理性。

3. 实施阶段

实施阶段按照单元测试计划和单元测试说明的内容和要求执行测试。在执行过程中，根据每个测试用例的期望测试结果、实际测试结果和评价准则判定该测试用例是否通过，并将结果记录在软件测试记录中。如果测试用例不通过，测试分析员应认真分析情况，并记录软件缺陷报告单。如果测试说明和测试数据出错，则需要修订并重新运行测试。如果测试环境出错，则需要修正测试环境并重新进行测试。

4. 总结阶段

测试分析员根据被测试软件的设计文档、单元测试计划、单元测试说明、测试记录和软件缺陷报告等，对测试工作进行总结，并利用测试用例和缺陷评估相关指标进行分析。最终形成单元测试报告。

5.1.4 驱动程序、桩程序和Mock

在软件模块编写完成并经过编码规范、语法检查等静态测试后，需要通过测试用例进行动态验证，以确保软件模块的正确性。被测程序与软件结构中的其他模块都会存在调用或被调用的关系。因此，被测程序需要根据程序结构模拟构建与被测模块相连的其他辅助模块，以完成单元测试任务。

在单元测试中，驱动程序、桩程序和Mock是经常用到的术语。驱动程序用于调用被测函数，而桩程序和Mock则用于代替被测函数调用的真实代码。如图5-1所示，驱动程序、桩程序和Mock的概念如下。

- 驱动程序(Driver)也称为驱动模块，用于模拟被测模块的上级模块，负责调用被测模块。在测试过程中，驱动模块接收测试数据，调用被测模块并将相关的数据传送给被测模块。当被测模块是底层模块时，需要编写驱动模块。

- 桩程序(Stub)也称为桩模块，用于模拟被测模块工作过程中所调用的下层模块。桩模块由被测模块调用，通常只进行很少的数据处理。当被测模块是上层模块时，需要编写桩模块。

- Mock用于模拟代码调用的部分行为，并能够检查它们是否按定义使用。Mock代码与桩程序类似，但更关注于Mock方法的调用情况，包括被调用的参数和调用次数等。因此，在Mock代码的测试中，对于结果的验证通常出现在Mock函数中。

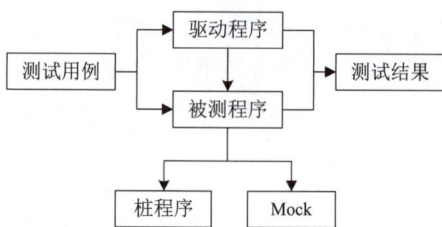

图5-1　驱动程序、桩程序和Mock

除了以上常用的概念外，*xUnit TestPatterns*一书将这类对象统称为Test Double(测试替身)。具体的类型包括Dummy Object、Test Stub、Test Spy、Mock Obiect和Fake Object。Fake Object是被测系统依赖的外部协作者的替身，与真实的外部协作者相比，Fake Object外部行为表现与真实组件几乎是一致的，但其实现更简单、易于使用且更轻量，主要用于满足测试需求。Test Stub也是一个在测试阶段专用的对象，用于替代真实外部协作者与被测系统进行交互。与Fake Object稍有不同的是，Test Stub是一个内置了具有预期值和响应值且可以在多个测试之间复用的替身对象。

编写驱动程序和桩程序给单元测试造成了一定的负担，这些辅助程序一般用于调试模式，所以不会影响最终软件产品的运行效率。对于中间层的单元模块，一般情况下很可能既需要编写驱动程序又需要编写桩程序，并需要合理划分被测单元模块的大小，以减少驱动程序和桩程序的数量。另外，根据实际情况，对一些模块间接口的全面深入检查可以放在集成测试阶段进行。在单元测试中一般都需要编写驱动程序和桩程序，这可以起到隔离其他单元模块影响、限制出错范围、准确定位和排除错误的测试效果。

5.1.5　单元测试工具

单元测试工具不仅包括单元测试框架，还包括代码静态分析工具、Mock工具、代码覆盖率工具以及智能化的单元测试用例自动生成工具等。由于单元测试主要针对程序源代码进行测试，因此单元测试工具针对不同的编程语言和编译器可能有所差异。

目前市场上流行许多商业和开源的单元测试工具，例如xUnit家族、TestNG、pytest、Google Test、EasyMock、Mockito、TestDriven、RSpec、AssertJ、EvoSuite、Coverage.py、Spock Framework等。此外，商业软件例如Parasoft公司的C++Test、JTest、dotTest、Insure++也备受欢迎。目前流行的集成开发环境(IDE)也都内置了单元测试工具，例如Visual Studio(以下简称VS)、IDEA、Eclipse等。

关于代码静态分析工具的内容前文中已提及，接下来本章将介绍几类典型的单元测试工具及其应用。

1. VS中的单元测试

VS测试资源管理器提供了一种灵活而高效的方法运行单元测试，并在VS中查看测试结果。VS为托管和本机代码安装了单元测试框架，用户可以使用单元测试框架创建单元测试、运行测试并报告测试结果。在进行代码更改后重新运行单元测试，可以确保测试代码仍能正常工作(VS Enterprise版本可以使用Live Unit Testing自动执行此操作)。测试资源管理器实现了外接程序接口，可以通过VS Extension Manager和VS库添加并运行第三方和开源单元测试框架。

针对不同的编程语言，VS的单元测试处理方式有所不同。

○ 对于.NET语言，从VS 2017 14.8版本开始，内置支持NUnit和xUnit的模板。

○ 对于C++语言，VS支持适用C++的Microsoft单元测试框架、Google Test、Boost.Test和CTest。

○ 对于Python语言，VS支持UnitTest和PyTest两种测试框架。

以下是针对C#语言实现的Main函数，使用内置测试框架MSTest进行测试的示例代码：

```
using Microsoft.VisualStudio.TestTools.UnitTesting;
using System.IO;
using System;
namespace HelloWorldTests
{
    [TestClass]
    public class UnitTest1
    {
        private const string Expected = "Hello World!";
        [TestMethod]
        public void TestMethod1()
        {
            using (var sw = new StringWriter())
            {
                Console.SetOut(sw);
```

```
            HelloWorld.Program.Main();
            var result = sw.ToString().Trim();
            Assert.AreEqual(Expected, result);
        }
    }
}
```

其中，TestClass标识UnitTest1为测试类，TestMethod则标识TestMethod1为测试方法。Assert断言的设计和xUnit工具家族类似。

关于代码覆盖率，VS可将代码覆盖率分析应用于托管(CLR)和非托管(本机)代码，支持静态和动态检测。若要在命令行方案中使用代码覆盖率，可以使用vstest.console.exe或Microsoft.CodeCoverage.Console工具，该工具是dotnet-coverage的扩展，也支持本机代码。使用测试资源管理器运行测试方法时，代码覆盖率选项可以在"测试"菜单中找到。结果表将显示各个程序集、类和过程中运行代码的覆盖率百分比，而源编辑器则会突出显示测试的代码。此外，测试结果也可以采用Cobertura等常用格式导出。

2. JUnit

在单元测试工具中，xUnit家族非常具有代表性。xUnit是多种代码驱动测试框架的统称，这些框架可以测试软件的不同单元，例如函数和类。xUnit框架提供了一种自动化测试的解决方案。JUnit、CppUnit、NUnit、JsUnit、HtmlUnit、PhpUnit、PerlUnit和XmlUnit是分别针对Java、C++、C#、JavaScript、HTML、PHP、Perl和XML语言的单元测试工具。

接下来，本节将重点介绍JUnit。开发者Kent Beck和Erich Gamma于1997年完成了JUnit的雏形，经过几大版本的更新，于2017年9月发布了JUnit 5。JUnit 5针对JDK 8及以上版本提供了更好的支持，并且加入了更多的测试形式。与以前的JUnit版本不同，JUnit 5由三个不同子项目的多个不同模块组成，如图5-2所示。

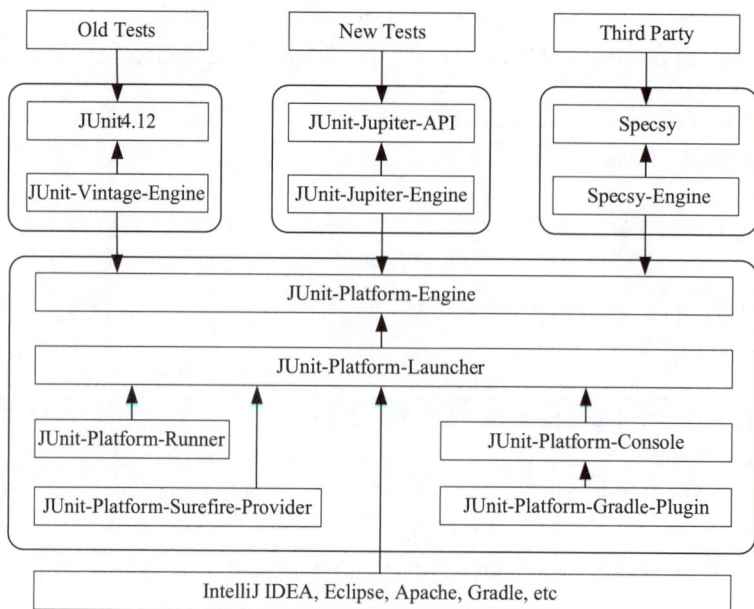

图5-2　JUnit 5架构图

- JUnit Platform的主要功能是在JVM上启动测试框架。它还定义了TestEngine API，用于开发在平台上运行的测试框架。此外，平台提供了一个控制台启动器，用于从命令行启动平台，并为Gradle和Maven提供构建插件以及基于JUnit 4的Runner，以便在平台上运行任意TestEngine。

- JUnit Jupiter包含了JUnit 5最新的编程模型和扩展机制，同时提供了TestEngine，用于在平台上运行基于Jupiter的测试。

- JUnit Vintage提供了TestEngine，用于在平台上运行基于JUnit 3和JUnit 4的测试，以确保向下兼容。

JUnit 5提供了丰富的注解，在编写测试用例时可以使用注解对方法进行标识，从而实现各种不同的效果。常用的注解如表5-1所示。

表5-1　JUnit 5常用注解

注　解	说　明
@Test	表明一个测试方法
@ParameterizedTest	表明参数化测试方法
@DisplayName	测试类或方法的显示名称
@TestFactory	用于动态测试的测试工厂类方法
@BeforeEach	表明在单个测试方法运行之前执行的方法
@AfterEach	表明在单个测试方法运行之后执行的方法
@BeforeAll	表明在所有测试方法运行之前执行的方法
@AfterAll	表明在所有测试方法运行之后执行的方法
@Disabled	禁用测试类或方法
@Tag	为测试类或方法添加标签
@RepeatedTest	表明重复测试
@TestTemplate	表明测试用例模板
@Nested	嵌套测试
@ExtendWith	注册自定义扩展

除了以上常用的注解外，JUnit 5还有应用于测试套件的注解，例如@IncludePackage(包名)、@RunWith(JUnitPlatform.class)、@ExcludePackages和@IncludeClassNamePatterns等，这些注解可以更好地管理测试用例。

此外，JUnit 5也提供了丰富的断言语句，用于对测试执行结果进行验证，如表5-2所示。

表5-2　JUnit5常用断言

断　言	说　明
assertEquals(expected, actual)	查看两个对象是否相等
assertNotEquals(first, second)	查看两个对象是否不相等
assertNull(object)	查看对象是否为空
assertNotNull(object)	查看对象是否不为空
assertSame(expected, actual)	查看两个对象的引用是否相等
assertNotSame(unexpected, actual)	查看两个对象的引用是否不相等
assertTrue(condition)	查看运行结果是否为True
assertFalse(condition)	查看运行结果是否为False

(续表)

断　言	说　明
assertArrayEquals(expecteds, actuals)	查看两个数组是否相等
assertThat(actual, matcher)	查看实际值是否满足指定的条件
fail()	强制使测试失败

接下来，我们将举例说明JUnit 5的参数化测试。参数的来源主要有@ValueSource、@NullSource、@EmptySource、@MethodSource、@CsvSource、@CsvFileSource、@EnumSource、@ArgumentsSource等。此外，参数也可以进行转换或聚合。

首先，可以通过Maven添加相关依赖项。

```
<dependency>
    <groupId>org.junit.jupiter</groupId>
    <artifactId>junit-jupiter-params</artifactId>
    <version>5.9.2</version>
    <scope>test</scope>
</dependency>
```

下面的代码以参数来源@CsvSource为例，其中@ParameterizedTest注解标识了参数化测试。@CsvSource注解将参数列表作为逗号分隔的值(即CSV字符串字面量)传递，每个CSV记录都会导致执行一次参数化测试。此外，还支持使用useHeadersInDisplayName属性跳过CSV表头。

```
import static org.junit.jupiter.api.Assertions.assertEquals;
import org.apache.commons.lang3.StringUtils;
import org.junit.jupiter.params.ParameterizedTest;
import org.junit.jupiter.params.provider.CsvSource;

public class CsvSourceTest {
    @ParameterizedTest
    @CsvSource({ "2, even", "3, odd"})
    void checkCsvSource(int number, String expected) {
        assertEquals(StringUtils.equals(expected, "even") ? 0 : 1, number % 2);
    }
}
```

最后，以IntelliJ IDEA为例，简要说明JUnit的使用过程。IntelliJ IDEA默认已经安装了JUnit。首先需要建立一个被测试的类，如图5-3所示。

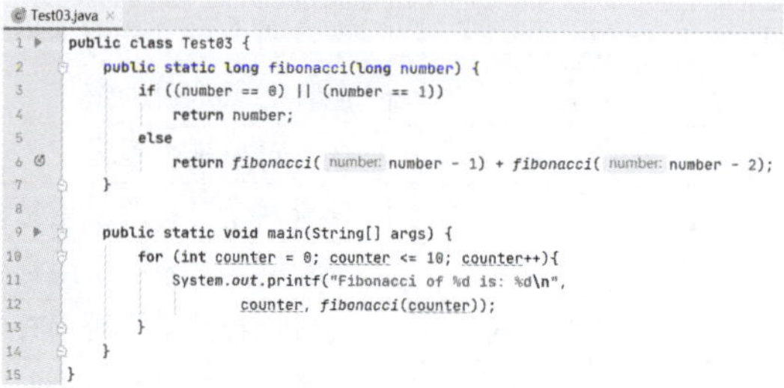

图5-3　建立被测试的类

接下来，右击被测试的类，在弹出的菜单中选择Generate | Test命令。在打开的Create Test对话框的Testing library下拉列表中选择JUnit5选项。根据需要，用户可以选中setUp/@Before、tearDown/@After等复选框，并在Member区域中选择需要的测试方法，如图5-4所示。

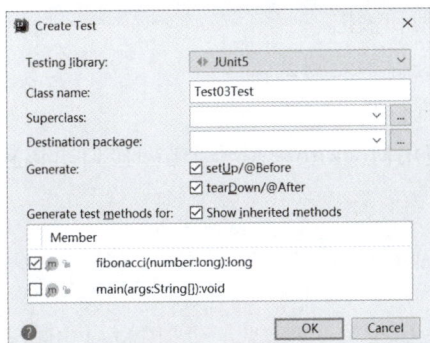

图5-4　创建测试

创建测试后，系统会自动生成一些代码。接下来，可以在@Test注解的fibonacci方法中增加测试代码。在本例中，调用Assertions中的assertEquals方法来判断期望结果和实际结果之间的差异。如果它们一致，测试将会通过，如图5-5所示。

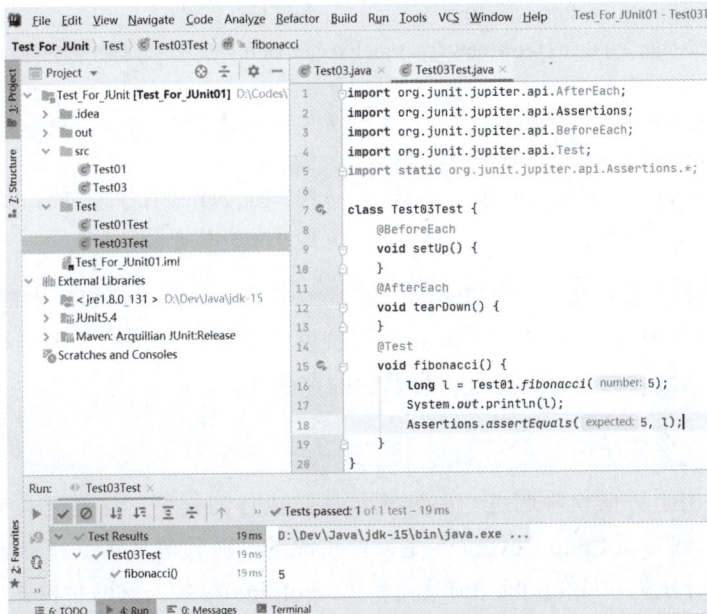

图5-5　编写并运行测试

除了基本的@Test注解，还有很多其他的注解，setUp和tearDown也有相应的运行机制(如上文所述)。此外，JUnit的实现源码中使用了许多经典的设计模式，例如适配器模式、命令模式、组合模式、观察者模式等，感兴趣的读者可以自行深入研究这些模式。

3. Mockito

Mockito是目前较为流行的Java语言Mock框架，提供了简单的API用于创建合适的Mock对象，从而帮助用户轻松编写测试来模拟被测试对象的依赖，例如类和接口。此外，Mockito的可读性较高，其生成的验证错误也非常明确。

使用Mockito进行测试时，首先需要在工程的pom.xml文件中添加Mockito和JUnit的依赖。使用Mockito进行测试的步骤如下。

(1) 使用Mockito生成Mock对象。

(2) 定义Mock对象的行为和输出。

(3) 调用Mock对象方法进行单元测试。

(4) 对Mock对象的行为进行验证。

以下示例展示了如何使用Mockito模拟一个List接口，该接口主要包含add()、get()、clear()等方法。

```
import static org.mockito.Mockito.*;

List mockedList = mock(List.class);                              // 创建Mock实例
exceptionmockedList.add("one");                                 // 调用add("one")行为
mockedList.clear(); // 调用clear()
verify(mockedList).add("one");                                  // 检验add("one")是否已被调用
verify(mockedList).clear();                                     // 检验clear()是否已被调用
LinkedList mockedList = mock(LinkedList.class);                 // 可以Mock具体的类型
when(mockedList.get(0)).thenReturn("first");                    // 测试桩
when(mockedList.get(1)).thenThrow(new RuntimeException());      // 抛出异常

System.out.println(mockedList.get(0));                          // 输出"first"
System.out.println(mockedList.get(1));                          // 抛出异常
System.out.println(mockedList.get(999));                        // 因为get(999) 没有打桩，因此输出null
verify(mockedList).get(0);                                      // 验证get(0)被调用的次数
```

Mock函数默认返回null、一个空集合，或者一个被对象类型包装的内置类型，例如0、False对应的对象类型为Integer、Boolean。测试桩函数可以被覆写，但是可能存在潜在问题。一旦测试桩函数被调用，该函数将会返回固定的值。

4. JaCoCo

覆盖率工具用于评估软件通过一系列测试后被执行的程度。这类工具被大量应用于单元测试中，JaCoCo(Java Code Coverage)是目前主流的开源代码覆盖率统计工具。JaCoCo有两种插桩模式，分别为在线(on the fly)模式和离线(offline)模式。这两种模式中on the fly模式在使用中更方便，因此通常使用该模式(需要注意其代理服务会对被测应用造成一定的性能损耗)。

on the fly模式的实现原理为通过java.lang.instrument包提供的接口编写JVM代理，在JVM加载字节码时动态修改内容，增加探针指令。offline模式的实现原理是在测试前先对文件进行插桩，然后生成插桩的class或jar包。测试插过桩的class和jar包后，会生成动态覆盖信息到文件中，最后统一对覆盖信息进行处理并生成报告。

JaCoCo可以嵌入到Ant和Maven中，并提供Eclipse插件，还可以使用JavaAgent技术监控Java程序。很多第三方的工具都提供了对JaCoCo的集成，如图5-6所示。

Product	Remarks
Arquillian	Java EE testing framework, JaCoCo extension
Azure DevOps	Cloud-powered collaboration tools by Microsoft, see documentation
Codacy	Platform to track code coverage and code quality, see documentation
Codecov	Web service to track code coverage, see example
Coveralls	Web service to track code coverage, see coveralls-maven-plugin
STAMP	EU research project with test generation tool for JUnit, see DSpot project page
Gradle	Build System with JaCoCo plug-in, see documentation
IntelliJ IDEA	Since version 11.1, see documentation
Jenkins	GSoC project of Shenyu Zheng, see project page
Jenkins	GSoC project of Ognjen Bubalo, see documentation
Jubula	Functional GUI testing tool
NetBeans	Since version 7.2, see documentation, plug-in for Ant based projects
sbt	Scala Build Tool, see JaCoCo plug-in
Shippable	Continuous integration and delivery platform, see documentation
SonarQube	Continuous inspection platform with JaCoCo support, see documentation
TeamCity	Continuous integration server with JaCoCo support since version 8.1, see documentation
Urban Code	Continuous delivery platform by IBM with JaCoCo plug-in

图5-6　第三方工具集成JaCoCo

以IntelliJ IDEA为例，可以通过在菜单中选择Run | Edit Configurations命令来访问相应的配置项。在打开的对话框中选择Code Coverage选项卡，在Choose coverage runner列表中选择JaCoCo选项，如图5-7所示。

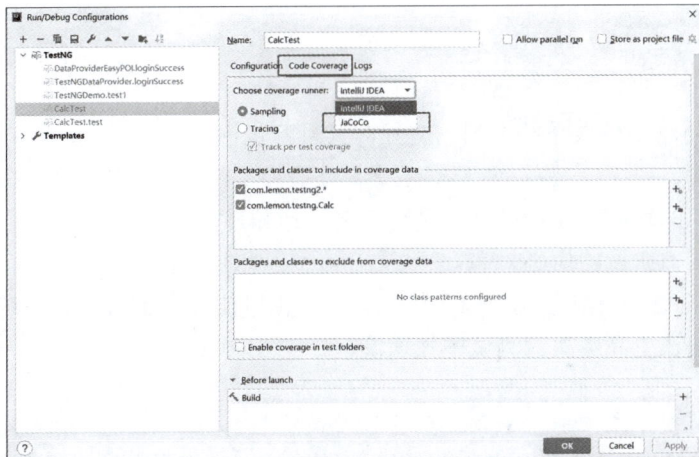

图5-7　设置JaCoCo

在运行带有覆盖率功能的配置后，代码覆盖率结果将显示在覆盖率工具窗口、项目工具窗口和编辑器中。代码覆盖率分析的结果将保存到IDE系统目录中的覆盖率文件夹中。项目的工具窗口会显示覆盖的类和目录行的百分比，以及覆盖的方法和类型的百分比，如图5-8所示。

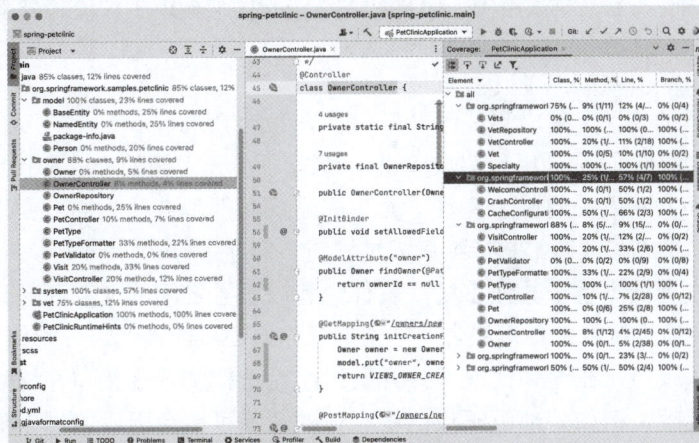

图5-8　覆盖率分析结果

5.2 集成测试

软件测试过程中，集成测试是单元测试之后的第二个层次。单元测试主要用于确认软件系统中的每一个模块都能单独工作，但当这些模块集成在一起的时，往往会出现接口问题。因此，需要进行集成测试，集成测试也被称为部件测试、组装测试、联合测试或子系统测试，主要用于测试组合在一起的软件单元能否正常工作，是单元测试和系统测试之间的过渡阶段。

5.2.1 集成测试概述

集成测试是在单元测试的基础上进行的，旨在验证将所有的软件单元按照概要设计规格说明的要求组装成模块、子系统或系统的过程中，各部分是否能够协同工作并达到或实现相应技术指标和要求。

1. 集成测试的目标

集成测试侧重于组件或系统之间的交互，其目标包括：
- 减少风险。
- 验证接口的功能和非功能行为是否符合设计和规定。
- 建立对接口质量的信心。
- 发现缺陷(这些缺陷可能存在于接口本身，也可能存在于组件或系统内部)。
- 防止缺陷在更高层次的测试中被遗漏。

2. 集成测试的对象

集成测试的对象是已经通过单元测试的软件单元，具体包括子系统、数据库、基础结构、接口、API、微服务等。

3. 集成测试的依据

在集成测试中，可以作为测试依据的典型工作产品主要有软件和系统设计文档、序列图、接口和通信协议规范、测试用例、组件和系统级别的架构、工作流和外部接口定义等。

4. 集成测试的级别

根据测试对象的规模，集成测试可以分为以下两个级别。
- 单元集成测试(也称为组件集成测试)，侧重于单元之间的交互和接口。在单元测试之后执行单元集成测试，并且单元集成测试通常是自动化的。在迭代和增量开发中，单元集成测试通常是持续集成过程的一部分。
- 系统集成测试侧重于验证系统、软件包和微服务之间的交互和接口。系统集成测试不仅涵盖系统内部各模块之间的协同工作，还可能涉及与外部组织(如Web 服务)的交互和接口。在这种情况下，开发组织无法控制外部接口，这可能会给测试带来各种挑战，例如外部组织代码中存在的缺陷可能会阻碍测试的进行，或者在搭建测试环境时遇到困难。系统集成测试可以在系统测试之前进行，也可以和系统测试活动并行开展。

5. 集成测试的实施人员

集成测试一般由开发人员和测试人员共同完成。单元集成测试通常由开发人员负责，而系统集成测试则通常由测试人员负责。理想情况下，开展系统集成测试的测试员应该理解系统架构，并能够影响到集成计划。

6. 集成测试典型的缺陷

在单元集成测试中，常见的缺陷如下。

- 数据不正确、数据丢失或数据编码错误。
- 接口调用的顺序或时序不正确。
- 接口不匹配。
- 单元间通信失效。
- 单元间未处理或处理不当的通信失效。
- 关于单元间传递的数据含义、数据单位或数据边界的假设不正确。

在系统集成测试中，常见的缺陷如下。

- 系统间的消息结构不一致。
- 数据不正确、数据丢失或数据编码不正确。
- 接口不匹配。
- 系统间的通信失效。
- 系统间未处理或处理不当的通信失效。
- 关于系统间传递的数据定义、数据单元或数据边界的假设不正确。
- 未遵守强制性安全规定。

5.2.2　集成测试的模式

集成测试模式是在对测试对象进行分析的基础上，描述软件模块集成测试的方式和方法。集成测试的模式有很多种，例如大爆炸集成、自顶向下集成、自底向上集成、三明治集成、基干集成、分层集成、高频集成、基于功能的集成、基于进度的集成、基于风险的集成、基于消息事件的集成等。

在选择集成测试模式时，需要根据具体的软件系统的特点来决定。集成测试模式可以分为以下两类。

- 非渐增式集成测试模式。首先分别对每一个模块进行单元测试，然后根据程序设计结构，将所有模块一次性集成在一起进行集成测试。例如大爆炸集成、大棒模式、一次性集成等。
- 渐增式集成测试模式。逐步将下一个要测试的模块与已经测试好的模块结合起来进行测试，采用逐步集成的方式将单元测试和集成测试相结合。这种模式允许被测模块逐步与已测试模块相结合进行测试。

非渐增式集成测试模式适合于较小的软件项目，因为它能够快速完成集成测试并且所需要的测试用例很少。然而，这种模式在发现缺陷的时候，容易出现定位和修复困难的问题。因此，对于中大型软件系统，一般不采用非渐增式集成测试模式。

1. 自顶向下的集成测试

自顶向下的集成测试按照软件模块在设计中的层次结构，从上到下逐步进行集成和测试。先从最上层的主控模块开始，再沿着软件的模块层次向下移动，逐步将软件所包含的模块集成在一起。这种测试模式又分为深度优先和广度优先两种集成策略。例如，在按照图5-9(1)所示的程序结构进行集成时，深度优先的模块集成顺序为A、B、D、C、E、F，如图5-9(2)所示，而广度优先的模块集成顺序为A、B、C、D、E、F，如图5-9(3)所示。

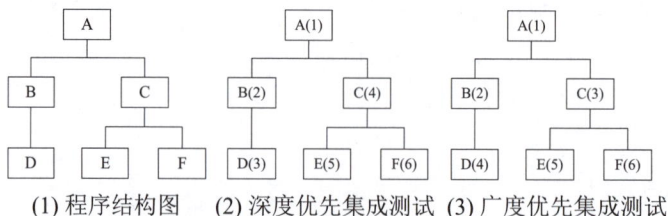

(1) 程序结构图　　(2) 深度优先集成测试　(3) 广度优先集成测试

图5-9　自顶向下的集成测试示例图

自顶向下集成测试过程的适用场景如下。

(1) 产品控制结构比较清晰和稳定。

(2) 高层接口变化较小。

(3) 底层接口未定义或经常可能被修改。

(4) 产品存在较大的技术风险，需要尽早被验证。

(5) 希望尽早看到产品的系统功能表现。

自顶向下集成测试的具体过程包括以下步骤。

(1) 首先完成对主控模块的测试，用桩模块代替主控模块调用下层模块。

(2) 根据深度优先或广度优先策略，每次用一个实际模块替换一个桩模块。如果新增模块具有下层调用模块，则用桩模块代替这些被调用模块。

(3) 每增加一个模块的同时都要进行测试。

(4) 进行必要的回归测试以保证增加的模块没有引起新的错误。

(5) 从步骤(2)开始重复进行，直到所有的模块都被集成到系统中。

自顶向下集成测试的优点如下。

- 较早验证主要的控制和判断点。
- 可以首先实现和验证完整的软件功能，增强项目组的信心。
- 主要开发桩程序，减少了测试驱动程序开发和维护的费用。
- 可以和开发设计工作一起并行执行集成测试，灵活适应目标环境。
- 便于故障隔离和错误定位。

自顶向下集成测试的缺点如下。

- 桩模块的开发和维护成本较高。
- 底层验证可能会被推迟。
- 底层组件测试可能不够充分。

2. 自底向上的集成测试

自底向上的集成测试从最底层的模块开始，按结构图自下而上逐步进行集成和测试。

由于下层模块的实际功能都已开发完成，因此在集成过程中无须开发桩模块，只需要开发相应的上层驱动模块即可。

在软件的程序结构中，经常会形成一些功能族，如图5-10(1)所示。功能族主要代表程序的子功能。在进行自底向上集成测试时，通常会根据功能族的划分对模块逐步进行集成，形成不同粒度的功能族并进行测试。随后，通过合并已测试的功能族，逐渐扩大功能族的粒度，以反映系统的主要功能。自底向上集成测试过程如图5-10(2)所示。

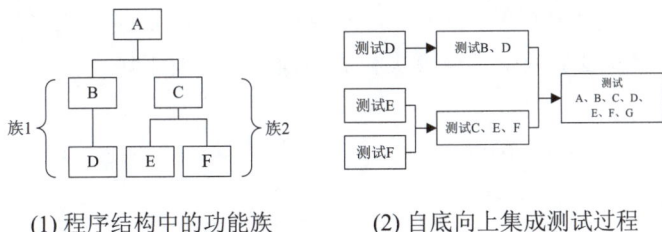

(1) 程序结构中的功能族　　　　(2) 自底向上集成测试过程

图5-10　自底向上的集成测试示例

自底向上集成测试过程的适用场景如下。

(1) 底层接口相对稳定。

(2) 高层接口变化比较频繁。

(3) 底层组件较早完成。

自底向上集成测试过程包括以下步骤。

(1) 将低层模块组合成实现特定软件子功能的功能族。

(2) 编写驱动程序，以调用已组合的模块，并协调测试数据的输入与输出。

(3) 对组合模块构成的子功能族进行测试。

(4) 去掉驱动程序，沿着软件结构自下而上移动，将已测试过的子功能族组合在一起，形成更大粒度的子功能族。

(5) 从步骤(2)开始重复进行，直到所有的模块都集成到系统中。

自底向上集成测试的优点如下。

○　对底层组件行为较早验证。

○　工作最初可以并行集成，效率高于自顶向下集成测试。

○　减少了桩模块的工作量。

○　有助于准确定位软件故障。

自底向上集成测试的缺点如下。

○　直到最后一个模块集成后，才能看到整个系统的框架。

○　只有在测试过程的后期才能发现时序问题和资源竞争问题。

○　驱动模块的设计工作量较大。

○　不易及时发现高层模块设计上的错误。

3. 三明治集成测试

三明治集成测试又称为混合集成测试，它将自顶向下和自底向上两种方法的优点综合在一起，并尽可能克服了这两种方法的缺点。在测试活动的实施过程中，对上层模块采用自顶向下的集成测试，而对于下层模块则采用自底向上的集成测试。

三明治集成测试的具体步骤如下。

(1) 确定软件结构的某一层为中间层。

(2) 以中间层作为分界，上层模块采用自顶向下的集成测试。

(3) 对中间层及其下层模块采用自底向上的集成测试。将中间层模块与相应的下层模块进行集成。

(4) 对集成后的系统进行整体测试。

三明治集成测试的示例如图5-11所示，底层E、F、G和上层模块A分别向中间层进行集成测试，从而在一定程度上减少了桩模块和驱动模块的开发工作。

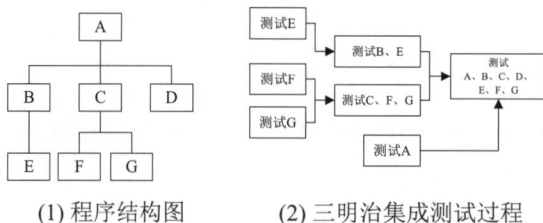

(1) 程序结构图　　　(2) 三明治集成测试过程

图5-11　三明治集成测试示例

三明治集成测试也存在一些问题，主要是在集成过程中可能有某些模块未进行完整的单元测试。因此，可以对三明治集成测试模式进行改进，以确保每个模块都进行完整的单元测试，如图5-12所示。

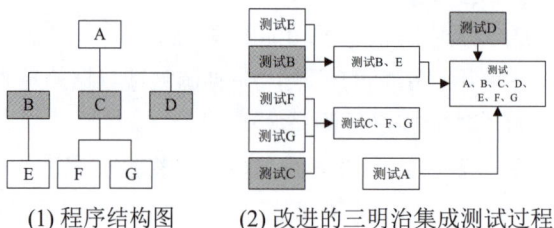

(1) 程序结构图　　　(2) 改进的三明治集成测试过程

图5-12　改进的三明治集成测试示例

改进的三明治集成测试的优点如下。

○　能够对中间层尽早进行比较充分的测试。

○　测试并行度较高。

然而，改进的三明治集成测试也存在一些缺点。如果中间层选择不当，可能会导致驱动模块和桩模块的设计工作量增加。

5.2.3　微服务架构的集成测试

微服务架构(Microservice Architecture)是一种架构概念，旨在通过将功能分解到多个离散的服务，以实现解决方案的解耦。这种架构将一个大型的单个应用程序和服务拆分为数个微服务，使得可以扩展单个组件而不是整个应用程序堆栈，从而更好地满足服务等级协议。

微服务的集成测试主要验证服务是否可以与基础设施服务或其他应用程序服务进行正常的交互。一般需要验证微服务结构中的两个部分：一是微服务对外通信的模块和外部组件之间的正常通信；二是微服务的数据访问模块和外部数据库的交互。集成测试还需要确保微服务所使用的数据结构与数据源一致。

一般情况下，微服务和外部服务的集成测试步骤如下。

(1) 准备测试环境和核心数据。

(2) 启动被测微服务和外部服务的实例。

(3) 调用被测微服务，执行测试用例，并通过外部服务提供的API读取响应数据。

(4) 检查被测微服务是否能正确解析并返回结果。

(5) 执行所有测试用例，停止被测微服务。

(6) 生成测试报告。

5.2.4 持续集成与测试

持续集成(Continuous Integration，CI)是一种软件开发实践，最早在1996年被列为极限编程的核心实践之一。2006年，Martin Fowler提出了比较完善的方法与实践，并给出了以下说明：持续集成是一种软件开发实践，倡导开发团队的成员定期将他们的工作进行集成，通常每位成员每天至少集成一次。因此，对于整个软件项目而言，每天都会有许多各种各样的集成。每次集成都需要通过自动化的构建与测试来进行验证，从而尽可能快速地发现集成错误。

如图5-13所示，持续集成与测试的整个过程通常包括以下步骤。

(1) 整合项目开发的代码和文档。

(2) 开发者向代码仓库提交代码到版本控制系统(例如Git或SVN)。

(3) 进行第一轮测试，代码仓库对commit操作配置了hook，每当提交代码或合并进主干时，就会进行自动化测试，代码需要经过质量评审。

(4) 通过第一轮测试，代码可以合并进主干，就算可以交付了。交付后，首先进行构建，然后进入第二轮测试。构建是指将源码转换为可以运行的实际代码，这包括安装依赖、配置各种资源等。

(5) 反复迭代以上过程。

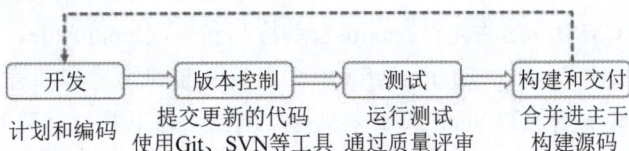

图5-13 持续集成与测试的基本过程

由于需要长期、高频率地完成集成测试，因此持续集成测试工作需要通过测试工具自动执行，例如持续集成测试工具Jenkins。CI服务器会不断查询版本控制库的变更，如果发现变更就会检出变更代码并执行构建脚本。CI服务器一般每天都会对源程序版本控制服务器上的最新代码进行一次集成测试，这个过程可以设定在每天晚上自动执行，然后将测试结果发送到开发人员的电子邮箱中。这样，开发人员第二天早上上班时就能看到最新的测试结果，并根据测试结果及时修复发现的程序错误。

持续集成与测试的优点如下。

○ 能够以最快的速度及时发现新开发代码中的问题，并尽早解决，从而避免程序问题的大量积累。因此，能够保证以较快的速度发布高质量的软件。

○ 集成测试过程自动完成，无须过多的人工干预，能够有效减少重复测试过程，从而节省时间和费用。

○ 支持复杂系统的快速迭代开发。

○ 能够尽早看到系统级的开发成果，从而增强开发团队的信心。

○ 支持在任何时间、任何地点生成可部署的软件。

○ 提高对开发进度的控制能力。及时的问题反馈使得项目负责人能够更准确地了解实际项目进度，使整个项目开发进度更有保障。

Jenkins是目前较为流行的开源持续集成工具，广泛用于项目开发，具有自动化构建、测试和部署等功能。Jenkins的主要特征如下。

○ 开源工具。基于Java语言开发，支持持续集成和持续部署。

○ 易于安装部署配置。可以通过yum安装、下载war包或通过docker容器快速实现安装部署，可通过Web界面配置管理。

○ 消息通知及测试报告。集成RSS和电子邮件功能，可以通过RSS发布构建结果，或在构建完成时通过电子邮件通知相关人员，同时生成JUnit和TestNG测试报告。

○ 分布式构建。支持多台计算机同时构建和测试。

○ 文件识别。Jenkins能够跟踪每次构建生成的jar文件，并记录所使用的jar版本。

○ 丰富的插件支持。支持扩展插件，用户可以开发适合自己团队的工具，如Git、SVN、Maven和Docker等。

创建Jenkins多分支管道通常按照以下步骤进行操作。

(1) 创建一个新的项目。在Jenkins界面上，选择"新建项目"，然后选择"多分支管道"。

(2) 配置分支策略。在"分支源"选项卡中选择要使用的SCM工具(例如Git或SVN)。接着，为分支源设置策略。可以选择使用GitHub organization选项，以允许Jenkins检测组织中所有存储库的拉取请求。设置完成后，单击"保存"按钮。

(3) 配置Jenkinsfile。Jenkinsfile是一个用于定义Jenkins管道的文本文件。在多分支管道中，每一个分支都必须有一个Jenkinsfile。在Jenkins界面上，选择Pipeline script from SCM并将Jenkinsfile存储在SCM中。这将允许Jenkins自动检测和拉取Jenkinsfile。

(4) 配置构建和部署步骤。在Jenkinsfile中，定义所需的构建和部署步骤。每个步骤都可以使用常规的 Jenkins 插件和 Shell 脚本来执行。例如，以下是一个简单的 Jenkinsfile，定义了一个基本的构建和部署流程。

```
pipeline {
    agent any
    stages {
        stage('Build') {
            steps {
                echo 'Building...'
                sh 'mvn clean install'
            }
        }
        stage('Deploy') {
            steps {
```

```
                echo 'Deploying...'
                sh 'scp target/myapp-1.0.jar user@myserver:/opt/myapp'
            }
        }
    }
}
```

(5) 运行管道。在多分支管道中，Jenkins将拉取所有分支和拉取请求，并根据配置的管道执行构建和部署任务。每个分支的构建和部署步骤将分别显示在Jenkins管理界面的独立标签页中。

5.3 思考题

1. 什么是单元测试？

2. 常见的软件单元有哪些？

3. 为什么单元测试非常重要？

4. 单元测试的主要任务有哪些？

5. 单元测试的对象为什么不能是一组函数或多个程序的组合？

6. 单元测试为什么采用白盒测试技术并且一般由开发人员完成？

7. 什么是驱动模块和桩模块？

8. 什么是集成测试？请用图示的方法说明自顶向下渐增式集成测试的方法。

9. 简述自顶向下和自底向上集成测试的优缺点。

10. 在集成测试策略中，渐增式与非渐增式集成策略各有什么优缺点？为什么通常采用渐增式集成策略？

11. 简述三明治集成测试的优缺点。

12. 什么是持续集成测试？

13. 请描述以下单元测试代码中代码1到代码6的功能，并简要实现testMultiple方法。

```java
public class Math {
    public static int divide(int x,int y) {
        return x/y;
    }
    public static int multiple(int x,int y) {
        return x*y;
    }
}

import static org.junit.Assert.*;
import java.util.Arrays;
import java.util.Collection;
import org.junit.AfterClass;
```

```java
import org.junit.BeforeClass;
import org.junit.Ignore;
import org.junit.Test;
import org.junit.runner.RunWith;
import org.junit.runners.Parameterized;
import org.junit.runners.Parameterized.Parameters;
@RunWith(Parameterized.class)// 代码1
public class MathTest {
    int faciend, multiplicator, result;

    public MathTest(int faciend, int multiplicator, int result) {
        this.faciend = faciend;
        this.multiplicator = multiplicator;
        this.result = result;
    }

    @BeforeClass// 代码2
    public static void setUpBeforeClass() throws Exception {}

    @AfterClass// 代码3
    public static void tearDownAfterClass() throws Exception {
    }

    @Test(expected=ArithmeticException.class)// 代码4
    public void testDivide() {
        assertEquals(3,Math.divide(9,3));// 代码5
        assertEquals(3,Math.divide(10,3));
        Math.divide(10,0);
    }

    @Test
    public void testMultiple() {
    // 实现方法
    }

    @Parameters// 代码6
    public static Collection multipleValues() {
        return Arrays.asList(new Object[][] {
            {3, 2, 6 },
            {4, 3, 12 },
            {21, 5, 105 },
            {11, 22, 242 },
            {8, 9, 72 }});
    }
}
```

第 6 章

系统测试（一）

　　本章将主要介绍系统测试的第一部分，主要包括功能测试、性能测试和安全性测试等方面。测试活动开始时，首先需要对功能进行验证与确认，因此功能测试是所有测试活动中最重要的一部分。功能测试主要包括功能的完备性、正确性、适合性和依从性等多个方面。性能测试通常通过自动化测试工具模拟多种正常、峰值和异常负载条件，以评估系统的各项性能指标，其主要包含负载测试、压力测试和容量测试等。软件安全性测试的目的是确定软件的安全特性是否与预期设计一致。软件安全性测试是在软件的生命周期内采取的一系列措施，旨在防止违反安全策略的异常情况，并识别在软件的设计、开发、部署、升级以及维护过程中可能存在的潜在系统漏洞。

　　本章的学习目标：
- 理解功能测试的定义和目的
- 掌握功能测试的主要内容
- 理解性能测试的分类
- 掌握性能测试的指标
- 熟悉性能测试的流程
- 掌握负载测试的主要内容
- 掌握压力测试的主要内容
- 掌握容量测试的主要内容
- 掌握常用的性能测试工具
- 理解安全性测试的原则
- 理解安全性测试的评估方法
- 掌握安全性测试的具体实施方法

6.1 功能测试

在软件开发的过程中，功能测试和非功能测试是两个重要环节。功能测试是指对软件的各项功能进行验证和确认，重点关注软件是否按照需求规格说明书的要求实现，以及是否满足用户的功能需求。而非功能测试则侧重于对软件的性能、可靠性、安全性等方面进行测试。

6.1.1 功能测试与非功能测试

功能测试是根据软件需求规格说明书，对软件系统是否满足用户在各方面功能上的使用要求进行检验，以确保软件按照用户期望的方式运行。非功能测试是相对于功能测试而言的，是针对软件非功能属性进行的测试活动。通俗来讲，功能测试面对的是软件"能不能用和够不够用"的问题，而非功能测试则面对的是软件"好不好用"的问题。

在软件的需求描述中，功能需求与非功能需求存在以下明显的不同之处。

- 功能需求通常比较明显和具体，容易捕捉和描述；非功能需求通常比较抽象，主观成分较多。例如，性能的概念就比较抽象，不同的人会有不同的理解。
- 功能需求大多数具有局部特点，通常采用用例或场景的方式描述；非功能需求通常具有全局意义，例如性能一般是针对整个系统而言。
- 软件系统通常需要考虑多个非功能需求，例如性能、可靠性和安全性等，这些非功能需求之间往往存在制约和依赖关系。
- 功能需求有很多规范甚至形式化的描述方法，能够消除歧义性；非功能需求往往采用自然语言的描述方式，具有很大的随意性，缺乏精确性和完整性，这为需求理解、设计和开发带来了很大的困难。

非功能测试经常需要定量化的测试指标，类似"具有及时的响应时间"这样的描述是不可度量的。应当使用SMART标准来设计非功能测试目标，也就是用具体的(Specific)、可度量的(Measurable)、可实现的(Achievable)、相关的(Relevant)、有时限的(Time-bound)测试指标来指导测试。例如，可以设定"操作的响应时间小于30毫秒，系统支持不超过一千个并发用户"。这些测试指标应通过分析软件可能存在的性能问题及其对用户使用体验的影响来定义，并在分析和设计阶段就定义好这些场景，以提供定量化的测试指标。

需要注意的是，对于什么是软件的非功能属性至今都缺乏一致的定义。在一些文献中会使用质量需求、质量属性、约束等相似的术语来指代非功能属性。为了便于理解，以下给出两个经典的非功能属性定义。

(1) N.S. Rosa认为软件的功能需求定义了软件期望实现的目标，而非功能需求则指定了关于软件如何运行和功能如何展示的全局限制。

(2) X. Franch认为软件的非功能属性是一种描述和评价软件的方式。

具体而言，非功能属性通常包括以下内容：性能、可靠性、可用性、安全性、可重用性、可维护性、可修改性、可移植性、灵活性、可扩展性和适应性等。这些概念往往较为模糊，缺乏统一的定义，并且很多非功能属性的含义比较接近。因此，在进行非功能测试前，需要根据具体软件的特点，在项目人员达成共识的基础上，明确这些属性的定义和区分。

然而，软件的非功能属性和功能属性之间可以严格区分吗？J.E. Burge等人经过探讨后认为，两者有时很难区分，并指出非功能需求是对功能需求的补充，需要充分考虑对功能需求的影响。这种功能与非功能属性在一定程度上的模糊性使得一些测试项目在分类上说法不一。例如，兼容性测试和安装测试有些人认为属于功能测试，而有些人认为属于非功能测试。此外，在实际测试时，有些功能测试和非功能测试往往是结合在一起进行的。例如，常见的用户界面测试就结合了与软件操作有关的功能测试和软件可用性、灵活性等方面的非功能测试。因此，在实际工作中，最重要的是根据用户需求定义具体的测试内容和测试指标，以确保软件的整体质量，而不必过于纠结于测试项目的功能与非功能分类。

如果从软件测试的流程来进行划分，测试过程可以分为单元测试、集成测试、系统测试和验收测试。GB/T 25000.51-2016标准涵盖软件产品的八大特性：功能性、性能效率、兼容性、易用性、可靠性、信息安全性、维护性、可移植性，这些特性构成了软件产品测评的主要依据和标准。ISO/IEC 25010:2011标准中所表述的软件质量特性模型也类似包含了八个特性。在国际和国家标准中，可以将质量特性分为功能和非功能两大类，而在一些文献中，也将系统测试分为功能测试和非功能测试，其中性能效率、兼容性、易用性、可靠性、安全性、维护性和可移植性等七种测试可以归为非功能测试。

在一些文献中，将功能测试作为全阶段的测试内容，在不同测试阶段的目的有所不同。单元测试中的功能测试主要验证每个独立模块功能的正确性，主要通过判断模块在不同输入下的输出结果是否正确，以检查模块功能是否完全满足需求和设计结果；集成测试中的功能测试主要是为了保证集成后的大粒度软件功能仍然能够正常工作；系统测试中的功能测试主要是为了测试软件在其软硬件应用环境中是否能够正常运行，同时检验被测软件与外围支撑软件以及外部硬件设备的交互是否正确；验收测试中的功能测试是以用户的角度测试软件系统的各项功能是否满足用户需求，这是一种基于用户业务的测试，重点关注软件具体使用功能的有效性。

6.1.2　功能测试的内容

功能测试旨在验证软件系统是否满足用户的功能需求。完整的功能测试实际上主要是在系统测试和验收测试时完成的。这是因为系统测试和验收测试主要以软件需求规格说明书作为测试依据，关注的是软件业务级功能需求，而不是设计级的细节技术需求。用户一般不会关心具体的技术实现细节。此外，系统测试和验收测试阶段的软件系统已经集成了外围的软硬件，测试数据和测试环境与用户真实的业务数据和使用环境非常接近，因此有利于展开全面的功能测试。

根据GB/T 25000.10-2016《系统与软件工程 系统与软件质量要求和评价(SQuaRE)第10部分：系统与软件质量模型》国家标准，功能性测试主要从功能完备性、功能正确性、功能适合性和功能性依从性等方面进行评估，其中业务流程测试被纳入功能适合性之中。

1. 功能完备性

功能完备性主要验证功能集对指定任务和用户目标的覆盖程度。特定的任务和用户目标可以从需求文档(如计划任务书、功能清单等)中获取，而功能集则可以从产品说明(用户手册等)中获取。将系统应实现的功能(如功能清单)与实际测试中执行的测试用例进行对应，可以形成功能对照表。通过对比需求文档中应实现的功能和系统实际提供的功能，可以确定系统对特定功能的实现程度。

2. 功能正确性

功能正确性主要验证产品或系统提供具有所需精度的正确结果的程度。错误功能是指没有提供达到具体预期目标的合理且可接受的结果。用于评估的功能可能是系统或软件的所有功能，或是一组特定阶段所需要的特定功能集。开发者或维护者可以通过审查或测试单个的功能，从而决定功能是否能够为需求规格说明书中定义的特定目标提供正确的结果。在这种情况下，每个功能决定其正确性的程度。给出如何进行测试，给出明确的用例设计方法，特别是测试数据的设计，应采用边界值、等价类方法进行设计。在完成测试用例设计之后，通过评审后可以进行测试执行。在测试执行之前，应对测试环境进行确认，并在必要时对测试用例进行冒烟测试，以确保系统或软件的可用性。

3. 功能适合性

功能适合性主要验证功能促使指定的任务和目标实现的程度。在用例设计中，应明确所采用的方法，特别是测试步骤和测试数据所使用的方法，例如边界值和等价类，这些方法应结合测试的实际情况进行。针对每个功能需要设计一组或多组测试用例集，每个测试用例集中应包含多个测试用例，其中不仅包含一个正面测试用例，还应包括一个负面测试用例。在实际测试设计中，正面和负面的测试用例应满足客户的测试需求。给出如何进行测试，给出明确的用例设计方法，主要采用场景法、路径法等方法进行设计，梳理出每个业务流程在系统中对应的操作步骤，形成业务流程的测试用例。

4. 功能依从性

功能依从性主要用于验证产品或系统在多大程度上遵循与功能性相关的标准、约定、法规以及其他类似规定。在用例设计中，应明确所采用的方法，特别是在测试步骤和测试数据的设计上。首先，应查看需求文档和产品说明中是否声明该产品或系统遵循与功能性相关的标准、约定、法规以及类似规定。如果存在相关声明，则根据其声明编制对应的测试用例，执行所有测试用例，并收集和分析测试结果。如果没有相关声明，则该指标不适用(N/A)。在完成测试用例设计之后，必要时应对测试用例进行冒烟测试。

不同软件系统的功能千差万别，因此功能测试的具体实施也会存在较大差异。总体而言，功能测试的内容可以分为用户界面(User Interface，UI)、数据、操作、逻辑和接口等几个方面的测试内容。

(1) 用户界面。测试软件界面是否规范、合理，用户与软件通过界面交互是否方便。以传统的DOS系统用户界面和Windows图形用户界面的差异为例，我们可以认识到软件界面对于软件使用功能的重要性。如今，智能手机和平板电脑普遍支持多点触控功能，这已成为我们生活中的常态。随着技术的发展，声控、手势控制、生物信号控制等新方式更加丰富了用户界面的内涵。用户界面功能已经成为软件功能组成中不可缺少的重要部分。最基本的软件界面要求布局合理、美观清晰、菜单和按钮操作正常，并在软件操作过程中有相应的提示信息。

(2) 数据。软件系统从广义上讲就是数据输入、处理和输出的系统。因此，与数据有关的测试是功能测试的重要内容，主要包括以下几个方面。

○　能够正确接收数据输入，并对异常数据输入进行提示或进行容错处理。

○　数据的输出结果正确，并符合用户的业务规范要求(如报表格式)或使用习惯。

○　能够提供合适的数据存储功能，尤其是数据备份功能，以保证数据的安全性。

○　数据处理符合规定的业务流程规范。

○　软件升级后仍然能够支持旧版本的数据。

(3) 操作。程序的安装、启动以及卸载过程应正常，并能够支持各种主流的应用环境。各项功能的操作符合用户的要求与习惯，并能够处理一些异常操作。在操作过程中，系统能够给出必要的提示或警示，同时对一些操作能够提供回退或撤销功能。此外，系统能够根据操作权限或操作条件，仅提供必要的操作功能。这些有关操作的测试内容都是保证用户能够正常使用软件所必需的。

(4) 逻辑。功能逻辑清晰并且符合用户的使用习惯，用户能够按照合理的流程选择功能并使用软件。系统应提供必要的向导，以帮助用户完成多步骤的软件操作。此外，软件系统的状态能够根据业务流程和用户的使用情况而变化，例如在系统空闲时运行后台程序，或在用户长时间无操作时自动进入节电模式。

(5) 接口。软件应能够通过接口配合使用多种常见的外部设备(如打印机)，并以标准的方式向外部应用系统提供接口(如Web Service接口)。此外，软件还应支持通过规定的接口调用第三方软件功能。同时，需要检查软件系统是否允许自定义接口配置，以及接口是否具有良好的兼容性和可扩展性。

6.2　性能测试

性能测试就是测试软件的性能质量，它是一种非功能性测试。软件性能测试的主要目的是验证系统是否达到用户提出的性能指标，同时发现系统中存在的性能瓶颈，以便进行优化。具体来说，性能测试可以评估软件系统的响应时间、吞吐量、并发性能等关键性能指标，从而帮助提升用户体验。

6.2.1　性能测试的分类

性能测试一般可以分为常规性能测试、负载测试、压力测试和容量测试，此外还包括稳定性测试、可恢复性测试和基准测试等。其中，负载测试是性能测试的一种基本技术和方法，被广泛应用于常规性能测试、压力测试和容量测试。

1. 常规性能测试

常规性能测试是在系统正常条件下进行的测试，旨在检测软件正常使用时是否满足用户的性能需求。也就是说，常规性能测试是让软件系统在正常的软硬件环境下运行，不向其施加任何压力的性能测试。有时，为了使系统保留一定的性能余地，可以进行一些略超出正常条件范围的测试。

所谓"正常条件"一般指软件系统的合理配置。软件产品往往有最低配置和推荐配置两项指标，例如CPU、内存和硬盘的配置。低于最低配置的软件无法正常运行，而符合或高于推荐配置的软件性能表现会很好。常规性能测试可以在推荐配置下运行软件。对于单机版软件，可以检查CPU和内存使用率等指标，这些指标可以通过任务管理器查看；对于网络版软件，可以通过单用户操作测试主要事务的响应时间和服务器资源的消耗情况。通过常规性能测试，可以确保在基本条件下软件系统的性能满足预期要求。

2. 负载测试

负载测试是通过模拟软件系统的负载条件，不断增加系统负载大小和改变系统负载加载方式，直到超过预期性能指标或者部分资源达到饱和状态。其目的是通过观察系统响应时间、数据吞吐量和资源占用率等指标，检验与负载有关的系统行为和性能特性，发现可能存在的问题。

3. 压力测试

压力测试也称为强度测试，可以分为稳定性压力测试和破坏性压力测试两种类型。

- 稳定性压力测试是一种疲劳测试，旨在对软件系统施加高负载，使系统的CPU、内存等资源达到一定的利用饱和度，然后长时间地连续运行，以检验系统是否会出现错误。这种测试通常用于评估系统的稳定性。
- 破坏性压力测试是指通过不断地向被测系统施加压力，直到使系统崩溃为止。其目的是发现系统能够承受的最大负荷，检验软件系统在用户使用高峰时的表现，以及评估系统是否具备良好的容错性和可恢复性。

4. 容量测试

容量测试是指通过特定的方法检测系统能够承载的最大处理任务的极限值，例如系统能够处理的最大并发用户数和最大数据库记录数等。通过容量测试可以确认系统处理大数据量的能力，确保在计算资源达到满负荷的情况下，系统功能和性能仍然能够满足要求。此外，容量测试还能验证系统在给定时间内能够持续处理的最大负载和任务量。

5. 稳定性测试

稳定性测试也称为可靠性测试，是指让系统在一定的环境和负载条件下持续运行一定的时间，以观察其是否达到预期的稳定性。IEEE将可靠性测试定义为："系统在特定的环境下和规定的时间内无故障运行的概率"。因此，在测试前必须给出明确的系统稳定性指标，常见的指标包括MTTF(平均故障间隔时间)、MTBF(平均故障恢复时间)和MTTR(平均修复时间)等。稳定性和可靠性是软件系统的固有属性，与软件包含的缺陷密切相关。任何软件系统都不可能达到完全的正确性。软件的可靠性无法精确度量，一般都是通过软件测试的方法进行评估。同时，通过稳定性或可靠性测试，还可以给出软件测试工作何时可以结束的一些依据。关于可靠性测试的详细内容本书将在第7章深入探讨。

6. 可恢复性测试

可恢复性测试旨在评估软件系统在发生异常错误或灾难性事件后的恢复能力，例如部分软件或硬件损坏、系统断电、系统崩溃等。这是一种针对系统容错能力的测试方法。可恢复性测试一般通过各种人为的方法使系统软硬件出现故障，然后检测其能否通过自动恢复或人工恢复的方法，在规定的时间内恢复正常运行。

可恢复性测试一般关注的是恢复系统所需要的时间和能够恢复的程度。容错性良好的系统应当能够快速从错误状态恢复到正常状态，确保错误的最终影响不至于对全局系统的运行产生恶劣影响，尤其是关键业务数据必须能够得到有效恢复。配置硬件备份系统是一种常见的提高系统可恢复性的方法。例如，可以通过使用两台服务器实现双机热备，当一台服务器出现故障时，可以由另一台服务器承担服务任务，从而在不需要人工干预的情况下，自动保证系统能够持续提供服务。此外，在配有负载均衡的系统中，当负载压力使得主机已无法正常工作时，备份机能够快速地接管多余的负载。对于系统自我完成的自动恢复，需要验证重新初始化、检查点、数据恢复和重新启动等机制的有效性；对于需要人工干预的系统恢复方式，还需要评估系统的平均修复时间，以确保其在规定的时间范围内完成恢复。

可恢复性测试一般包括以下测试内容：

- 硬件故障。测试发生硬件故障后系统是否具备有效的保护和恢复能力，例如是否具有冗余备份和自动服务切换能力。此外，还需评估测试系统是否具有合理的故障诊断方法、及时的故障处理方法，以及详细的故障记录与报告方法等相关能力。
- 软件故障。测试系统的程序和数据是否有可靠的备份措施，在故障发生之后能否正常恢复，使系统继续运行。此外，还需要测试软件发生故障时系统是否能够提供提示信息并指示处理方法，是否具有自动隔离局部故障的能力，以及对局部故障进行在线修复的能力。
- 数据故障。主要测试数据在处理中途出现问题时(例如系统掉电、数据交换或数据同步出现故障)，系统能否恢复运行，以及能够恢复的程度。如果数据故障与数据库相关，需要查证数据库一致性约束机制和数据处理的事务机制是否发挥作用，相关数据是否恢复到原来的状态。
- 通信故障。当出现网络传输等通信故障时，系统能否对错误进行纠正，并恢复到故障前的运行状态。例如，是否具备数据断点续传功能。此外，还需评估通信故障处理措施的合理性。

从以上内容可以看出，备份测试是恢复性测试的重要组成部分或重要补充。在实际工作中，技术人员恢复系统时最关心的往往是能否完好无损地恢复业务数据。因此，备份测试可以从以下几个方面进行评估。

- 文件和数据的存储以及备份机制与功能是否健全。
- 系统备份工作的步骤是否合理且完善。
- 手工备份和自动化备份的有效性，包括对自动化备份"触发器"的检测。
- 备份日志是否准确且详细。

○ 备份过程的安全性。

○ 备份过程对系统性能的影响程度。

7. 基准测试

基准测试是在标准配置的软硬件以及网络环境下，模拟一定数量的虚拟用户完成一种或多种业务测试，并将测试结果作为基线数据。在系统优化或系统评测的过程中，通过运行相同的业务并与基准测试结果进行比较，可以有效评估系统优化的效果以及是否达到优化目标。在对第一版软件进行性能测试时，对于很多具体的性能指标还不是很清楚，此时的性能测试记录可以作为基准测试数据，为后续版本改进性能提供参考。

每个版本在发布前都必须进行基准测试，在系统配置、环境等因素发生重大变更之前与之后，都应进行基准测试。其目的是创建性能基准，以便于判断任意一项变更对系统性能带来的具体影响，让一般性能测试数据更有实质参考意义。例如，通过比较测试结果，可以确定优化某项配置后能够提升系统的哪方面性能，以及提升的幅度；还可以分析系统某一方面历史数据的增长与性能响应的关系变化趋势，以及系统环境的变化对系统性能的影响。

6.2.2 性能测试的指标

在性能测试中，经常会用到一些性能指标和术语，这些指标主要分为两大类：资源指标和系统指标。图6-1展示了其中的一些主要指标。

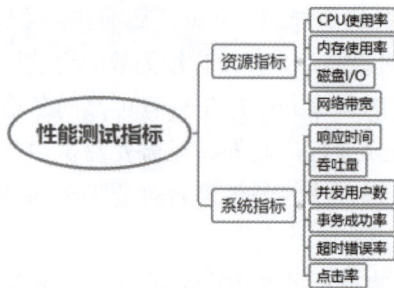

图6-1 性能测试指标

1. 资源指标

1) CPU使用率

CPU使用率指的是用户进程与系统进程所消耗的CPU百分比。在长时间运行的情况下，一般可接受的上限不应超过85%。

2) 内存利用率

内存利用率=(1-空闲内存/总内存大小)×100%。一般情况下，系统应至少保留10%的可用内存，而内存使用率可接受上限一般为85%。

3) 磁盘I/O

磁盘I/O的数据传输速率和I/O读写的响应时间都会对软件运行效率产生影响。通常使用磁盘读写操作所占用的时间百分比来评估磁盘I/O性能。为了提高软件的运行效率，可以通过缓存技术将频繁访问的文件或数据存放在内存中。

4) 网络带宽

网络宽带通常使用Bytes Total/Sec(每秒总字节数)来度量网络宽带，主要用于判断网络连接速度是否成为瓶颈。通过比较该计数器的值与当前网络的带宽，可以评估网络性能。

2. 系统指标

1) 响应时间

响应时间是系统对用户操作的反馈时间，即从客户端提交访问请求到客户端接收到服务器响应所消耗的时间。响应时间由客户端数据处理和发送时间、网络传输时间、服务器处理时间、服务器端发送数据时间、客户端接收数据和显示时间构成。简单来说，响应时间等于应用程序处理时间加上网络传输时间。

如果通过监测发现响应时间突然增加，通常意味着系统的一种或多种资源的占用率已经达到极限。获得一项操作的响应时间，需要测试和记录多次响应时间的数值，然后计算平均响应时间。通常，我们不直接计算平均值，而是要去掉极不稳定的数值之后再取均值。例如，常用的"90%响应时间"指的就是去除10%不稳定的响应时间之后，剩余90%稳定的响应时间的平均值。

对于产品类软件，因为无法控制用户硬件配置和网络接入方式，因此服务器端的响应时间测试显得尤为重要，例如对Web服务器和数据库服务器响应时间的测试。可以通过模拟大量并发用户来测试服务器的处理速度和承载能力。此外，还应当测试典型用户配置下用户端的处理与显示速度，通过算法优化、Ajax技术等方法来优化前端响应时间。一般网站页面的响应时间遵从"2/5/10"标准：即2秒以内的响应时间会让用户感到满意，5秒以内的响应时间是可以接受的，而超过10秒的响应时间则会让用户无法忍受。

2) 吞吐量

吞吐量是指在单位时间内系统所处理的任务量或数据量的总和。从业务角度看，可以用服务请求数/秒、任务数/秒、页面数/秒来表示。例如，对于一台Web服务器，其吞吐量可以看作单位时间内成功处理的页面数或HTTP请求数。从网络角度来看，可以用Bytes/Sec(每秒字节数)来衡量。业务角度的吞吐量反映的是软件程序、应用服务器、通信状况等软件系统整体的性能，而网络角度的吞吐量则主要反映的是网络基础设施、应用服务器、服务器架构对系统处理性能的影响。在吞吐量的测试中，经常会用到以下两个指标。

- TPS(Transactions Per Second)：系统每秒处理的事务数量。事务是指客户端向服务器发送请求后，服务器做出响应的过程。客户端在发送请求时开始计时，收到服务器响应后结束计时，从而计算出所用的时间和完成的事务数量。
- QPS(Queries Per Second)：系统每秒处理的服务请求数量。QPS一般指一台服务器每秒能够响应的查询次数，是衡量特定查询服务器在规定时间内所能处理流量的标准。

当系统没有遇到性能瓶颈时，吞吐量和并发用户数之间存在以下关系：

吞吐量=(并发虚拟用户的数量×每个虚拟用户发出的请求数量)/测试时间　　　(6-1)

系统吞吐量的大小与很多因素有关，例如软硬件配置、网络状况、软件技术架构等。提高系统吞吐量的主要工作一般是改进和提高软件的技术架构，例如从Web服务器、数据库服务器、前端开发和脚本语言的选择等方面进行改进。

3) 并发用户数

并发用户数是指某一时刻同时向系统提交服务请求的用户数,也就是同一时刻与服务器进行交互的在线用户数。为了准确理解并发用户数的含义,首先需要理解以下几个概念。

- 在线用户数。某段时间内同时访问系统的用户数,这些用户并不一定同时向系统提交请求,也不一定执行相同的操作。通常每个在线用户都会对应服务器的一个会话(Session),以作为该用户的标识。

- 虚拟用户。模拟真实用户向服务器发送请求并接收响应的软件进程或线程。

- 思考时间。用户每次操作后的暂停时间,或操作之间的间隔时间。这段时间内,用户不会对服务器产生运行压力。

从严格意义上讲,并发用户是同时执行某个操作的用户,或同时执行相同脚本的用户,他们在同一时间完成同一任务或执行同样的操作。从更广泛的角度来看,并发用户同时在线并操作系统,但可以是不同的操作。这种并发情况更接近用户的实际使用情况。

需要注意的是,并发用户数一般不等于在线用户数,因为某些在线用户并不总是在进行操作。更准确地说,这些在线用户并没有持续地与服务器产生交互,因而没有对服务器产生实际的压力。由此可以理解,在线用户数总是大于或等于并发用户数,在线用户数是整个系统使用时最大可能的并发用户数。当所有在线用户的思考时间为零时,并发用户数等于在线用户数。可以根据某一软件系统的特点和用户使用习惯,粗略地将并发用户数估计为在线用户数的某个百分比,例如5%~20%。

在使用工具进行性能测试时,通常采用严格意义上的并发用户数,因为模拟多个用户同时执行相同的测试脚本更容易实现。此时的用户实际上是虚拟用户,测试执行过程中的并发用户数可以理解为生成的虚拟用户线程数或与服务器通信建立的连接数。

在实际进行性能测试时,测试人员一般关心的是业务并发用户数,也就是从用户业务使用角度关注究竟应该设置多少个并发数比较合理。因此,为了方便起见,经常直接将业务并发用户数称为并发用户数。可以首先通过下面两个公式估算在线用户数,然后再根据计算结果估算并发用户数:

$$C = \frac{nL}{T} \qquad (6\text{-}2)$$

$$\hat{C} \approx C + 3\sqrt{C} \qquad (6\text{-}3)$$

上述两个公式中,C是平均在线用户数,n是登录会话的用户数,L是每个用户登录会话的平均时间长度,T是测试的时间长度,$\hat{C}$是在线用户数峰值的估计值。公式(6-3)假设用户登录会话符合泊松分布。

例如,有一个OA办公系统,该系统有3000个用户,平均每天大约有400个用户要使用该系统。对于一个典型用户来说,一天之内用户从登录到退出该系统的平均时间为4小时,在一天时间内,用户只在8小时工作时间内使用该系统。根据公式(6-2)和公式(6-3)可以进行以下计算:

$$C = 100 \times 4 / 8 = 200$$

$$\hat{C} \approx 200 + 3 \times \sqrt{200} \approx 242$$

4) 事务成功率

单位时间内系统可以成功完成多少个已定义的事务，在一定程度上反映了系统的正常处理能力。

5) 超时错误率

主要指由于超时导致失败的事务数占总事务数的比例。

6) 点击率

每秒内用户向Web服务器提交的HTTP请求数，点击率是Web应用特有的系统指标。Web应用采用"请求-响应"模式，用户每发出一次申请，服务器就要处理一次，因此点击可以视为Web应用能够处理的最小事务单位。如果把每次点击定义为一个事务，点击率和TPS就是同一个概念。需要注意的是，这里的点击并非指鼠标的一次单击操作，因为在一次单击操作中，客户端可能会向服务器发出多个HTTP请求。

6.2.3 性能测试的过程

性能测试从实际执行层面来看，一般包括以下四个阶段。

1. 性能测试的规划

- 分析性能测试需求。明确性能测试的目标和范围，确定测试对象、性能指标以及系统要承受的负载，并选择适当的测试方法。
- 规划性能测试环境。测试环境应尽量与用户软硬件环境保持一致，应单独运行被测软件，尽量避免与其他软件同时使用。
- 选择合适的性能测试工具。
- 制订和评审性能测试计划。

2. 性能测试的设计

- 根据业务流程和功能确定主要性能测试场景，基于确定的场景设计性能测试点(例如对包含海量记录数据库表的访问)，并确定具体测试数据。
- 设计测试用例。利用性能测试工具和程序语言开发性能测试脚本，同时确定测试用例执行通过的标准。

3. 性能测试的执行

- 建立测试环境。
- 建立负载模型，确定并发虚拟用户数、用户每次服务请求的数据量、负载加载方式和持续时间、用户思考时间等测试参数。
- 利用性能测试工具执行测试用例，并监控关键性能指标。
- 记录和收集测试结果数据。

4. 测试结果的分析

- 根据对性能指标的要求分析测试结果，当不满足要求时，找出性能瓶颈等问题，并进行系统调优。然后重新调整和执行测试用例，最终获得系统的最佳配置。

○ 当测试结果满足系统性能需求时，结束测试，并对测试结果数据进行统计分析，生成性能测试报告。

6.2.4　负载测试

软件系统的负载有很多形式，例如用户与系统的连接数、用户服务请求的数据量、用户上传或下载文件的大小、用户操作数据库表的记录数等。此外，用户在使用系统时操作的频繁程度以及所使用的具体软件功能(例如浏览网页或播放视频)，也会对系统的负载产生影响。一般而言，系统负载越大，系统的性能通常会相应降低。

负载测试中的负载加载方式主要有以下几种，可以根据具体测试内容进行选择。

1. 一次性加载

在测试时间段内一次性加载一定数量的虚拟并发用户，模拟用户在某一时间段内集中使用系统的情况。这种方式可以测试系统在稳定高负载情况下的性能表现。

2. 递增加载

这种方式属于均匀加载负载的类型。每隔一定的时间增加一定数量的虚拟用户，使并发用户的数量不断增加。通过这种加载方式可以发现性能瓶颈，准确定位性能拐点，从而确定合理的负载区间、负载极限，以及响应时间和吞吐量的阈值。

3. 高低突变加载

这种方式是一种峰值交替加载的方法。负载在一定时间周期内交替出现极高和极低的负载量。通过这种负载加载方式，可以更容易发现资源释放和内存泄漏方面的系统缺陷。

4. 随机加载

负载量以随机方式动态变化，旨在模拟用户使用系统的实际情况，测试系统的常规性能以及持续运行情况下的稳定性和可靠性。

6.2.5　压力测试

在正常负载条件下，软件系统的一些稳定性隐患、功能和性能隐患不易暴露出来。压力测试就是使系统承受异常负载，以检验被测系统在何种条件下性能变得不可接受。这种测试能够快速发现系统在负载峰值或处理大数据量的情况下的性能表现，找出系统的性能瓶颈。异常负载主要包括以下几种情况。

○ 超大数量的在线用户、并发用户，或连接到企业应用的最大数量客户端。
○ 所有在线用户持续运行某些相同的系统功能。
○ 已达到最大被允许的数据库连接数，并且用户同时产生多个数据库事务。
○ 异步数据采集的中断频率远高于正常频率。
○ 短时间内大量数据的系统文件、磁盘或外部设备的输入输出。

压力测试可以被看作负载测试的一种特殊情况，也可以被认为是采用了负载测试技术的一种高负载测试。压力测试的核心在于评估系统的计算资源是否已经达到一定的饱和度。因此，压力测试通常在很高的系统资源占用率下进行。例如，测试时使CPU使用率和内存占用率都达到80%以上，同时监测数据库的连接数和网络带宽的占用率，以作为压力测试的依据。

压力测试包括稳定性压力测试和破坏性压力测试两个方面。

(1) 稳定性压力测试需要使系统在高负载情况下连续运行，如果系统能够在高压力的情况下稳定运行，则在普通负载情况下也能够达到令用户满意的稳定性。内存泄漏等资源回收问题具有累积效应，微小的资源泄漏问题只有积累到一定程度后系统相关问题才会表现出来。稳定性压力测试有助于发现上述问题。

(2) 破坏性压力测试是指通过模拟巨大的系统负载，检验系统在峰值使用情况下是否仍然能够正常工作，从而发现系统的极限承载量，避免软件系统出现崩溃或死机的极端情况。稳定性压力测试很难暴露出系统性能明显恶化的真实原因，破坏性压力测试通过给系统不断施压直至系统崩溃，可以快速地将问题原因暴露出来。此外，通过破坏性压力测试还可以检验系统的恢复能力。

压力测试的最大负载值可以根据需求说明中已定义的系统最大容量来确定，也可以根据前期项目的实际运行经验来估算，例如在正常负载值的基础上再增加50%～100%的负载。为了重现和准确定位压力测试中出现的问题，一般需要在程序中设置必要的跟踪和记录机制(例如程序运行日志)。这样，就可以方便地获取问题出现的准确时间，检查系统出现问题时的各种运行参数和状况，从而找到造成系统崩溃的关键原因，避免因难以重现问题而给调试和修改造成困难的情况发生。

6.2.6 容量测试

我们先来看一个需要进行容量测试的典型例子。高速公路收费系统需要从数据库中统计年、月、日、收费班次的金额、收费人员、出入口车道等收费总体情况，并生成相应的统计报表。随着收费数据的快速积累，数据容量必然对数据库增删改查的效率产生影响。那么，当数据库记录数达到什么程度时，报表生成的时间会无法满足用户的要求甚至出现问题？例如，收费人员每天分为3个班次，每个班次工作8小时。在换班时，需要在规定的时间内生成收费班次金额统计表，经确认后才能完成正常交班。同样，我们也需要了解数据库记录数大小在何种范围内，记录一次收费数据的延时时间不会对下一车辆的及时收费产生影响。上述问题都需要经过容量测试予以明确，如果发现不满足需求的情况，需要调整数据库配置，改变索引数量、类型等数据库设计，制订更为合理的数据转存备份计划。

通过容量测试可以确定软件系统的承载能力和服务能力，例如最大并发用户数和数据库记录数等。基本的要求是系统在容量范围内可以正常工作，更高的要求是在容量范围内，系统的各项性能指标仍然能够满足用户性能需求，不影响用户的使用效率。系统在达到最大容量时，资源的利用率已经饱和，出现饱和点。如果超过饱和点，系统各方面的性能将会显著恶化，错误率也会急剧上升。容量测试的目标是准确识别系统饱和点，并避免系统负载超过饱和点。

与压力测试不同，容量测试主要检验系统处理大数据量的能力，往往被用于数据库测试，而不涉及时间因素。压力测试则侧重于使系统承受速度方面的超额负载，例如短时间内的高峰负载，对系统稳定性的压力测试也需要预先给出持续测试的时间。

下面是一些常见的容量测试的测试点。

- 大数据量的文件和数据库读写操作，数据量达到何种程度接近系统处理极限。
- 对大数据量执行操作，是否会发生超时或故障。
- 确定数据缓冲区的最大容量。
- 数据临时存储媒介的限定范围。
- 一次性数据传输的容量，数据是否会丢失。
- Web应用系统能够支持的最大在线用户数和并发用户的最大访问量。
- 电子商务网站可同时进行交易的在线用户数量。
- 编译系统能够处理的最大源程序量。
- 数据采集系统的最大采样频率。

通过容量测试可以使开发方和用户清楚地了解系统的最大容量，从而避免在执行大数据量处理时出现系统失效、数据丢失或性能无法满足用户要求等情况。这不仅增强了软件开发方和用户对软件产品的信心，还可以帮助开发方寻求新的技术解决方案和系统升级改造方案，有助于用户经济地规划应用系统，优化系统的配置与部署。

6.2.7 性能测试工具

性能测试和功能测试不同，性能测试的执行是基本功能的重复和并发，需要模拟多用户环境，并在测试过程中监控相关指标参数。此外，性能测试的结果通常不易直观呈现，需要对数据进行分析。这些特点使得性能测试更适合通过专用工具来完成。

性能测试工具的分类如图6-2所示。

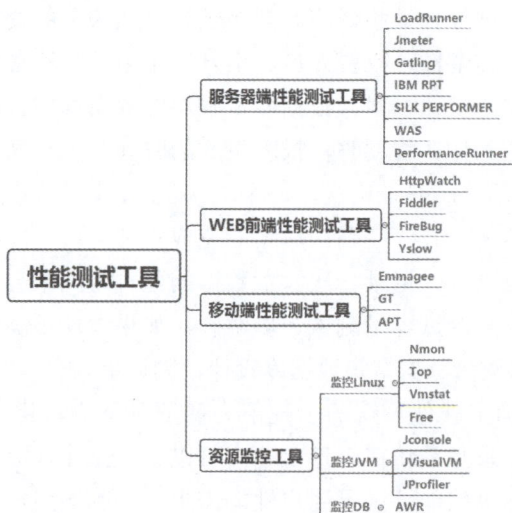

图6-2　性能测试工具分类

如果不使用工具，仅靠人工进行性能测试，将会面临许多弊端，具体如下。

- 测试需要投入大量资源，为了模拟多种负载和并发场景，需要多人协同工作。通常情况下，测试资源有限，即使有资源，人工测试的效果也会大打折扣，甚至某些场景仅凭人工是无法完成的。

- 性能测试经常需要反复调优和执行，如果没有工具的帮助，仅靠人工操作将会非常困难。

- 由于需要模拟多种负载和并发场景，人工操作难免会产生误差，而与工具或程序相比，这种误差会更大，对测试结果的影响也更加显著。

- 如果没有工具，全凭人工采集数据所产生的误差也会相对较大。

1. 性能测试工具的分类

在理论上，性能测试过程中使用的所有工具都可以被称为性能测试工具，通常分为以下几类。

- 服务器端性能测试工具。这类工具需要支持产生压力和负载，能够录制和生成脚本，设置和部署测试场景，产生并发用户并向系统施加持续的压力。

- Web前端性能测试工具。这类工具需要关注客户端工具对具体需要展现的页面的处理过程。

- 移动端性能测试工具。这类工具不仅关注页面的处理过程，还具备数据采集功能，例如记录处理器使用率、内存占用、电量消耗、启动时间等关键指标。

- 资源监控工具。主要用于收集性能测试过程中的数据，并以直观的方式展示测试结果。

2. PerformanceRunner

PerformanceRunner(简称PR)是泽众软件科技有限公司推出的性能测试工具，旨在通过模拟海量用户的并发访问，测试整个系统的承受能力。该软件能够实现压力测试、性能测试、配置测试、峰值测试等，最大限度地缩短测试时间，优化性能，并加速应用系统的发布周期。

PR的主要特点如下。

- 使用BeanShell语言作为脚本语言，使脚本更少且更易于理解。BeanShell语法与Java语法兼容，方便用户上手。

- 采用关键字提醒和关键字高亮技术，提高脚本编写的效率。

- 提供了强大的脚本编辑功能。

- 具备录制功能，能够一次录制非常完善的脚本和资源，显著降低测试人员修改脚本的工作量。这对不熟悉编程的测试人员来说极具价值。

- 支持各种需求的校验，包括对header字段的各项属性、服务器返回的内容、数据库、Excel表格、正则表达式等的校验。

- 支持参数化，同时支持数据驱动的参数化。

- 支持测试过程的错误提示功能。

- 提供丰富的命令函数，便于测试人员进行各种功能测试。熟练掌握这些命令函数能够让测试人员编写出更简洁、更高效的测试脚本。

下面简要说明PR的使用流程。

首先，选择"文件"|"新建"命令创建场景，在打开的对话框中输入场景名称后单击"确定"按钮完成创建。场景创建成功后进入场景设计，如图6-3所示。

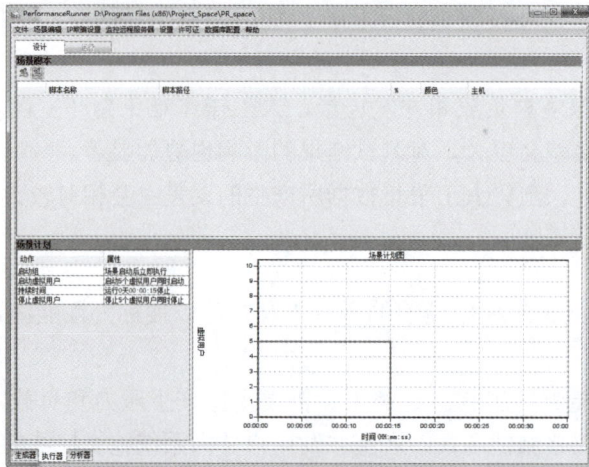

图6-3　场景设计

接下来，在场景中添加项目。单击"添加项目"按钮，打开"添加项目"对话框。在该对话框中选择需要运行的项目名称，然后单击"确定"按钮完成项目的添加，如图6-4所示。用户可重复上述操作，将多个项目添加到场景中。

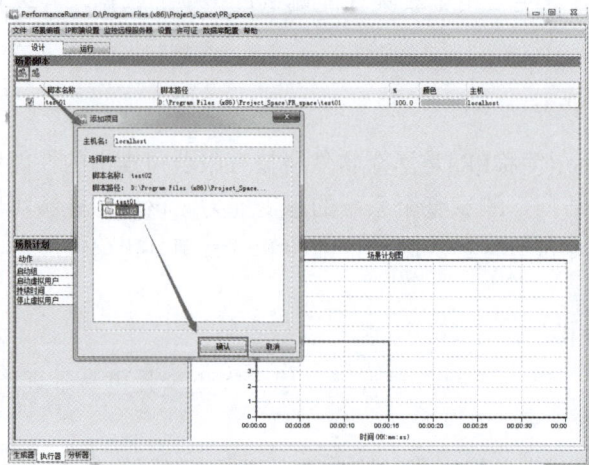

图6-4　添加项目

在打开的对话框中启动虚拟用户(用户可以选择让所有虚拟用户同时启动，也可以设置在指定时间内逐步启动指定数目的虚拟用户)，如图6-5所示。

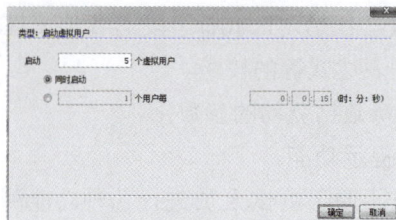

图6-5　启动虚拟用户

场景运行之后，可以使用分析器查看运行的结果。分析图可以帮助用户评估系统性能并提供有关事务及Vuser的信息。通过合并多个负载测试场景的结果或将多个图表合并为一个图表，可以比较多个图表。图表数据和原始数据视图以电子表格的格式显示，用于生成图表的实际数据。用户可以以将这些数据复制到外部电子表格应用程序做进一步处理。使用报告功能可以查看每个图表的概要，报告自动以图形或表格的形式概括并显示测试的重要数据。

进入分析器，设置浏览器的路径(将使用该浏览器打开分析图)，单击"生成"按钮，打开生成报告配置对话框。在该对话框中选择需要生成报告的场景名称，然后设置开始与截至日期(如果不选择，默认为场景执行的全部时间)，并设置报表统计时间间隔，单击"生成"按钮。需要注意的是，单击"加载"按钮可以重新加载已存在的报表。系统将使用设置的浏览器打开报表。

接下来，系统将使用设置的浏览器打开分析图表，如图6-6所示。这些图表的内容主要包括运行的VUser图、事务概要图、事务响应时间、每秒事务数、每秒事务数总数、事务性能概要图、每秒点击量、吞吐量(字节)、吞吐量(兆)、CPU使用率、物理内存使用和网络流量等。

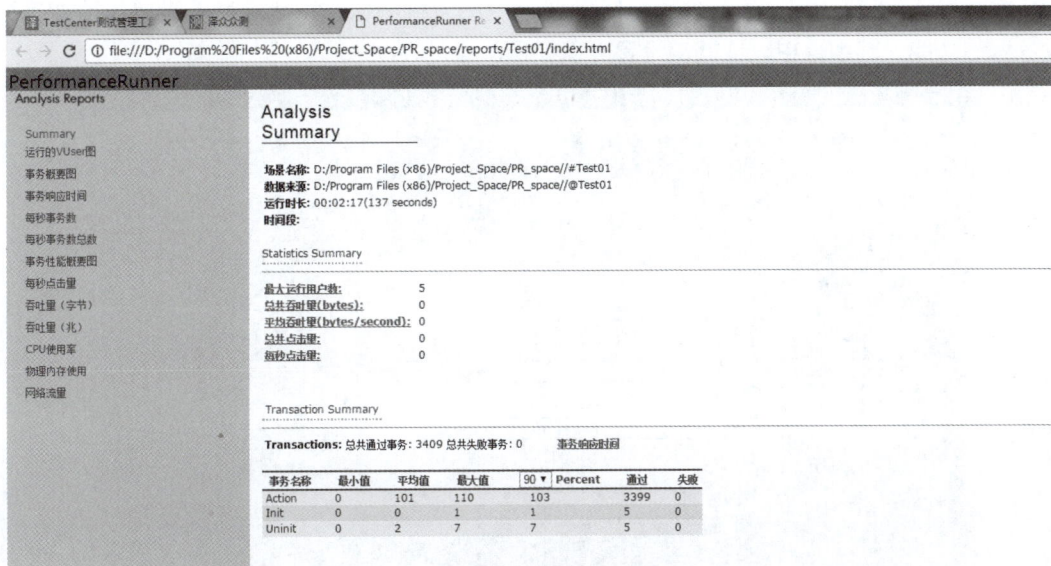

图6-6　分析图表

其中，"事务响应时间""每秒事务数总数""CPU使用率"等图表如图6-7所示。

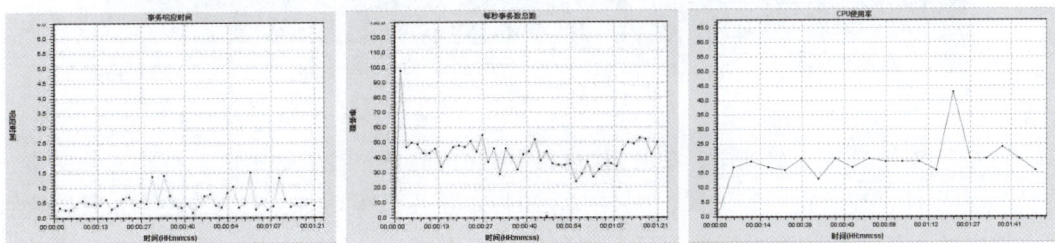

图6-7　分析图表示例

PR还具备录制回放功能。用户可以选择"录制"|"开始录制"命令，或直接单击工具栏上的"录制"按钮，打开"开始录制"对话框，如图6-8所示。

图6-8 "开始录制"对话框

回放脚本的过程实际上是对先前的录入动作的重复操作，只是这个过程是根据录入的脚本自动完成的。对于回放来说，不管是回放HTTP协议脚本还是SOCKET协议脚本，基本操作都是相同的。

除了以上功能外，PR还具备场景组管理、多压力机测试、IP地址欺骗设置、监控远程服务器等功能。其中，IP地址欺骗设置界面如图6-9所示。

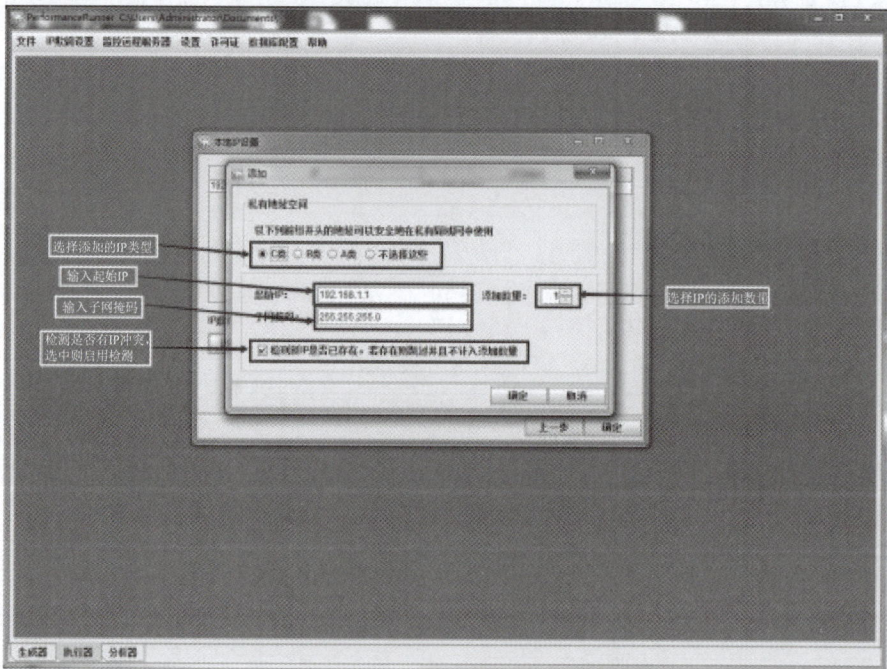

图6-9 IP地址欺骗设置界面

另外，PR还具备函数调用、参数表编辑、添加校验点、校验数据库、校验文件文本、校验Excel文件、校验正则表达式、脚本串联和脚本参数化等功能。一个普通脚本只能执行某个特定的动作，而将脚本参数化后，则可以执行不同的功能。在进行脚本参数化之前，必须先编辑好脚本参数配置，具体配置的示例如图6-10所示。

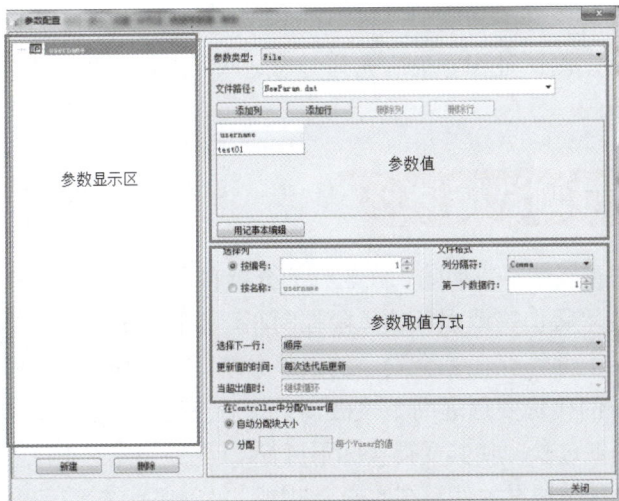

图6-10　脚本参数配置示例

3. 性能测试工具的选择

通常在公司或项目中，选择任何工具时都会做一些调研，以确保所选工具适合公司或项目的需求，性能测试工具也不例外。以下是选择性能测试工具时需要考虑的几个因素。

1) 成本

○ 工具成本：性能测试工具通常分为商业工具和非商业工具。具体选择哪种工具应根据公司的情况进行评估，例如公司规模、愿意承担的成本、项目综合情况等。

○ 学习成本：在选择性能测试工具时，还要考虑项目组成员的学习成本。如果有两种工具(A工具和B工具)都能满足项目组测试的需求，而A工具大部分人都会使用，B工具只有极少部分人会使用，那么建议优先考虑A工具。

2) 支持的协议

性能测试通常与协议紧密相关。例如，B/S架构的系统通常使用HTTP协议进行客户端和服务器之间的信息交换，而C/S的系统则通常使用Socket协议进行信息传输。因此，在选择工具时，需要考虑项目使用的协议。

3) 流行程度

性能测试工具越流行，相关的资料就越多。因此，建议优先考虑使用较为流行的性能测试工具。

4) 跨平台

跨平台可以使性能测试工具具备更广泛的适用性，因此在选择工具时也需要考虑其跨平台的能力。

6.3　安全性测试

安全性测试是针对软件安全性需求设计的验证和确认活动。软件安全性测试是在软件的生命周期内采取的一系列措施，旨在防止出现违反安全策略的异常情况，并识别在软件的设计、开发、部署、升级和维护过程中可能存在的系统漏洞。即使某些安全性问题在需求中没有明确说明，测试过程中也应充分考虑这些问题，以尽可能发现系统潜在的安全隐患。

6.3.1　安全性测试概述

软件系统安全的重要性不言而喻，在软件的分析和设计阶段就应当予以充分重视。ISO 8402将安全性定义为"将伤害或损坏的风险控制在可接受的水平"。系统安全与非法攻击是矛盾的关系，理论上并不存在完全安全的软件系统。通常所说的"软件系统是安全的"是指，攻破一个系统的代价要远远高于攻破该系统后获得的利益，或者在现有条件下，攻破系统所需的时间消耗过长，使其变得实际不可行。

安全性测试的目标是测试软件系统的安全机制，以确保系统运行和使用的安全性。测试主要集中在用户数据、软件使用权限和数据传输的安全性。在安全性测试中，测试人员需要设计各种攻击系统安全保密措施的测试用例。安全性测试可以分为以下两个层次。

- 系统级别的安全性。确保系统访问控制权限的正确性和有效性，确保只有授权用户才能使用系统和应用程序。
- 应用程序级别的安全性。确保用户使用权限的合理划分，使特定用户只能使用授权范围内的系统功能和数据。

安全性测试一般采用静态分析和功能测试相结合的方法，以发现软件中的安全漏洞，在测试过程中，重点考虑以下几个问题：

- 网络安全；
- 系统软件安全；
- 客户端应用软件安全；
- 服务器端软件系统安全；
- 客户端与服务器之间的通信安全；
- 文件与数据的完整性检查。

6.3.2　安全性测试原则

软件安全测试应遵循一些基本原则，例如OWASP组织提出的以下原则。

1. 没有万能方案

虽然安全扫描或应用防火墙可帮助识别软件的安全问题并提供针对攻击的防御，但实际上并没有彻底解决全部安全隐患。安全评估软件在发现漏洞方面是重要的第一步，但在深入评估或提供足够的测试覆盖率方面，通常不够成熟且效率低下。

2. 尽早测试、经常测试

如果在软件开发生命周期中能尽早检测到软件安全缺陷，就可以以尽量低的成本尽快解决安全问题。为此，需要对开发团队进行培训，使团队成员熟悉常见的安全问题，掌握预防和检测这些问题的方法，学会从攻击者的角度测试软件，并使安全性测试活动成为常态。

3. 测试自动化

现代的软件开发方法，例如敏捷开发、DevOps/DevSecOps或快速应用开发，要求将安全测试持续集成于开发的工作流，以维护基线安全并识别未处理的弱点。具体的实现措施包括在标准的工作流平台中引入自动化的软件安全测试工具，例如静态或动态的应用程序安全测试工具，以及软件依赖项跟踪工具等。

4. 了解安全的范围

了解特定项目所需的安全级别至关重要，应对要保护的资产进行分类，并说明以何种安全级别(例如秘密、机密、绝密)来进行保护。根据《中华人民共和国网络安全法》，我国实施网络安全等级保护制度。网络运营者应当按照网络安全等级保护制度的要求，保障网络免受干扰、破坏或未经授权的访问，防止网络数据泄露或者被窃取、篡改。

5. 尽量包含源代码

黑盒渗透测试虽然有助于证明漏洞是如何暴露在生产环境中的，但它无法发现在软件需求中未提及而在代码中隐藏的许多漏洞，因此并非保护软件的最有效方法。如果被测软件的源代码可用，则应将其交给安全工程师进行代码审查和白盒测试，以揭示代码中隐藏的安全漏洞。

6.3.3 安全性测试评价

根据 GB/T 25000.10-2016《系统与软件工程 系统与软件质量要求和评价 第10部分：系统与软件质量模型》国家标准，信息安全性主要从保密性、完整性、抗抵赖性、可核查性、真实性以及信息安全性的依从性进行测试。通过这些评估，验证产品或系统在保护信息和数据方面的有效性，以确保用户、系统或产品的数据访问权限与其授权类型和基本权限相一致。

1. 保密性

○ 访问控制功能：是否设计了权限控制模块，并有专门的系统管理员进行权限管理。
○ 权限分离：系统管理员和业务操作分开，系统管理员不具有业务操作权限。
○ 最小权限原则：授予不同账户为完成各自承担任务所需的最小权限，并在它们之间形成相互制约的关系。
○ 通信过程中的数据加密：对通信过程中的整个报文或会话进行加密。采用加盐加密算法，并使用商用加密算法，避免使用自制的加密算法。
○ 授权访问：以不同权限的用户登录系统，判断用户是否可以访问被授权的模块。
○ 非授权范围：各权限用户不能访问未授权模块。
○ 越权访问：各权限用户不能进行越权操作。

2. 完整性

○ 输入数据时的完整性约束：使用下拉列表、可选框、必选框等进行选择。
○ 批量导入数据的完整性约束：通过摘要、校验码等进行完整性校验。

- 采用关系型数据库的数据约束：使用唯一键、外键和可选值约束。
- 数据保存的完整性：确保数据以关系型数据库的形式保存。
- 数据传输的完整性：在传输过程中采取数据防篡改措施，例如使用摘要和校验码。

3. 抗抵赖性

- 日志不可篡改：日志不能被任何人修改或删除。
- 数字签名：用户的操作必须附带数字签名。

4. 可核查性

- 对重要事件进行安全审计：提供覆盖到每个用户的安全审计功能，对应用系统中的重要安全事件进行审计。
- 安全审计日志记录：活动应有详细的日志记录，至少应包括事件日期、时间、发起者信息、类型、描述和结果等。
- 时钟同步：当日志信息来自多台设备(服务器)时，应确保设备之间的时钟同步。

5. 真实性

- 身份鉴别模块：提供专用的登录控制模块，对登录用户进行身份标识和鉴别。
- 唯一身份标识与复杂度检查：提供用户身份标识唯一和鉴别信息复杂度检查功能，保证应用系统中不存在重复的用户身份标识，且身份鉴别信息不易被冒用。口令长度应在 8 位以上，至少包含数字、大写字母、小写字母和特殊字符中的三种，并强制定期更换。
- 双因素认证：对同一用户采用两种或两种以上的鉴别技术进行用户身份验证。
- 共享账户：系统不得存在共享账户。
- 登录失败处理：提供登录失败处理功能，包括结束会话、限制非法登录次数和自动退出等措施。

6. 依从性

在产品说明中，是否提及产品信息安全性的相关标准、约定、法规以及类似规定要求。如果有提及并提供相应的证明材料，则予以认可；否则，应验证软件是否符合所提及文件(如需求文档)的要求。

6.3.4 安全性测试方法

安全性测试方法和普通的软件测试方法一样，可以从多个角度对测试方法进行分类，这些测试方法适用于不同的测试领域。常见的安全性测试方法主要包括以下内容。

1. 静态分析测试

静态代码分析在第3章已有介绍。静态代码分析通常借助自动化或半自动化工具对代码进行语法和语义分析，无须运行代码即可发现代码中存在的安全漏洞。基于模式匹配的静态扫描工具能够快速发现已知模式的软件漏洞，而基于信息流分析的静态分析工具则能够通过分析代码的数据流、控制流和事件流来发现未知模式的漏洞。

与静态分析测试类似的还有代码审计的概念。代码审计是一种以发现安全漏洞、程序错误和程序违规为目标的源代码分析技术。源代码审计主要采用静态分析技术，直接分析程序的源代码，通过提取程序关键语法、解释其语义并理解程序行为，从而根据预先设定的漏洞特征和安全规则检测缺陷。静态分析技术采用的方法主要包括规则检查、类型推导、数据流分析和控制流分析等。代码审计的一般流程如图6-11所示。

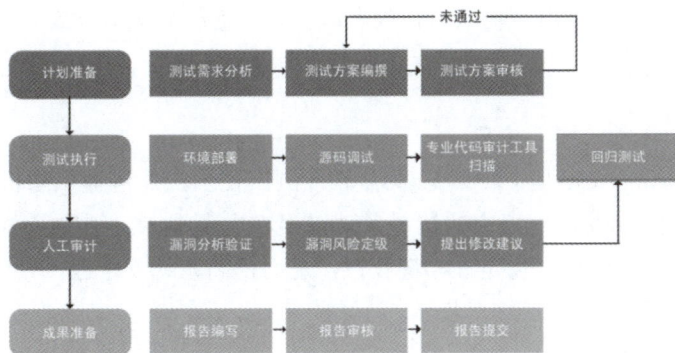

图6-11　代码审计流程

2. 基于模型的安全测试

基于模型的安全性测试是对软件的结构和行为进行建模，生成相应的测试模型，再由测试模型自动生成测试用例以驱动安全性测试。基于模型的安全测试用于验证与软件安全属性相关的软件需求，并基于被测软件的模型验证软件的保密性、完整性、抗抵赖性和可核查性等安全属性。以下三种软件安全测试模型分别关注软件系统不同方面的安全属性。

(1) 架构和功能模型。关注被测软件的安全需求及其实现，聚焦于预期的软件行为。

(2) 威胁、故障和风险模型。关注软件可能出错的地方，分析系统威胁、故障和风险的原因及其后果。

(3) 弱点和漏洞模型。用于描述软件的弱点及漏洞本身的特性。

常用的软件安全性测试模型包括有限状态自动机、UML模型、马尔可夫链等。

3. 基于故障注入的安全性测试

故障注入是评测容错机制的一种有效方法。通过人为方式将故障引入到系统中，加速系统故障和失效的过程。故障注入主要针对应用与环境的交互点，包括用户输入、文件系统、网络接口、环境变量等。故障注入可以有效地模拟各种异常程序行为，通过故障注入函数能强制使程序进入某些特定状态，而这些状态在常规标准测试中较难达到。

基于故障注入的安全性测试方法主要包括以下几种。

○ 仿真故障注入。需要以较好的目标系统仿真模型为基础。

○ 硬件故障注入。需要专业的硬件设备，也可以通过软件方法模拟实现。

○ 软件故障注入。对目标系统硬件环境没有任何损坏，能够方便地跟踪目标程序的执行并回收数据，系统开销较小，且具有较好的可移植性。

○ 基于环境混乱的故障注入。将应用程序和其运行环境都纳入系统的范畴，通过改变正常的环境因素(例如文件、网络等)来测试系统对环境故障的容错能力。

4. 基于语法的安全性测试

语法测试是根据被测软件功能接口的语法生成测试输入，检测被测软件对各类输入的响应。接口可以有多种类型，如命令行、文件、环境变量、套接字等。语法测试的核心思想是，软件的接口明确或隐含地规定了输入的语法，而这种语法可以使用BNF或正则表达式来定义软件所接受的输入数据类型和格式。语法测试适用于被测软件有明确接口语法的情况，能够方便地表达语法并生成测试输入。在很多情况下，语法测试结合故障注入技术可以实现更好的测试效果。

5. 模糊测试

模糊测试(Fuzzing Test)是一种黑盒/灰盒软件测试技术，通过提供随机输入来检测程序中的错误和漏洞，帮助发现程序中的边界条件错误、内存泄漏、缓冲区溢出等潜在问题，从而验证软件功能的正确性、稳定性与健壮性，进而提高系统安全性。

模糊测试主要可以分为以下6个步骤。

- 识别目标系统。
- 识别输入。
- 生成模糊数据。
- 使用模糊数据进行测试。
- 监控系统行为。
- 结果记录与分析。

模糊测试有以下几个优势。

1) 漏洞挖掘

模糊测试能够发现许多常见的安全漏洞，例如缓冲区溢出、越界读写、格式化字符串攻击等。这些漏洞可能会被攻击者利用，导致应用程序崩溃或被恶意代码控制。通过模糊测试，可以提前发现并修复这些漏洞，提高应用程序的安全性。

2) 异常检测

除了已知的漏洞，模糊测试还可以检测到许多未知的异常行为。这些异常行为可能是错误的输入验证或非预期输入导致的。通过检测这些异常行为，可以发现潜在的问题和错误，进一步提高应用程序的可靠性与健壮性。

3) 输入验证

模糊测试可以帮助开发者更好地验证用户输入。在许多情况下，应用程序的安全性取决于输入的正确性和安全性。通过模糊测试，可以发现许多常见的输入验证错误，例如SQL注入、跨站脚本攻击(XSS)等。这些错误可能导致攻击者利用应用程序的安全漏洞获取未授权的访问或数据。

随着模糊测试技术的不断发展，近年来许多研究者已将传统模糊测试技术与AI遗传算法、神经网络和AIGC等技术相融合，提出了智能模糊测试技术的概念，并被华为、Google、微软等科技巨头广泛应用。相比传统模糊测试，智能模糊测试技术有更高的检测效率与测试覆盖率。在智能模糊测试中，遗传算法可以用来生成更多的测试用例。遗传算法模仿了生物进化的过程，通过对测试用例的评估、选择、交叉和变异等操作，逐步优化测试用例，使其能够更好地测试应用程序的边界情况。例如，通过改变输入数据的长度、格式或内容等方面，遗传算法可以生成更丰富多样的测试用例，从而增强测试的覆盖率，如图6-12所示。

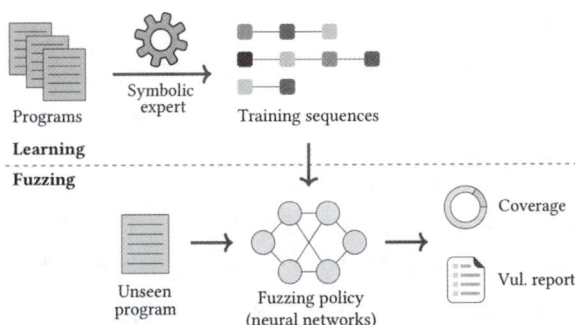

图6-12　智能模糊测试

神经网络可以用于构建模糊测试的目标函数。神经网络是一种基于人工神经元的计算模型，它可以通过学习大量的数据来执行分类、预测和优化等任务。在模糊测试中，可以使用神经网络来评估测试用例的质量，例如判断测试用例是否能够触发应用程序的漏洞或异常行为。通过不断地训练神经网络，可以逐步提高其评估测试用例的准确性和效率，从而进一步提升模糊测试的效果。

随着大模型技术的迅速发展，不少研究者也在积极探索其与模糊测试的结合，并在测试驱动与修复代码的自动化生成方面取得了突破性的进展。在检测方面，通过使用模型的能力可以更好地了解被测程序的语义、参数、函数接口等。基于这些信息能够指导代码模型自动化生成测试驱动，从而有效提升模糊测试工具的自动化程度，降低使用门槛。在缺陷修复方面，通过将存在漏洞的代码片段与模糊测试的分析结果作为测试用例输入大模型，可以高效生成修复后的代码，加快漏洞修复速度并提升代码质量。

6. 基于属性的安全性测试

基于属性的安全性测试首先确定安全编程规则，然后将这些规则编码作为安全性属性。随后，可以通过这些属性验证程序代码是否遵循相关规则。由于人工验证的成本过高，需要一个程序分析工具来自动化完成这一过程。一个可行的方法是将安全属性形式化描述为一个有限状态自动机，将待分析的代码模型化为一个下推自动机，并利用模型验证技术来确定模型中的任何一个违反安全属性的状态在程序中是否是可达的。基于属性的测试专注于对目标软件的特定安全属性进行有针对性的验证，可以满足安全属性的分类和优先级排序要求。同时，部分与具体软件无关的属性规格说明也具有可重用性。

7. 形式化安全性测试

形式化安全测试的基本方法是建立软件的数学模型，在形式规格说明语言的辅助下，提供形式化的规格说明。形式化方法具有完备的数学基础，从而能够确保规格说明的准确性。通过揭示不一致性、二义性和不完全性，形式化方法有效增强了对系统的深入理解，并能根据形式规格说明进行正确性证明。然而，这些方法也可能面临开发成本较高、维护困难等挑战。

形式规格说明语言主要有以下几种。

- 基于模型的Z、VDM和B语言。

- 基于有限状态语言，如有限状态自动机、SDL和状态图。
- 基于行为的CSP、CCS、LOTOS和Petri Nets等语言。
- 代数语言，如OBJ。
- 混合语言，如结合离散和连续数学的规格说明语言等。

8. 基于风险的安全性测试

风险是指错误发生的可能性和造成的危害程度的结合。基于风险的安全性测试以软件安全风险作为测试的出发点和测试活动的主要参考依据。它将风险分析与管理、安全测试以及软件开发过程整合在一起，在软件开发的各个阶段中考虑潜在的安全漏洞，从而实现安全测试与软件开发的同步进行。基于风险的测试以软件模块的质量风险为主要参考依据进行测试资源的分配，通过误用模式、异常场景、风险分析以及渗透测试等技术来处理具有风险的安全问题。这种测试技术可以实现尽早发现尽可能多的潜在安全问题，以最少的资源、最短的时间有效满足用户需求，并确保软件质量，避免后期大量的修复工作。

9. 基于故障树的安全性测试技术

基于故障树的安全测试技术是利用故障分析树和故障树的最小割集生成安全性测试用例的方法。故障树分析法(Fault Tree Analysis，FTA)是一种将系统故障形成原因由总体到部分按树状细分的分析方法。基于故障树的安全性测试可以显著提高测试的自动化程度，特别适用于大型复杂软件系统的测试，能够有效提高测试效率，同时提供充分的安全性测试保障。

10. 基于渗透的安全性测试

渗透测试是评估主机系统和网络安全性时，模仿黑客特定攻击行为的过程。安全测试工程师会尽可能真实地模拟黑客使用的漏洞发现技术和攻击手段，对目标的安全性进行深入探测，以发现系统的薄弱环节。渗透测试一般可分为被动攻击和主动攻击。被动攻击不采用直接进入目标系统的方式收集信息，主动攻击则直接侵入目标系统或网络内部以收集所需要的信息。

一次完整的渗透测试步骤包括以下几个环节：首先，收集信息，抽取出对网络渗透有用的信息；接着，制定渗透策略并进行漏洞测试；然后，模拟攻击的真实过程；最后，整理收集到的信息并提交测试报告。具体的流程如图6-13所示。

1) 渗透测试标准

渗透测试报告的内容与其所采用的测试标准密切相关，常用的渗透测试标准有：开源安全测试方法标准OSSTMM(Open Source Security Testing Methodology Manual)、开源Web应用安全项目标准OWASP(Open Web Application Security Proiect)、美国国家标准与技术研究院制定的标准NIST(The National Institute of Standards and Technology)、渗透测试执行标准PTES(Penetration Testing Execution Standard)和信息系统安全评估框架ISSAF(Information System Security Assessment Framework)。NIST测试指南将渗透测试过程分为规划、发现、攻击和报告阶段。PTES标准则将渗透测试过程分为前期交互、情报收集、威胁建模、漏

洞分析、漏洞攻击、后渗透和报告阶段。ISSAF将渗透测试分为规划和准备阶段、评估阶段，以及报告、清理与销毁垃圾文件的阶段。

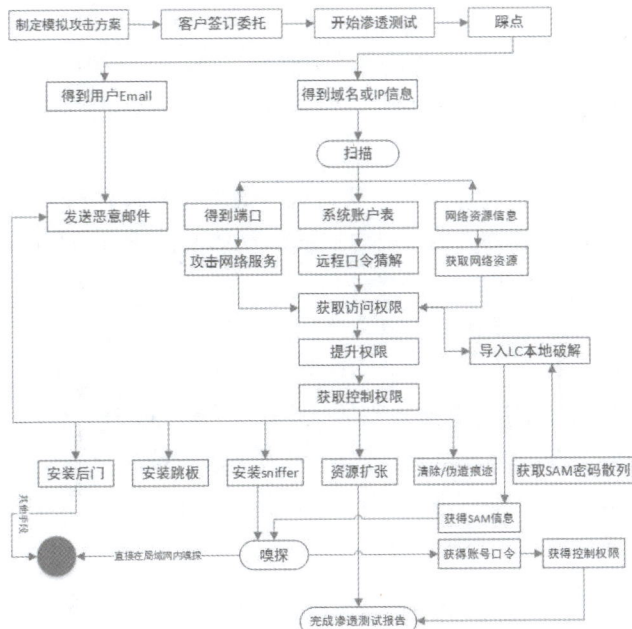

图6-13　渗透测试基本流程

2) 渗透测试工具

渗透测试工具可用于信息收集、漏洞分析和漏洞利用等渗透测试活动。在信息收集活动中，测试人员可以通过自动化工具来扫描测试目标的物理和逻辑区域，并根据漏洞分析的需要来查找有关目标的信息，包括目标网络、主机和应用程序中的漏洞信息。在漏洞分析活动中，测试人员可以手动分析漏洞，也可以通过自动化的测试工具来辅助漏洞分析。在漏洞利用阶段，测试人员可针对发现的软件漏洞，使用渗透测试工具对目标发起攻击。

Kali Linux是一个基于Debian的开源Linux发行版，预装了许多渗透测试工具，例如Nmap、Wireshark和John the Ripper等，这些工具可用于软件系统的渗透测试和安全审计。Kali Linux包含数百个针对各种信息安全任务的工具，涵盖了渗透测试、安全研究、计算机取证和逆向工程等多个领域。

下面简要介绍几款常用的渗透测试工具。

○ Nmap是一款网络扫描和主机检测的工具。Nmap不仅用于收集信息和枚举，同时可以用来作为一个漏洞探测器或安全扫描器。

○ Metasploit是一款开源的安全漏洞检测工具，可以帮助专业人士识别安全性问题，验证漏洞的缓解措施，并进行专家驱动的安全性评估，以提供真正的安全风险情报。

○ Wireshark是一个网络封包分析软件。Wireshark使用WinPCAP作为接口，直接与网卡进行数据报文交换，截取网络封包，并显示网络封包资料。

○ John the Ripper是一个快速的密码破解工具，用于在已知密文的情况下尝试破解出明文。它支持目前大多数的加密算法，如DES、MD4、MD5等，支持多种不同类型的系统架构，包括Unix、Linux、Windows、DOS、BeOS和OpenVMS。

- Burp Suite是一个集成化的渗透测试工具,包括一组查找和利用Web应用程序漏洞的工具。它提供一个集成了认证、日志、警报和HTTP消息处理等功能的可扩展框架。

- SQLmap是一个开源且功能强大的渗透测试工具,配备了强大的检测引擎,可以通过单个命令检索特定的数据。专业渗透测试人员往往用它来识别和利用影响不同数据库的SQL注入漏洞。

- OWASP ZAP是OWASP提供的一款集成渗透测试和漏洞分析工具。它具备代理截包、重放、爬虫、主动扫描、被动扫描、登录扫描、模糊测试、生成CSRF测试列表、目录浏览以及编码/解码等多种功能。

- Aircrack-ng是一款无线评估工具套装,涵盖数据包捕捉和攻击功能(包含破解WAP和WEP加密)。

- Wifiphisher是一款伪造恶意接入点的工具,可针对WiFi网络发起自动化网络钓鱼攻击。基于任务范围,Wifiphisher可以导致凭证泄露或实际感染。

- CME(CrackMapExec)是一款后漏洞利用工具,可以帮助自动化大型活动目录(AD)网络的安全评估任务。

6.4　思考题

1. 什么是功能测试?什么是非功能测试?

2. 功能测试和黑盒测试有什么区别?

3. 不同测试阶段中的功能测试有哪些不同之处?

4. 功能测试一般包括哪些方面的测试内容?

5. 非功能需求与功能需求在需求描述上有哪些明显的不同之处?

6. 软件系统都有哪些常见的非功能属性?

7. 功能测试的依从性含义是什么?

8. 简述常见的性能测试类型及其含义。

9. 什么是负载测试、压力测试和容量测试?简述它们之间的区别与联系。

10. 常用的性能测试工具有哪些?

11. 什么是基准测试?什么时候进行基准测试?

12. 简述性能测试中常见的三种指标(响应时间、吞吐量和并发用户数)的含义。

13. 在线用户、并发用户和虚拟用户有什么不同?

14. 简述性能测试的主要目的。

15. 进行负载测试时,负载的加载方式都有哪些?

16. Web应用系统的安全性测试都包括哪些主要内容?

17. 常用的安全性测试方法有哪些?

18. 大模型技术如何辅助进行模糊测试?

第 7 章

系统测试（二）与验收测试

本章将主要介绍系统测试的第二部分以及验收测试。系统测试的第二部分主要包括可靠性测试、易用性测试、本地化测试等方面。软件可靠性测试旨在满足用户对软件的可靠性要求。该测试基于用户使用模型，对软件进行全面评估，以发现并纠正软件中的缺陷，从而提高软件的可靠性水平。同时，它还验证软件能否达到用户的可靠性标准。软件易用性测试是通过测试软件产品对用户的使用是否友好来保证软件产品的可用性。软件本地化测试是软件适应特定国家或地区的语言、展示习惯和文化风俗等方面的测试过程。验收测试是软件开发后期，项目组或者用户对软件产品投入实际应用之前进行的最后一次质量检验活动。

本章的学习目标：

- 理解软件可靠性测试的定义和目的
- 掌握可靠性测试的指标
- 理解可靠性模型和过程
- 理解易用性测试的定义和方法
- 理解A/B测试方法
- 理解人机交互的软件工程方法
- 理解本地化测试的定义和标准
- 理解国际化开发测试流程
- 理解本地化测试的内容
- 掌握验收测试的步骤和策略

7.1 可靠性测试

随着科学技术的飞速发展，人们对软件应用和功能的要求越来越高，同时软件的规模和复杂度也日益增加。因此，软件系统的可靠性测试也不断面临新的挑战和要求。伴随着计算机应用的普及，软件可靠性工程得到了广泛关注，软件可靠性研究与工程实践在软件工程界和可靠性工程领域都引起了极大的重视。

7.1.1　可靠性测试概述

1. 可靠性测试的定义

可靠性是产品在规定的条件下和规定的时间内完成规定功能的能力，可靠性的概率度量称为可靠度。软件可靠性是指软件系统在规定条件下、规定时间内不引起系统失效的概率。该概率是系统输入和系统使用情况的函数，也是软件中存在缺陷的函数。软件可靠性不仅与软件缺陷相关，也与系统输入和系统使用有关。软件可靠性测试也称为可靠性评估，是指根据软件系统可靠性结构、寿命特征以及各单元的可靠性试验信息，利用概率统计方法来评估软件系统的可靠性特征。

2. 可靠性测试的目的

可靠性测试的主要目的如下。

- 在具有代表性的使用环境中执行软件，以验证软件需求是否正确实现。
- 为进行软件可靠性估计采集准确的数据。软件可靠性估计通常分为四个步骤：数据采集、模型选择、模型拟合以及软件可靠性评估。其中，数据采集是整个软件可靠性估计工作的基础，数据的准确与否关系到软件可靠性评估的准确度。
- 通过软件可靠性测试找出所有对软件可靠性影响较大的缺陷。

3. 可靠性测试中故障的相关术语

在软件可靠性领域，常用"失误""缺陷""故障""失效"来描述故障之间的因果关系。这些概念的具体差异如下。

- 失误：指可能产生非期望结果的个人行为。常见的失误包括对用户需求的误解或遗漏、软件设计错误(未完整实现软件需求)以及程序设计错误。
- 缺陷：指代码中引起一个或者一个以上故障或失效的错误编码，软件缺陷是程序本身固有的。典型缺陷包括数组越界使用、缓冲区溢出以及算法实现不正确等。
- 故障：指在软件运行过程中，缺陷在一定条件下导致软件出现错误状态，如果这种错误的状态未被屏蔽，则会发生软件失效。常见的故障包括资源泄漏、无限递归调用、操作者意外输入未知命令以及在未考虑的条件下采取的意外路径等。
- 失效：指程序运行时背离了程序的要求，主要从用户角度进行描述。

4. 可靠性测试的特点

软件可靠性测试不同于硬件可靠性测试，主要体现在失效的原因不同。硬件失效通常是由于元器件的老化引起的，因此硬件可靠性测试强调随机选取多个相同的产品，统计它们的正常运行时间。正常运行的平均时间越长，则硬件就越可靠。软件失效是由设计缺陷造成的，软件的输入决定是否会触发软件内部存在的故障。因此，软件可靠性测试强调按实际使用的概率分布随机选择输入，并注重测试需求的覆盖面。

软件可靠性测试不同于一般的软件功能测试。相比之下，软件可靠性测试更强调测试输入与典型使用环境输入统计特性的一致，强调对功能、输入、数据域及其相关概率的前期识别。在测试实例的采样策略上，软件可靠性测试必须按照实际使用的概率分布随机选择测试实例，以确保获得准确的可靠性估计，并有助于发现对软件可靠性影响较大的故障。此外，在软件可靠性测试过程中，要求准确记录软件的运行时间，并且输入覆盖的范围通常要大于普通软件功能测试的要求。对于一些特殊的软件，如容错软件和实时嵌入式软件等，在进行软件可靠性测试时还需要考虑多种测试环境。

5. 可靠性测试覆盖

可靠性测试必须保证环境覆盖和输入覆盖，这是准确估计软件可靠性的基础。环境覆盖是指测试时需要覆盖所有可能影响程序运行方式的条件。输入覆盖包括下面几个方面。

- 输入域覆盖，即所有被测输入值域的发生概率之和必须大于软件可靠度的要求。
- 重要输入变量值的覆盖，确定各种不同运行方式的发生概率，判断是否需要对不同的运行方式进行分别测试。
- 相关输入变量可能组合的覆盖，以确保相关输入变量的相互影响不会导致软件失效。
- 设计输入空间与实际输入空间之间区域的覆盖，即不合法输入域的覆盖。
- 各种使用功能的覆盖，判断是否需要强化测试某些功能。

6. 可靠性指标

常用的可靠性指标如下。

- MTBF(Mean Time Between Failures，平均故障间隔时间)：指系统在两次故障之间的平均运行时间，通常以小时为单位。它是一个统计量，表示在特定的环境下，系统在未被维护的情况下可以连续工作的时间。
- MTTR(Mean Time To Repair，平均修复时间)：指故障发生后修复系统所需的平均时间，包括检测故障、识别故障原因、修复故障等所有步骤。其单位通常是小时或分钟，是衡量系统可维护性的指标。它反映了维护和修复系统所需的时间和工作效率。
- MTTF(Mean Time To Failure，平均故障时间)：指系统在正常使用条件下运行的平均时间。它是一个统计量，通常以小时为单位，也可以使用其他时间单位。MTTF的值越高，意味着MTBF时间越长，表明系统的可靠性更强。

7.1.2　可靠性测试相关标准与规范

可靠性测试是软件开发中非常重要的一步，它确保了软件的质量和稳定性。在进行可靠性测试时，需要遵循一些标准和规范以确保测试的准确性和完整性。目前可靠性测试标准和规范主要有以下几种。

1. GB/T 29832-2013

国家标准GB/T 29832-2013《系统与软件可靠性》分为三个部分：指标体系、度量方法和测试方法。该标准适用于各种具有可靠性需求的计算机软件产品及相关系统。其中，指标体系规定了系统与软件可靠性质量特征，为系统与软件的需方、评价者和供方提供统一的可靠性指标体系。度量方法规定了系统与软件的可靠性度量公式，为各方提供统一的可靠性度量方法。测试方法规定了如何获得可靠性指标测量值的具体测试方法。

2. ISO/IEC 25010:2011

ISO 9126软件质量模型是评价软件质量的国际标准，由6个特性和27个子特性组成。ISO 9126标准已经被ISO/IEC 25010:2011取代，后者是国际标准组织关于软件工程质量模型的标准。ISO/IEC 25010:2011标准中表述的软件质量特性模型一共包含了8个特性，分别是功能适应性、性能效率、兼容性、易用性、可靠性、安全性、维护性和可移植性。每个特性又有一些子特性，总计31个子特性。其中，可靠性主要包含成熟度、可用性、容错和可恢复性。

3. GB/T 25000.51-2016

前文已简要介绍，GB/T 25000.51-2016涵盖了软件产品的8大特性：功能性、性能效率、兼容性、易用性、可靠性、信息安全性、维护性和可移植性，这些特征构成了对软件产品测评的主要依据和标准。其中可靠性主要包括成熟性、可用性、容错性、易恢复性和可靠性的依从性。

成熟性指的是系统、产品或组件在正常运行时满足可靠性要求的程度，也就是软件在各种正常运行的情况下是否可靠运行。可用性指的是系统、产品或组件在需要使用时能够进行操作和访问的程度，通俗来讲就是软件是否持续可用。容错性是指尽管存在硬件或软件故障，系统、产品或组件的运行依然符合预期的程度。易恢复性是指在发生中断或失效时，产品或系统能够恢复直接受影响的数据并重建期望的系统状态的能力。依从性是指产品或系统遵循与可靠性相关的标准、约定或法规以及类似规定的程度，也就是软件的功能是否符合相关标准和法规对可靠性方面的要求。

4. IEEE 829

IEEE 829标准是一种软件测试文件标准，其中包含了可靠性测试的相关要求。该标准规定了测试计划、测试用例、测试记录等测试文档的格式和内容。在可靠性测试过程中，遵循该标准可以帮助测试人员更好地组织和管理测试文档，确保测试结果的准确性和完整性。

7.1.3 可靠性模型

为了对软件可靠性进行测试或评估，除了进行软件测试之外，还需要借助软件可靠性模型的帮助。软件可靠性模型是指为预计或估算软件的可靠性而建立的可靠性框图和数学模型。建立可靠性模型可以将复杂系统的可靠性逐级分解为简单系统的可靠性，以便于定量预计、分配、估算和评价复杂系统的可靠性。利用可靠性模型，不仅可以制定测试策略，还能确定软件交付时预期达到的可靠性水平。此外，可靠性模型对经费估算、资源计划、进度安排和软件维护等也很重要。软件可靠性建模可归结为模型的比较与选择、参数选择及模型应用。

　　模型分类是软件可靠性工程研究与实践的前提。目前，关于如何进行模型分类与选择尚无明确的指导原则，一般按数学结构、模型假设、参数估计、失效机理、参数形式、数据类型、建模对象、模型适用性和时域等进行分类。然而，这些分类方法均缺乏足够的科学性、系统性和适用性。模型参数受软件性能、过程特性、修改活动和程序变化等因素的影响。由于软件本身的特性以及可靠性数据的缺乏，建立完全满足这些因素的可靠性模型非常困难，并且验证过程也相对复杂。

　　软件可靠性建模的研究始于20世纪70年代，受到先驱者Telinski、Moranda、Shooman和Coutinbo等人的影响。根据建模方法，软件可靠性模型可以分为软件可靠性解析模型和软件可靠性启发模型两大类。

1. 可靠性解析模型

　　软件可靠性解析模型主要通过对软件失效数据行为进行假设，并基于这些假设利用数学解析方法对软件可靠性进行建模。这类模型可分为指数模型、对数模型、Littlewood-Verrall模型、数据域模型、Markov链模型、随机Petri网模型等。其中，指数模型主要包括J-M模型、G-O模型、Musa基本执行时间模型、指数增长模型和S-Shape模型等；对数模型主要包括Geometric模型、Musa-Okumoto对数泊松模型等。

　　J-M软件可靠性模型于1972年由Jelinski和Moranda创建，属于二项分布有限错误模型。J-M模型以一种较为简单的方式将软件故障视为测试时间的函数，其主要缺点在于假设条件过于理想，实际情况中很难满足。Goel-Okumoto软件可靠性模型(G-O模型)于1979年由Goel和Okumoto提出，基于泊松过程和马尔科夫链理论，用于描述软件故障率的变化。Musa基本执行时间模型假设故障发生的时间间隔遵循参数为lambda的指数分布。当故障被检测到时，发生故障的部分会被修复并重新测试，如此循环，直到新的故障不再被发现。该模型的优点在于简单易懂，适用于大多数软件开发过程，但其在进行长时间的可靠性预测时存在一定困难。指数增长模型对经典指数模型进行了扩展，属于NHPP有限错误模型。S-Shape模型主要分为Yamada Delayed S-Shaped模型和S-Shaped模型。S-Shape模型使用Gamma分布取代了G-O模型的二项分布，属于NHPP有限错误模型。Geometric和Musa-Okumoto对数泊松模型都属于对数无限错误模型。

　　Littlewood-Verrall可靠性模型(L-V模型)考虑了发现缺陷不被完全剔除的情况。Nelson模型则是数据域软件可靠性模型的代表。基于Markov链的软件可靠性模型主要用于评估和预测基于构件的软件系统。随机Petri网作为软件可靠性建模的一种工具，能够全面描述系统的动态变化行为。

2. 可靠性启发模型

　　软件可靠性启发模型不同于解析模型，该模型利用软件历史失效数据对自身进行训练和更新，从而更贴近实际的可靠性。启发模型可分为基于神经网络的软件可靠性模型和基于遗传编程的软件可靠性模型。神经网络自开创以来一直深受许多学者的重视，并广泛运用于各种领域，取得了辉煌的成就。预测是神经网络的重要应用领域之一，因为神经网络具有优良的非线性特性，特别适合处理高度非线性的系统。因此，基于神经网络的智能预测是解决非线性预测问题的有效方法，为预测理论开辟了新的广阔发展空间，同时也非常适合用于软件可靠性预测领域。另外，基于遗传算法的软件可靠性模型可以利用遗传算法等优化算法准确有效地实现软件可靠性模型的参数估计，展现出良好的局部寻优能力，不受模型函数导数存在性和连续性的限制。

软件可靠性模型的评价准则如下：

- 模型拟合性；
- 模型预测有效性；
- 模型偏差；
- 模型偏差趋势；
- 模型噪声。

7.1.4　可靠性测试过程

软件可靠性测试一般分为四个阶段。

1. 制订测试方案

本阶段的目标是识别软件功能需求、触发功能的输入及相关数据域，并确定相应的概率分布及需强化测试的功能。以下是推荐的步骤(在一些特定的应用中，某些步骤并不是必需的)。

(1) 分析功能需求。分析各种功能需求，识别该功能的输入及相关数据域，包括合法与不合法的两部分。

(2) 定义失效等级。判断是否存在出现危害度较大的1级和2级失效的可能性。如果这种可能性存在，则应进行故障树分析，以识别所有可能造成严重失效的功能需求及其相关的输入域。

(3) 确定概率分布。确定各种不同运行方式的发生概率，判断是否需要对不同的运行方式进行分别测试。如果需要，则应给出各种运行方式下各数据域的概率分布；否则，提供各数据域的总体概率分布。

(4) 整理概率分布的信息。将这些信息编码并录入数据库。

2. 制订测试计划

本阶段的主要目标如下。

(1) 根据前一阶段整理的概率分布信息生成相应的测试实例集，并计算出每个测试实例的预期软件输出结果。在此过程中，需要注意在按概率分布随机选择生成测试实例时，要确保测试的覆盖面。

(2) 编写测试计划，确定测试顺序，并分配测试资源。由于本阶段前一部分的工作需要处理大量的信息和数据，因此需要借助软件支持工具来建立数据库并生成测试实例。

3. 执行测试

本阶段进行软件测试。需要注意的是，被测软件的测试环境应和预期的实际使用环境尽可能一致，对某些环境要求比较严格的软件则应完全一致。测试时，应按照测试计划和顺序对每一个测试实例进行测试，判断软件输出是否符合预期结果。在测试过程中，应记录测试结果、运行时间和判断结果。如果软件发生失效，还需记录失效现象及其发生时间，以便后续核对。

4. 编写测试报告

根据软件可靠性估计的要求整理测试记录，并将结果写成报告。软件可靠性测试的关键在于对需求、输入、数据域的识别，以及相关概率分布的确定。同时，还需按照概率分布随机生成测试实例，并确定测试的顺序。

7.2　易用性测试

用户与软件系统的交互主要通过用户界面(User Interface，UI)进行。目前，绝大多数的软件系统都具备图形用户界面(Graphical User Interface，GUI)，因此易用性测试主要针对GUI进行。软件产品的易用性已经成为吸引和留住用户的重要因素之一，并逐渐开始成为评判软件产品价值的重要标准之一。

易用性围绕用户对于产品的感受展开，体现的是用户在使用过程中实际感受到的产品质量。对同一软件的易用性评价因人而异，不同的用户由于经历、能力、思维方式和习惯的差异，对于同一软件会产生不同的感受。在软件易用性的测试活动中，核心的理念是以用户为中心，从用户的角度出发进行评估。

7.2.1　易用性测试概述

软件易用性是软件质量体系中一个重要的质量特性。在各个标准体系中都有关于易用性的定义与描述。根据GB/T 25000.51-2016，易用性是涵盖软件产品的八大特性之一，同时也是GB/T 29836-2013重点描述的内容。良好的易用性会使产品产生亲和力和吸引力，能够显著提高用户对产品的兴趣和黏着性，从而提升产品的竞争力。因此，易用性测试将成为预估软件产品能否成功的关键因素之一，是支持软件产品生存和发展的必要条件。

关于易用性，相关标准的定义如下。

- GB/T 25000.51-2016中，易用性是指在指定的使用环境中，产品或系统在有效性、效率和满意度方面为特定目标服务的程度。
- ISO 9241中，易用性是指在特定使用情境下，产品为特定用户达成特定用途的有效性、效率和满意度。
- ISO 9126软件质量模型中，易用性是指在指定条件下，软件产品被理解、学习、使用和吸引用户的能力。

易用性具有可辨识性、易学性、易操作性、用户差错防御性、用户界面舒适性、易访问性以及易用性的依从性等多个子特性，如图7-1所示。

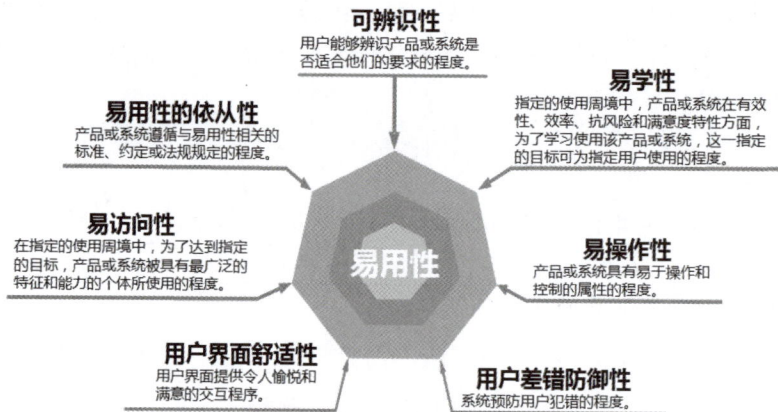

图7-1　易用性子特性

7.2.2　易用性测试方法

易用性测试方法主要包括静态测试、动态测试和A/B测试等，具体如下。

- 静态测试可以包含需求分析和规范检查。需求分析旨在了解用户对易用性的要求，并对产品以往产生的易用性问题进行正确的归类和细化，从而判断其可测性和优先级等。规范检查一般是检查核对UI界面规范。

- 动态测试可以采用用户调查、焦点小组、专家评估、测试验证、A/B测试等手段。
    - 用户调查包括易用性度量表调查和用户交互满意度问卷调查等。
    - 焦点小组通过确定主题清单、提问、访谈、头脑风暴等方法，收集小组成员对产品易用性主题的看法、感觉和构想。焦点小组一般包括测试人员、开发人员、设计人员和用户等。
    - 专家评估通常由多位不参与产品或项目的易用性专家来完成。
    - 测试验证通过模拟用户完成特定的测试任务来评估产品的易用性，并收集量化数据来判断用户对产品的满意度，是一种非常有效的方法。
    - A/B测试旨在对比两个或多个版本的内容效果，以识别哪一个版本对于用户更具吸引力。

由于用户最终要通过软件界面来使用软件系统，因此在一般情况下，易用性测试与界面测试会同时进行。表7-1列举了一些通用软件界面控件的易用性测试清单，实际测试时也可以将这些内容归并到相应的界面测试中。

表7-1　控件易用性测试清单

编号	测试内容
1	按钮名称易懂，用词准确，与同一界面上的其他按钮易于区分
2	常用按钮支持快捷方式
3	相同或相近功能的按钮用Frame(框架)包围，并提供标题或功能说明
4	集中放置完成同一功能或任务的元素
5	应当把首先输入数据和具有重要信息的控件安排在Tab顺序中的前面，并放置在窗口中较为醒目的位置

（续表）

编号	测试内容	
6	选项卡控件支持在页面间快捷切换，常用快捷键为Ctrl+Tab	
7	默认按钮应支持"回车"键进行选择操作	
8	选择常用功能或数值作为默认值	
9	单选按钮、复选框、列表框、下拉列表框的	按选择概率的高低排列
10	内容或条目较多的时候	按字母顺序排列
11	单选按钮和复选框按钮应有默认选项	
12	界面空间较小时，使用下拉列表框而非单选框	
13	选项条目较少时使用单选按钮，而在选项较多时则应使用下拉列表框	
14	专业性强的软件应使用相关的专业术语，通用性界面则提倡使用通用性术语	
15	不同界面的通用按钮的位置应保持一致	
16	常用按钮的等价按键应保持一致	
17	对可能给用户带来损失的操作，应支持可逆性处理	
18	对可能造成等待时间较长的操作应提供取消功能，并显示操作状态	
19	根据需要，程序应能自动过滤输入的空格	

7.2.3 A/B测试

A/B测试是通过设计两个版本(A/B)或多个版本(A/B/N)来对页面或流程进行测试，同时随机分配一定比例的客户访问。通过统计学方法进行分析，比较各版本对于给定目标的转化效果。最终，选择效果最好的版本正式发布给所有用户。

1. A/B测试的实施过程

A/B测试的过程并不复杂，但需要遵循明确定义的流程。以下是A/B测试的基本步骤。

1) 现状分析

分析业务数据，确定当前最关键的改进点。关键改进点往往是随着时间在变化。例如，应用刚上线的时候，流量可能是关键改进点；一旦流量稳定后，注册率可能成为新的关键改进点；接着，客户留存率可能会成为关键改进点。在业务逐渐平稳后，需要对整个流程进行分析，找到业务环节中最薄弱的部分，这往往可能就是新的关键改进点。

2) 方案建立

根据现状分析作出优化改进的假设。在数据分析的基础上确定关键改进点后，由于还没有经过实际验证，需要假设优化改进的方法。有了这些假设，便可以建立相应的优化方案。

3) 设定目标

设定优化某个页面或流程的目标是非常重要的，目标转化率可以作为衡量A/B版本优劣的指标。例如，对于一个商品的介绍页面，优化目标是希望有更多的用户"点击购买按钮"，可以将"购买"按钮的点击率作为衡量页面效果的指标。一般来说，可以设置多个目标，既有主目标，也有辅助目标。主目标是与实验直接相关的指标，而辅助目标则是实验间接影响的其他指标。

4) 设计版本

制作出两个或多个优化版本的设计原型。基于假设，设计出优化版本的界面样式或流程。A/B测试本质上是统计学中的假设检验，旨在通过筛选出来的样本来验证假设，从而判断假设对于总体是否成立。

5) 确定测试时长

确定A/B测试进行的时长。虽然A/B测试的意义在于快速验证和决策，但单个实验需要足够的时间才能保证结果具有统计意义。

6) 采集数据并分析数据

收集实验数据，进行有效性和效果判断。数据来源包括日志和系统指标等方面。

7) 分析结果

确定发布新版本后，调整流量分配比例以继续测试，或优化迭代方案进行重新开发。在统计学上的可信度确定以后，可以进行业务分析。基于行业领域知识，结合客户心理、使用习惯、直觉本能、偏好等多个角度进行业务分析，找出新旧版本优劣的真正原因。

2. A/B测试的应用场景

1) 体验优化

A/B测试可以让运营者根据数据谨慎地调整用户体验。通过构建假设并进行验证，可以深入了解界面元素如何影响用户行为。同时，假设也可能被证明是错误的，这意味着某些被认为是最佳体验的观点在本案例中可能并不适用。

2) 转化率优化

A/B测试不仅能回答一次性的问题或解决分歧，还可以持续改进用户体验，不断提高某个目标转化率。例如，如果希望通过广告页提高销售线索质量和数量，可以尝试通过A/B测试更改标题、图片、表单域、召唤语和页面整体布局等。A/B测试有助于确定哪些更改对访客的行为造成影响。随着时间推移，可以将实验中多个获胜的更改整合到新版本的界面中。

3) 广告优化

通过测试广告文案，营销人员可以了解哪个版本能吸引更多的点击。通过测试后续的着陆页，可以评估哪种布局最有效地将访问者转化为客户。如果在每个步骤中都能尽可能高效地吸引新客户，那么营销活动的整体支出实际上可以降低。

4) 算法优化

产品开发人员和设计人员可以使用A/B测试来评估新功能或更改所带来的影响。产品发布、客户互动、模式和产品体验都可以通过A/B测试进行优化，只要目标能明确定义，并且假设也足够清晰。

通过运行A/B测试，可以比较新版本与当前版本在用户体验上的变化，收集数据并进行分析。根据数据分析结果评估更改对业务的影响，可以确保每一项更改都产生正向结果，从而消除创新和迭代风险，促进业务快速增长。然而，A/B测试也存在一定的局限性。它是一种用于验证方案和想法的策略，而非全面的战略。此外，A/B测试还涉及一定的开发成本。

7.2.4 人机交互的软件工程

在软件工程专业国际教学规范SWEBOK中，人机交互课程被列为软件工程专业的必修课程之一，充分体现了人机交互学科在软件工程教学中的重要地位。尽管人机交互和软件工程表现为相互独立的两个部分，但从系统工程的角度来看，它们之间也存在着紧密的联系。这两者之间不仅存在信息交换，且相互之间的验证也为最终产品的易用性提供了有力保障。因此，研究人机交互在软件工程中的应用，对于软件易用性测试具有重要的参考意义。

1. 界面设计的黄金规则

在软件工程的人机交互领域，提出了界面设计的八条"黄金规则"，这些规则可以作为软件易用性测试的重要参考。黄金规则可应用于大多数的交互系统，这些规则来自经验并经过了多年的改进，但仍需针对特定的设计领域进行确认和调整。以下是这八条黄金规则。

(1) 保持一致性。在类似的环境中应确保动作序列的一致性；在提示、菜单和帮助屏幕中应使用相同的术语；应始终使用一致的颜色、布局、大写和字体等。对于异常情况，如要求确认、删除命令或口令没有回显，应确保这些情况可理解且数量有限。

(2) 满足普遍可用性的需要。认识到不同用户的需求和可塑性设计的要求，可使内容的转换更加便捷。新手与专家之间的差别、年龄范围、残疾情况和技术多样性，这些都能丰富指导设计的需求范围。为新用户添加特性(例如注解)和为专家用户添加特性(例如快捷方式和更快的操作节奏)，能够丰富界面设计并提高可感知的系统质量。

(3) 提供信息反馈。对每个用户动作都应有系统反馈。对于常用和较少的操作，反馈的响应应该适中；而对于不常用和主要的操作，其响应应该较多。

(4) 设计对话框以产生结束信息。应将动作序列组织成几组，每组有开始、中间和结束3个阶段。在一组动作完成后，提供信息反馈可以让用户感到完成任务的满足感和轻松感。例如，电子商务网站引导用户从选择产品一直到结账，最后通过一个清晰的交易确认页面来结束这一过程。

(5) 预防错误。要尽可能地设计出用户不会犯严重错误的系统。例如，将不适当的菜单项设置为不可用并禁止在数值输入域中输入字母字符。如果用户出错，界面应检测错误并提供简单、有建设性和具体的说明，帮助用户恢复。例如，如果用户输入了无效的邮政编码，不必重新键入整个姓名和地址表格，而应该得到指导来修改出错的部分。同时，错误的动作应该让系统状态保持不变，或者界面应给出恢复状态的相关说明。

(6) 允许动作回退。这个特性能减轻用户的焦虑，因为用户知道错误能够撤销，而且系统鼓励他们探索不熟悉的选项。可回退的单元可能是一个动作、一个数据输入任务或一个完整的任务组。

(7) 支持内部控制点。有经验的用户渴望掌控界面的感觉。他们不希望熟悉的行为发生意外或者改变，并且会因乏味的数据输入、难以获得所需的信息和无法生成期望的结果而感到沮丧。

(8) 减轻短期记忆负担。由于人类利用短期记忆进行信息处理的能力有限(通常只能记住5~9个信息块)，设计人员应避免在其设计的界面中要求用户必须记住一个屏幕上的信息，然后在另一个屏幕上使用这些信息。这意味着，手机不应要求用户重新输入电话号码，网站应保持必要信息可见，多页显示应尽量合并，并且应为复杂的动作序列提供足够的培训时间。

2. 前端测试

在当前软件开发技术中，Web应用程序开发是一个重要的分支，主要分为前端和后台开发。其中，前端是用户和系统进行交互的主要方式，其易用性在很大程度上影响到产品的口碑和用户体验。随着前端技术的发展，前端测试变得越来越重要，因为它可以有效地帮助开发人员确保代码质量，提高用户满意度。

前端测试在技术层面是指通过各种方法验证前端代码是否符合预期要求，包括易用性、UI测试、功能测试、性能测试、安全测试等。其中，易用性是前端测试的重点。前端测试可以在不正式发布应用程序之前发现系统中潜在的缺陷和问题，从而减少由于缺陷和问题导致的负面后果，并优化产品质量和用户体验。近期，前端开发主要的技术栈如图7-2所示。

前端测试可以使用手工测试和自动化测试相结合的方法进行实施。其中手工测试可以发现有关用户体验、设计和用户接口等方面的问题。自动化测试和其他的测试工具可以对手工测试进行很好的补充。常用的自动化测试和工具主要有以下几种。

- Cypress是一个用于Web应用程序的端到端测试框架，提供了一种快速可靠的方法来测试整个前端堆栈。它易于设置，并为编写和运行测试提供了强大的界面。Cypress简化了设置测试、编写测试、运行测试和调试测试，支持端到端测试、集成测试和单元测试，并能够测试在浏览器中运行的各种内容。此外，Cypress兼容Mac OS、Linux和Windows平台。

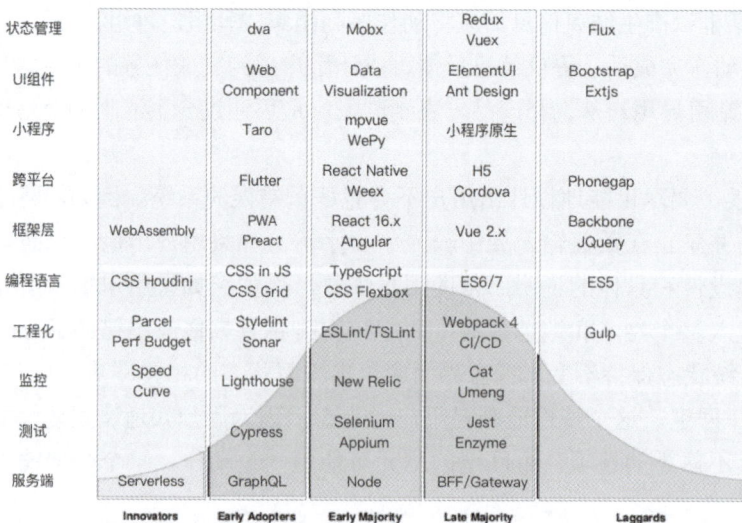

图7-2　前端开发主要技术栈

- Selenium是一套开源的自动化软件测试工具，能够测试Web应用程序在不同的浏览器和操作系统上的运行能力。Selenium可以帮助测试者更有效地实现基于Web应用程序的自动化测试。

- Appium是一个自动化测试开源工具，支持iOS和Android平台上的原生应用、Web应用和混合应用。Appium支持Java、Python、Ruby等多种语言进行脚本编写。

- Jest是一个强大的JavaScript应用程序测试框架，它为单元测试、集成测试和快照测试提供了一个简单易用的界面。它在行业中被广泛使用，并且拥有一个活跃的开发人员社区为其开发提供支持。

- Enzyme是一个专为React设计的JavaScript测试工具，方便开发者判断、操纵和历遍React组件的输出。Enzyme的API通过模仿jQuery的API，使得DOM操作和历遍很灵活、直观。

7.3 兼容性测试

随着用户对系统多程序运行能力和软件之间数据共享能力的要求，测试软件之间能否协作变得越来越重要。兼容性测试旨在验证软件在不同的硬件平台、软件平台、网络环境中能否正常工作，以及不同版本的软件和不同软件之间是否能够正确地交互和共享信息。

从兼容性测试的概念来看，软件的运行与操作系统类型及版本、浏览器种类及版本、网络环境的带宽、数据库种类和版本、外接设备、其他相关软件等因素有关。由于最终用户使用的环境往往不得而知，因此在资源和时间有限的情况下，要尽可能精准地模拟用户的使用环境，以确保开发的软件能够正确使用。兼容性测试的目的是检查所有平台上应用程序的工作情况。通常情况下，开发团队和测试团队的测试是在单一平台上展开。但是，一旦发布应用程序，客户可以在不同的平台使用产品，可能会发现应用程序中的错误，特别是兼容性问题。当最终的用户发现了应用程序的缺陷，就需要花费很多时间去开发补丁包以更新软件，因此兼容性测试非常重要。兼容性测试主要验证以下内容。

- 在与其他产品共享通用环境和资源的条件下，产品有效执行其所需的功能并且不会对其他产品造成负面影响的能力。

- 验证系统、产品或软件与一个或多个规定系统、产品或软件之间进行交互的能力。

- 验证产品或系统遵循与兼容性相关的标准、约定或法规的程度。

兼容性测试通常包括硬件兼容性测试、软件兼容性测试和数据兼容性测试三个方面。

7.3.1 硬件兼容性测试

硬件平台是软件运行的基础，无论是计算机还是嵌入式产品，都依赖于相应的硬件支持。然而，即使是同类硬件，也有很多不同的生产厂商。因此，在软件设计过程中，必须考虑如何兼容这些不同生产厂商的产品。不同的硬件配置会影响软件的性能，甚至导致软件运行结果不同，或使软件无法正常工作。硬件兼容性测试(即硬件配置测试)主要包括以下两个方面。

- 整机兼容性测试。验证软件在最低配置和推荐配置下功能和性能的正确性与合理性，同时检查软件系统在多种硬件配置环境下的功能和性能表现是否满足需求。

○ 外部设备兼容性测试。通过检查硬件驱动程序、扩展卡、硬件接口类型等，以确保软件可以适用于各种主流外部设备。

硬件兼容性测试应检查软件是否对硬件环境有特殊要求，以及软件和硬件配合后能否发挥应有的效率。需要注意的是，兼容性测试不同于配置测试。配置测试的对象是硬件，而兼容性测试主要测试的是软件兼容性，硬件兼容性只是其众多测试内容之一。

7.3.2 软件兼容性测试

软件兼容性测试是兼容性测试的主要内容，具体包括以下测试内容。

1. 操作系统/平台的兼容性

并不是所有的软件都具有平台无关性，因此需要测试软件与Windows、Linux、UNIX等操作系统的兼容性，以及与.NET、Java EE等平台的兼容性。由于操作系统和平台软件的版本众多，因此测试时通常会根据操作系统的普及程度进行取舍。

2. 软件之间的兼容性

不同软件之间也可能存在兼容性问题，因此需要测试软件与驱动程序等第三方支持软件的兼容性。此外，还需要考虑Web服务器、应用服务器和数据库服务器软件的兼容性。例如，测试Linux、Tomcat和MySQL之间的协同工作，以及同一个数据库系统是否能够同时支持多个不同版本的软件。

3. 数据库的兼容性

测试软件对Oracle、MySQL、SQL Server等数据库的支持能力是至关重要的。如果改变数据库软件，则需要测试软件是否可以继续运行，这可能需要大量修改程序或者提供必要的转换工具。此外，还需要测试新版软件系统的数据库是否能够兼容旧版本数据库中的数据。这就要求软件升级时，不能轻易删除和改变数据库中的表和字段。因此，在设计数据库时应预留一些字段，以便于后续版本对数据库进行扩展。

4. 浏览器的兼容性

在Web应用中，软件与客户端浏览器的兼容性是测试的重点。不同厂家的浏览器对Java、JavaScript、ActiveX、插件和HTML的支持各不相同，造成网页在不同浏览器中的表现不一样，甚至在某些浏览器中无法正常显示和操作。由于浏览器产品数量众多，且同一种浏览器的版本不断升级，浏览器和客户端操作系统的组合数量也非常多。因此，在测试时可以参考表7-2所示的客户端配置兼容性矩阵，重点选择国内主流浏览器和用户最常见的配置组合进行测试。

表7-2　常见的客户端配置兼容性矩阵

	IE8	IE10	Microsoft Edge	Firefox	Chrome	Opera
Windows XP	√			√	√	√
Windows 7		√		√	√	√

（续表）

	IE8	IE10	Microsoft Edge	Firefox	Chrome	Opera
Windows 10		√	√	√	√	√
Windows 11		√	√	√	√	√

确保软件在各种主流浏览器的各个版本中都能正常运行，是一项很费时的工作。不过，有很多优秀的工具可以辅助测试浏览器的兼容性。例如，如图7-3所示的SuperPreview是微软公司推出的网页开发调试工具，它可以同时查看网页在多个浏览器中的显示情况，并对页面排版进行比较。

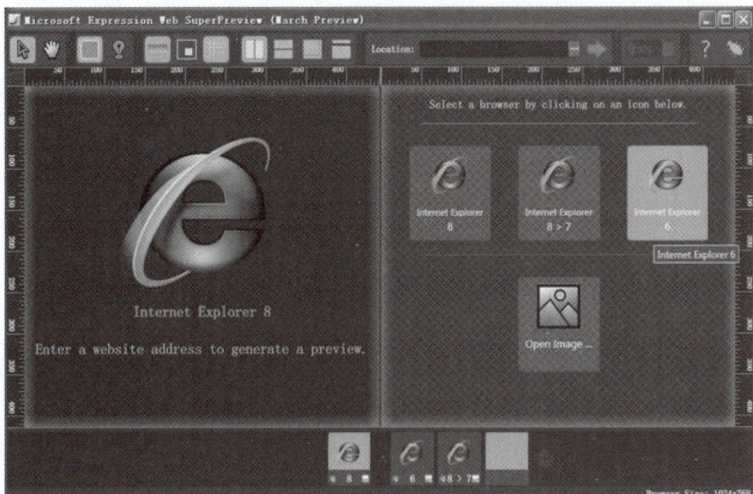

图7-3　SuperPreview工具

5. 显示分辨率的兼容性

软件对计算机显示分辨率的兼容性至关重要，因为无法确定用户采用何种分辨率。但是，我们可以通过调整软件使其适应用户设定的各种分辨率。如果在软件需求规格说明书中已经规定了一些建议的软件分辨率，测试时可以针对这些推荐的分辨率进行验证。常见的分辨率包括1024×768、1920×1080、2560×1440和3840×2160等。测试时需要保证软件在常用分辨率下页面显示完整，避免界面变形或遮挡，同时确保数据显示完整、字体大小符合要求。对于没有明确推荐的非主流分辨率，在测试完主流分辨率后，也应尽可能进行更多的分辨率兼容性测试，以提升大多数用户的使用体验。

6. 软件不同版本之间的兼容性

同一软件的不同版本之间的兼容性是一个重要的测试领域。关键问题包括：新版本的软件是否能够使用早期版本编辑的文件？新版本中新出现的功能是否能被早期生成的文件使用？这些都属于版本兼容性测试的内容。如果被测软件本身是平台软件，还需要验证原始平台上的软件在该平台软件上是否能够正常运行。例如，Windows的很多版本中仍然保留了对早期DOS程序的支持，在Windows系统桌面选择"开始"|"运行"命令，在打开的对话框中输入cmd指令，即可访问传统的控制台界面。

测试软件版本兼容性问题时，需要考虑版本向前兼容或向后兼容的问题。

- 向前兼容性测试旨在确保早期版本的应用程序或软件能够打开较新版本中的文件，并忽略早期版本中未实现的功能。比如USB 1.0能够兼容USB 3.0，或Office 2003能够使用转换器打开Office 2007的文件，并忽略Office 2007的新功能。
- 向后兼容性测试旨在验证应用程序或软件的新版本是否能够在旧版本中运行，并且应用程序的新版本能够顺利处理旧版本的程序数据。例如，USB 3.0兼容USB 1.0，或者Office 2007能够打开Office 2003的文件。

通常情况下，软件的向后兼容是必需的，否则用户前期的数据将无法被利用。向前兼容不是强制性要求，如果已经预先规划了后续版本的一些新的数据格式，则可以在当前版本软件中提前予以支持。XML的广泛使用在很大程度上解决了程序间数据的兼容性问题，它提供了一种统一的方法来描述和交换独立于程序和供应商的结构化数据，支持跨平台的信息交互，同时也是处理分布式结构化信息的有效工具。

7.3.3　数据兼容性测试

数据兼容性是指软件对不同数据格式的兼容能力，以及不同软件之间能否正确地交互和共享信息。测试内容一般包括以下几个方面。

- 测试软件是否能够正常操作和显示不同格式的数据，例如BMP、JPEG、GIF等不同格式的图像文件，以及不同格式的音频和视频文件。
- 与其他软件之间复制和粘贴文字是否正确。
- 旧版本的数据在新版本软件中是否能够打开。
- 新版本的文件是否能在旧版本软件中打开。
- 与同类型软件或相关第三方软件之间是否可以进行数据交换或数据共享。
- 数据存储格式是否符合标准。
- 信息是否能以XML等标准格式进行交互。
- 系统是否能够实现对规定格式数据的导入和导出。

7.4　本地化测试

随着互联网全球化进程的不断加深，越来越多的软件不再限于本土发行，而是将目标市场扩展至海外，推出多语言版本，以吸引海外用户。在产品国际化和本地化的过程中，为保证目标市场用户的体验顺畅，软件系统不仅需要经过翻译，还需要进行本地化测试。

7.4.1　本地化测试概述

软件本地化是一个将软件产品按特定国家或语言市场的需求进行全面定制的过程，主要包括翻译、功能调整、功能测试、重新设计和当地习俗的符合性验证等内容。在软件本地化过程中，有一些关键术语需要了解。

1. 全球化(Globalization，G11N)

软件产品或应用产品为进入全球市场而必须进行的一系列工程和商务活动，包括正确的国际化设计、本地化集成，以及在全球市场进行市场推广、销售和支持的全过程。

2. 国际化(Internationalization，I18N)

在程序设计和文档开发过程中，使功能和代码设计能够处理多种语言和文化传统，从而在创建不同语言版本时，不需要重新设计源程序代码的软件工程方法。

3. 本地化(Localization，L10N)

本地化是指将一个产品按特定国家、地区或语言市场的需要进行调整，以满足特定市场用户对语言和文化的特殊要求。

按照国际化要求生产的软件称为国际化软件。从实现技术和生产过程分析，国际化软件包括软件国际化和软件本地化两个相辅相成的环节。软件国际化保证软件具有"全球可用"的内在特征，而软件本地化可以满足目标市场用户在语言、文化和功能上的需要。虽然翻译在本地化工作中占据重要的地位，但本地化工作还涉及很多技术和文化层面的任务。

7.4.2　软件国际化标准

为了使软件国际化更加规范，目前已经建立了一些国际标准，这些标准涵盖字符集、编码、数据交换、语言输入方法、输出、字体处理和文化习俗等多个方面。主要的国际化标准组织如下。

(1) 国际标准化组织(International Standards Organization，ISO)。

(2) 可移植操作系统接口(Portable Operating System Interface，POSIX)。

(3) 美国国家标准学会(American National Standards Institute，ANSI)。

(4) 电气电子工程师学会(Institute of Electrical and Electronics Engineers，IEEE)。

(5) 统一码联盟(Unicode Consortium)。

(6) 开放组织(Open Group)。

这些国际组织相继发布了一些软件国际化标准，主要有以下标准。

(1) ISO/IEC 10646-1:2003。该标准定义了4字节编码的通用字符集(Universal Character Set，UCS)，也称通用多八位编码字符集。

(2) ISO 639-1:2002。这是国际标准化组织ISO 639语言编码标准的第一部分，包含136个两字母的编码，用于标示世界上主要的语言。

(3) ISO 3166-1:1997。该标准是ISO 3166的第一部分，提供了ISO标准国家代码。每个国际普遍公认的国家或地区有三种代码：二位字母代码、三位字母代码以及联合国统计局所建立的三位数字代码。这些代码分为正式代码、保留代码和私用代码。国家标准GB/T 2659-2000《世界各国和地区名称代码》与ISO 3166-1:1997等效采用。

(4) RFC 3066。该标准定义了语言鉴定标签，用于说明用在信息对象领域使用的语言，指导如何注册语言标签的值以及构造语言标签的匹配规则。

(5) GB13000国家标准《信息技术 通用多八位编码字符集(UCS)第一部分：体系结构与基本多文种平面》。该标准等同于国际标准ISO/IEC 10646-2003，采用标识(IDT)《信息技术 通用多八位编码字符集(UCS)第一部分：体系结构与基本多文种平面》。Unicod标准在基本平面上与GB 13000保持一致。

7.4.3　国际化开发测试流程

对于国际化软件而言，完整的开发周期包括需求分析、国际化、本地化、发布和维护等过程。国际化阶段包括设计、开发和测试等环节，必须在每个环节中重视软件的本地化能力。国际化软件的开发流程需要遵循软件工程的相关要求，分为需求分析、软件设计、软件编码、软件测试、质量保证、软件发布等过程。国际化软件的开发流程如图7-4所示。

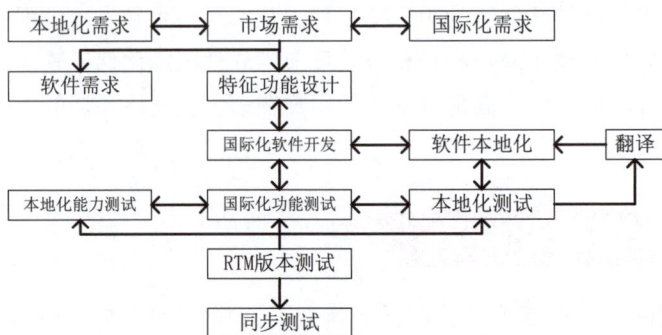

图7-4　国际化软件开发流程

在需求分析阶段，既要考虑软件的功能需求，也要关注软件的国际化需求。此外，为了缩短源语言开发的版本和本地化版本的发布时间间隔，国际化版本的开发应与软件本地化过程同步进行。在测试方面，应尽可能同时进行国际化版本的国际化功能测试和本地化版本的本地化测试，以便尽早发现并修改国际化设计中的错误。

软件本地化的具体实施主要包括以下步骤。

(1) 建立配置管理体系，以跟踪目标语言各版本的源代码。

(2) 创造并维护术语表。

(3) 从源语言代码中分离资源文件或提取需要本地化的文本。

(4) 把分离或提取的文本、图片等翻译成目标语言。

(5) 把翻译好的文本、图片重新插入目标语言的源代码版本中。

(6) 如果需要，编译目标语言的源代码。

(7) 测试翻译后的软件，并调整用户界面以适应翻译后的文本。

(8) 测试本地化后的软件，确保格式和内容的准确性。

7.4.4　本地化测试内容

在进行软件本地化测试之前，需要先检查软件源代码是否遵循了软件国际化标准，验证是否具备软件国际化所应有的全部特征，包括字符集、资源与代码分离、时区设置和语言设置等。本地化测试主要包括以下内容。

1. 翻译

翻译是本地化测试的基础内容。首先，需要检查软件中显示的文字和帮助文档的内容是否已翻译成当地语言，并且能够被读懂。软件测试员或测试小组至少要对所测试的语言基本熟悉，能够使用软件并理解显示的文字，并准确输入必要的命令以执行测试。

2. 文本扩展

当将英文翻译为其他语言时，翻译后的内容长度可能显著增加，这种现象称为文本扩展。文本扩展可能导致多种问题，例如窗口中的按钮文本截断、缺乏换行，或者按钮长度自动扩展导致窗口布局发生很大变化。文本扩展还可能导致系统崩溃，例如英文文本分配的内存足够，但对于其他语言文本可能就不够。

3. 字符编码问题

有些软件使用代码页和DBCS(双字节字符集)提供对不同语言的支持，但在某些情况下可能会出现问题，例如缺乏代码页之间的转换，导致显示的字符出现乱码。建议优先使用Unicode字符集，因为它几乎包含了所有语言的字符。

4. 热键和快捷键

在本地化测试中，需要测试所有的热键和快捷键能否正常工作，并符合当地习惯。例如，英文中的Search翻译成法语是Rechercher，而英文中的热键是Alt+S，在法语中应更改为Alt+R。

5. 扩展字符

所谓扩展字符是指在普通英文字符之外的字符，例如许多键盘上看不见的象形字符。在进行这类测试时，需要在所有接受输入和输出的地方尝试使用扩展字符，以检查它们是否能够像普通字符一样被处理。这包括验证其是否能正常显示、打印，以及在程序之间复制和粘贴时的表现。

6. 排序与大小写

不同语言的排序规则各不相同。在某些亚洲地区，排序通常是按字符的笔画进行，而欧美地区则一般按字母顺序排序。此外，对于大小写的处理，ASCII字符通过加减32进行大小写转换，如果对其他语言使用同样的方法，则很可能会出错。

7. 从左到右和从右到左读

某些语言，如阿拉伯语、波斯语和希伯来语，是从右向左阅读的，测试时需要特别关注这些语言的处理情况(大多数操作系统已经提供了对这些语言的内部支持)。

8. 图形中的文字

有些菜单中使用字符作为图标，例如使用"B"表示加粗(BOLD)的首字母。在其他语言中，对于不懂英文的用户，这可能会造成困惑。因此，在本地化过程中，需要考虑对图标进行相应的改变。

9. 字符串连接的问题

目前，许多软件将需要翻译的内容存储在源代码之外的独立文件中，这些文件被称为资源文件。当动态生成提示信息时，可能会使用一些文本碎片拼接成一个完整的提示信息。对英文来说，这通常没有问题，但对于其他语言，由于文字顺序不一样，拼接在一起可能会导致错误。

10. 内容

在一个国家被视为正确的内容，换到另一个国家就可能是完全错误的。因此，需要仔细检查翻译内容，以确保其符合当地的文化和地区规范。例如，在有些国家左侧行驶对的，但同样的内容在其他国家需要修改为右侧行驶才是对的。另外，在软件本地化过程中应该考虑各区域文化的影响。由于不同国家的文化差异，即使一个很小的细节，也可能导致理解上的不一致。这些内容主要包括包装、图标、宣传、广告、政治术语、颜色等方面。

11. 数据格式

数据格式包括度量单位、日期、时间、电话号码、纸张大小等，不同国家采用的格式各不相同。除了确保格式正确以外，有时还需要相应地修改代码。例如，有的地区以周一作为星期的开始，有的地区是以周日作为星期的开始。不同的国家使用的日期显示格式也存在差异。美国的标准是使用MM/DD/YY来显示月、日、年，有时还会使用"-"作为日期分割符；欧洲采用日、月、年的顺序，而中国的标准则是年、月、日。

12. 配置和兼容性问题

配置问题涉及不同的外设，例如键盘布局和打印机等。在确保正常使用的同时，还需要保证打印机能够打印出软件发送的所有字符，并在不同规格的纸张上打印出正确的格式。

7.5　验收测试

验收测试(Acceptance Test)是指在软件产品完成功能测试和系统测试之后，在产品发布之前所进行的软件测试活动。它是技术测试的最后一个阶段，也称为交付测试。验收测试主要验证系统是否达到了用户需求规格说明书(可能包括项目或产品验收标准)中的要求。通过尽可能发现软件中的缺陷，验收测试为软件的进一步改善提供支持，并确保系统或软件产品最终能够被用户接受。

7.5.1　验收测试的步骤

验收测试的主要目的是在真实的用户工作环境中检验完整的软件系统是否满足软件开发技术合同规定的要求，由此确定软件的需求方能否接受该软件。验收测试的步骤如下。

(1) 制订测试计划、测试项、测试策略及验收通过标准，并邀请客户参与计划评审。

(2) 建立测试环境，设计测试用例，并通过评审。

(3) 准备测试数据，执行测试用例，记录测试结果。

(4) 分析测试结果，根据验收通过标准分析测试结果，从而决定项目是否验收通过，并进行测试评价。常见的测试结果如下。

- ◯　测试项目通过。
- ◯　测试项目未通过，且无变通方法，需要进行大幅修改。
- ◯　测试项目未通过，但存在变通方法，计划在维护后期或下一个版本中改进。
- ◯　测试项目无法评估或者无法提供完整的评估。此时必须说明原因。如果是因为该测试项目说明不清晰，应修改测试计划。

(5) 提交测试报告。

7.5.2　验收测试的策略

验收测试通常由软件的用户方组织，由独立于软件开发的人员实施。如果验收测试委托第三方实施，通常应委托国家认可的第三方测试机构。验收测试的主要策略包括正式验收测试、Alpha测试和Beta测试。选择的策略通常建立在合同需求、组织和公司标准以及应用领域的基础上。

1. 正式验收测试

正式验收测试是一项管理严格的过程，通常是系统测试的延续，其测试计划和设计的周密程度与系统测试相当，所选用的测试用例通常是系统测试中执行测试用例的子集。正式验收测试有以下两种方式。

(1) 在开发组织或独立的测试小组中，与最终用户组织的代表共同执行验收测试。

(2) 验收测试完全由最终用户组织实施，或者由最终用户组织人员组成一个客观公正的小组来进行测试。

正式验收测试的优点如下。

- ◯　测试的功能和特性都是已知的。
- ◯　可以对测试过程进行评估和监测。
- ◯　测试可以自动执行，并支持回归测试。
- ◯　可接受性标准是已知的。

正式验收测试的缺点如下。

- ◯　需要大量的资源和计划。
- ◯　测试内容可能与系统测试的部分过程重复。
- ◯　不易发现因主观原因导致的软件缺陷。

2. Alpha测试

Alpha测试也称为α测试，是在产品发布之前确定产品是否符合其性能标准的一种方法。该测试主要由熟悉产品预期功能的产品开发人员和工程师执行。其目的是通过查找和修复在之前的测试中未被发现的错误来改进软件产品。Alpha测试通常使用白盒测试和黑盒测试技术来执行。完成Alpha测试后，紧接着进行的是Beta测试。在Beta测试阶段，目标受众将抽样试用产品。

在执行Alpha测试时，如果从这个测试中得到的数据是不可操作的，最好在开发周期中尽快识别出问题，以避免在不必要的测试上投入过多资源。Alpha测试的主要目标如下。

○ 软件工程师在产品向公众发布之前识别并修复产品的问题。

○ 让客户参与开发过程，以便可以帮助塑造最终产品。

○ 在发布前验证软件产品的部分可靠性。

Alpha测试的优点如下。

○ 提供了对软件可靠性的重要参考，同时揭示了可能出现的潜在问题。

○ 帮助软件团队在将应用程序投放市场之前增强对其产品的信心。

○ 使团队能够腾出时间专注于其他项目。

○ Alpha测试人员的早期反馈有助于公司提高产品质量。

○ 允许开发人员获得用户反馈，从而优化设计过程。

Alpha测试的缺点如下。

○ Alpha测试的主要目的是测试用户对应用程序的反应，而非专注于发现缺陷。

○ 难以复制实际环境中出现的特殊情况。

○ 对于小型项目，不宜进行详细的Alpha测试，否则会增加预算和项目实施周期。

○ 对于经过严格测试的大型项目，对其进行Alpha测试可能非常耗时。此外，由于出现错误的可能性较高，需要完成适当的测试计划和文档工作，这可能会间接导致项目发布延迟。

3. Beta测试

Beta测试也称为β测试，是一种客户验证方法，通过让最终用户(实际使用该产品的用户)在一段时间内验证该产品来评估客户对产品的满意度。最终用户的反馈涉及设计、功能和可用性等方面，这些反馈有助于评估产品的质量。

Beta测试应满足三个基本条件：目标市场、可使用的测试产品和明确的测试结果要求。尽管满足这三个条件并不意味着测试一定能够成功，但如果不满足这些条件，就会阻碍Beta测试的有效性。这三个条件的任何一项都可能削弱Beta测试本该具有的价值。

Beta测试的优点如下。

○ 测试由最终用户实施。

○ 拥有大量潜在的测试资源。

○ 提高客户对参与人员的满意程度。

○ 与正式或非正式验收测试相比，能够发现更多由于主观原因造成的缺陷。

Beta测试的缺点如下。

○ 未对所有功能或特性进行测试。

○ 测试流程难以评测。

○ 最终用户可能沿用系统工作的方式，并可能没有发现或报告缺陷。

○ 最终用户可能更关注新系统与遗留系统的比较，而不是专注于查找缺陷。

○ 用于验收缺陷的资源不受项目的控制，可能受到压缩。

7.6 思考题

1. 什么是软件可靠性？

2. 软件可靠性的评价指标有哪些？

3. 常用的软件可靠性模型有哪些？

4. 易用性测试包含哪些测试方法？

5. 什么是A/B测试？

6. 请描述优秀游戏界面的设计要素。

7. 兼容性测试主要包含哪些方面？

8. 什么是I18N和L10N？

9. 简述国际化开发的测试流程。

10. 验收测试是由用户完成的吗？为什么？

11. 简述验收测试的主要内容。

12. 什么是Alpha测试和Beta 测试？试比较它们的异同。

第 8 章

软件测试管理

本章将主要介绍项目管理、软件缺陷管理和软件测试文档。软件测试管理属于项目管理的一部分，本章将首先概述软件项目管理知识体系，包括项目管理所需的知识、技能和工具。接着，以敏捷开发为例介绍测试管理体系，并简要介绍常用的项目管理软件和软件配置管理，建立和维护软件产品的完整性和一致性。软件缺陷管理部分将主要介绍软件缺陷的属性、生命周期、分离和再现过程，以及软件缺陷报告，这些内容反映了项目产品当前的质量状态。此外，还将简要介绍常用的软件缺陷管理工具。最后，本章将以软件和系统测试文档标准以及计算机软件测试编制规范为例，重点介绍软件测试文档，特别是测试计划这一重要文档。

本章的学习目标：

- ⭕ 理解项目管理知识体系
- ⭕ 掌握常用的项目管理软件
- ⭕ 理解软件配置管理与测试的特点
- ⭕ 理解软件缺陷的属性
- ⭕ 掌握软件缺陷的生命周期
- ⭕ 掌握软件缺陷报告
- ⭕ 理解软件缺陷的分离和再现过程
- ⭕ 掌握常用的软件缺陷管理工具
- ⭕ 理解软件和系统测试文档标准
- ⭕ 理解计算机软件测试编制规范
- ⭕ 掌握测试计划的编写方法

8.1　项目管理

项目是为了在规定的时间、费用和性能参数下满足特定的目标而由一个人或一个组织所进行的具有规定的开始和结束日期、相互协调的活动集合。项目的成功主要依赖于三个要素：按时完成任务、质量符合预期要求，以及成本控制在预算范围内。

8.1.1 项目管理概述

项目管理知识体系(Project Management Body of Knowledge，PMBOK)是由项目管理协会(PMI)对项目管理所需的知识、技能和工具进行的概括性描述。PMBOK为管理单个项目提供指导，并定义了与项目管理相关的概念。该体系还详细描述了项目管理生命周期和相关过程，包含了项目管理专业全球认可的标准和指南。

根据PMI的定义，项目管理就是在项目活动中应用知识、技能、工具和技术，以满足或超越项目干系人的要求和期望。项目管理是一项综合性的活动，如果其中某一项活动失败，这一部分通常会影响其他部分。这些交互作用常常需要在项目目标之间取得平衡。成功的项目管理需要主动地管理这些交互的活动，以提升整个项目的绩效。

在PMBOK第6版中，项目管理主要包括五大过程，如图8-1所示。

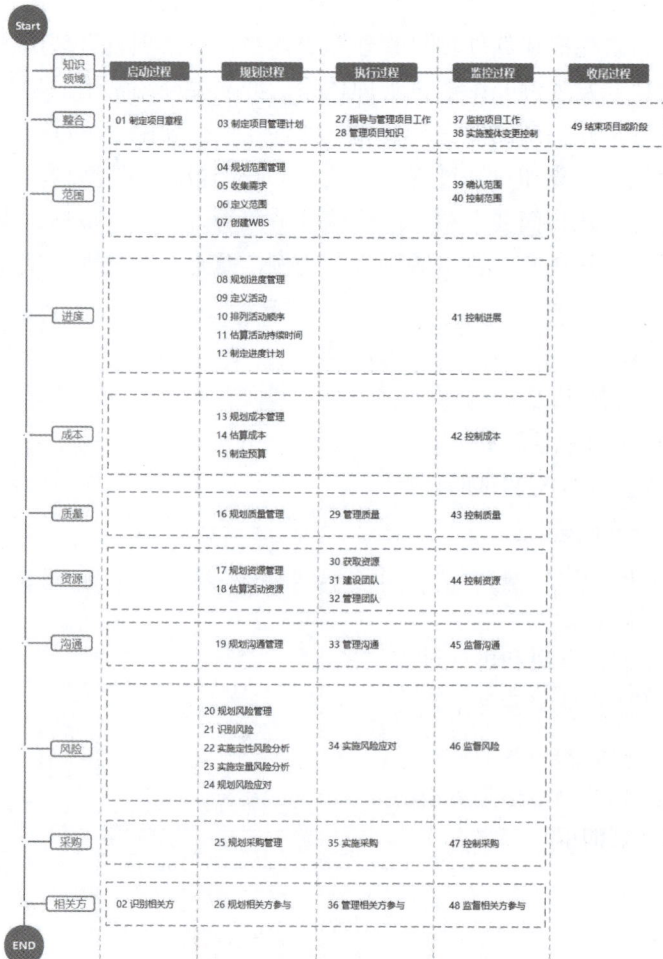

图8-1　PMPOK的过程和知识领域

(1) 启动过程：获得授权，定义一个新项目或现有项目的新阶段，开始正式该项目或阶段。

(2) 规划过程：明确项目范围、优化目标并制定实现目标的行动方案。

(3) 执行过程：完成项目管理计划中确定的工作，以实现项目目标。

(4) 监控过程：跟踪、审查和调整项目进展与绩效，识别必要的计划变更并启动相应变更。

(5) 收尾过程：为所有过程组的所有活动进行收尾以正式结束项目或阶段。

在PMBOK第6版中，项目管理主要包括十大知识领域，旨在实现成本、时间和范围之间的平衡。

(1) 项目整体管理：项目整体管理是为了正确协调项目所有各组成部分而进行的各个过程的集成，是一个综合性过程，其核心在于在多个互相冲突的目标和方案之间进行权衡，以满足项目利害关系者的要求。

(2) 项目范围管理：项目范围管理就是确保项目不仅完成全部规定的工作，而且仅限于完成这些工作，从而成功实现项目的目标。其基本内容是定义和控制列入或未列入项目的事项。

(3) 项目时间管理：项目时间管理的目的是保证在规定时间内完成项目。

(4) 项目成本管理：项目成本管理旨在确保项目在批准的预算内顺利完成。

(5) 项目质量管理：项目质量管理是为了确保项目能够满足最初设定的各种要求。

(6) 项目人力资源管理：项目人力资源管理旨在确保有效利用项目参与者的个别能力。

(7) 项目沟通管理：项目沟通管理在人、思想和信息之间建立联系，这些联系对于项目的成功至关重要。参与项目的每一个人都必须能够以项目语言进行沟通，并理解其沟通如何影响项目整体。项目沟通管理确保项目信息能够及时、准确地提取、收集、传播、存储和处置。

(8) 项目风险管理：项目风险管理包括识别和分析不确定因素，并对这些因素采取应对措施。项目风险管理的目标是把有利事件的积极结果最大化，同时将不利事件的后果降低至最低。

(9) 项目采购管理：项目采购管理的过程旨在从项目组织外部获取货物或服务。

(10) 项目相关方管理：项目相关方管理的目标是与项目相关方建立良好的关系并确保其满意。

在PMBOK第7版中，知识领域转变为八个绩效域，如图8-2所示。绩效域是一组对有效交付项目成果至关重要的相关活动。绩效域所代表的项目管理系统体现了彼此交互、相互关联且相互依赖的管理能力，这些能力只有协调一致才能实现期望的项目成果。随着各个绩效域彼此交互和相互作用，项目的变化也会随之发生。

在项目管理中，许多企业和项目团队意识到，传统的项目管理模式已不能很好地适应当今的项目环境的需求。随着敏捷开发的兴起，敏捷项目管理应运而生。敏捷项目管理具有以下特点。

(1) 灵活响应：敏捷项目管理强调对变化快速响应，并及时调整项目计划。

(2) 价值优先：敏捷项目管理以实现业务价值为核心，强调尽早交付关键功能，快速获取用户反馈。

(3) 迭代开发：敏捷项目管理采用迭代方式进行项目开发，每个迭代周期都会产生可交付的成果。

(4) 团队协同：敏捷项目管理注重团队协作，鼓励跨部门、跨角色的团队成员紧密合作。

(5) 客户导向：敏捷项目管理强调客户参与，及时响应客户需求变化。

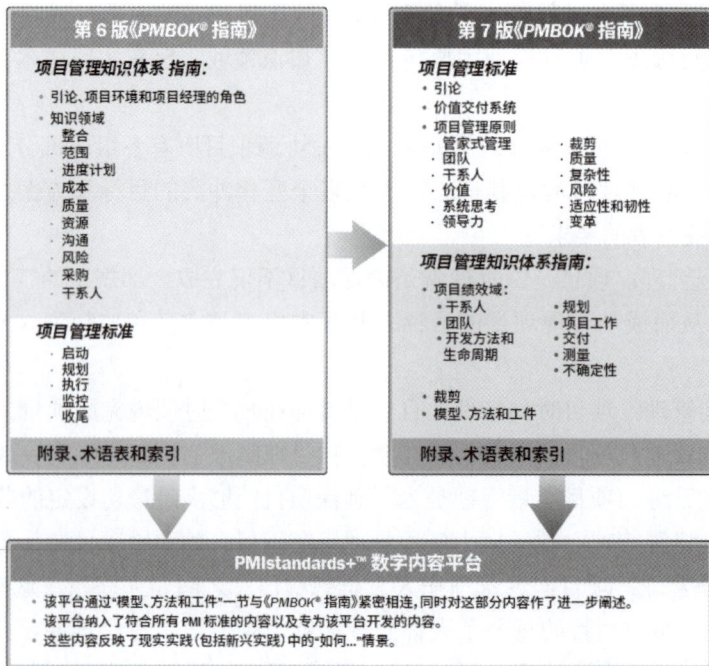

图8-2　PMPOK第6版到第7版的更新内容

敏捷项目管理的基本流程如下。

(1) 制订项目计划：确定项目的范围、目标、约束条件和可交付成果。

(2) 划分迭代周期：将项目分解为多个迭代周期，每个周期都有明确的目标和可交付成果。

(3) 开展需求分析：在每个迭代周期开始之前，进行详细的需求分析，以明确需要实现的功能和业务价值。

(4) 制订开发计划：根据需求分析结果，制订详细的开发计划，包括任务分配、时间安排和质量要求。

(5) 团队协作与执行：鼓励团队成员紧密协作，按照开发计划执行任务，并及时沟通进度和质量。

(6) 迭代评估与调整：在每个迭代周期结束时，对已完成的成果进行评估，及时调整项目计划和开发计划。

(7) 项目收尾与总结：在项目完成时，进行全面的项目收尾工作，总结经验教训，为类似项目提供参考。

敏捷项目管理的核心概念如下。

(1) 用户故事：以用户需求为中心，将需求描述为用户故事，以便更好地理解和满足用户的期望。

(2) 迭代计划：将项目分解为多个迭代周期，并根据优先级和资源可用性制订迭代计划，以实现项目目标。

(3) 增量交付：每个迭代周期都产生一个可交付的增量产品，以便快速验证和反馈，减少风险并提高产品质量。

(4) 燃尽图：用于追踪项目进展和预测项目完成时间的工具。燃尽图可以帮助团队识别问题并及时调整策略。

(5) 每日站立会议：每天进行短暂的团队会议，分享进展、问题和计划，促进沟通和协作。

熟知敏捷项目管理的专业人士可以通过PMI-ACP认证来提升自己的专业能力。PMI-ACP是"Project Management Institute-Agile Certified Practitioner"的缩写，即项目管理学院-敏捷认证专业人士。这项认证由PMI提供，旨在认证专业人士在敏捷项目管理方面的知识和经验。获得PMI-ACP认证可以帮助个人在敏捷项目管理领域获得更好的认可和就业机会。

8.1.2 项目管理软件

项目管理软件是一种用于管理项目各个方面的工具。这些工具通常包括从项目计划阶段(资源分配、设置截止日期、建立和分配工作任务列表)到项目调度、跟踪和报告的所有内容。最优秀的项目管理工具能够帮助团队协调并自动化项目中的工作，以及管理整个投资组合、团队和部门的工作。项目管理工具可以帮助团队高效地协作、分配任务和跟踪进度，并提供实时沟通、数据分析和报告等功能，这些对于提高团队生产力和效率至关重要。

常用的项目管理软件如下。

(1) 传统项目管理软件：Microsoft Project、Primavera P6、Smartsheet。

(2) 敏捷项目管理软件：禅道、TAPD、Aone、iCafe、JIRA、Trello。

(3) 协作项目管理软件：Gitee、PingCode、Basecamp、Monday.com、Wrike。

(4) 开源项目管理软件：Redmine、Taiga、GitLab。

(5) 在线项目管理软件：Teamwork、Zoho Projects、Workfront。

(6) 企业级项目管理软件：Oracle Primavera、Planisware、SAP Project System。

(7) 云端项目管理软件：Microsoft Azure DevOps、Google Cloud Platform、Amazon Web Services。

(8) 移动端项目管理软件：Basecamp、Trello、Asana。

(9) 个人项目管理软件：Todoist、Evernote、Notion。

(10) 团队协作工具：PingCode、Microsoft Teams、Slack。

下面简要介绍几款典型的软件项目管理软件。

○ Gitee是由OSCHINA推出的代码托管和协作开发平台，汇聚大量本土原创开源项目。它提供企业级代码托管服务，成为开发领域领先的SaaS服务提供商。

○ PingCode是一款简单易用的新一代研发管理平台，旨在实现研发管理自动化、数据化、智能化，帮助企业提升研发效率。

○ TAPD是腾讯公司推出的敏捷产品研发协作平台，提供贯穿敏捷开发生命周期的一站式服务。它覆盖从产品概念形成、产品规划、需求分析、项目规划和跟踪，到质量测试、构建发布和用户反馈跟踪的产品研发全过程。

○ AONE(Alibaba One Engineering System)是一个用于数字化研发协同的平台，利用数据驱动和度量分析来优化集团的科研效能。该平台支持项目经理、产品经理、前端开发人员、设计师和测试工程师等多种角色，实现高效的协同工作。

○ iCafe是百度推出的互联网研发管理工具，其内嵌了产品规划、开发计划、执行跟踪、回顾分析、持续改进等众多优秀实践，可以使研发管理轻松高效，为企业提供基于敏捷开发方法的任务协同工具。

○ Microsoft Project是一款传统的项目管理软件，它提供了广泛的功能和工具，可以帮助用户规划、执行和监控项目。

○ JIRA是一款广泛应用于敏捷项目管理的软件，它提供了丰富的功能和工具，可以帮助团队高效地规划、追踪和交付项目。

○ Trello是一款流行的敏捷项目管理软件，它使用了看板(Kanban)的方式来组织和跟踪项目。

○ GitLab是一个开源的项目管理软件，它提供了一套完整的工具和功能，可以帮助团队协作和管理项目。

○ Microsoft Azure DevOps是一款强大的云端项目管理软件，它提供了全面的项目管理和协作工具，适用于各种规模的团队和项目。

8.1.3 软件配置管理与测试

软件配置管理(Software Configuration Management，SCM)是一项用于标识、组织和控制软件变更的技术。它与软件开发过程紧密相关，旨在建立和维护软件产品的完整性和一致性。

在实际的软件测试工作中，经常会遇到由于缺乏软件配置管理而产生的问题，例如：

○ 缺陷只在测试环境中出现，而在开发环境中无法重现。

○ 已经修复的缺陷在新版本软件测试时再次出现。

○ 程序发布前已经通过内部测试，但是发布时却出现软件运行失效的问题。

产生上述问题的主要原因是软件开发过程中涉及众多的研发阶段、软件组成部分、人员、工具、环境等因素。软件在开发、测试、修改和升级的过程中不断变化，如果不能及时识别和控制软件变更，并向所有人员统一展示软件的当前状态，就会导致软件开发过程的混乱。

软件配置管理的作用主要体现在以下几个方面。

○ 支持并行开发。软件配置管理能够实现开发人员同时对同一个程序进行开发和修改，即使在跨地域的分布式开发环境中，也能互不干扰、协同工作，解决多个用户对同一程序进行开发和修改所引起的版本不一致问题。

○ 资源共享。提供良好的软件资源存储和访问机制，使开发人员可以共享开发资源，解决多个用户对同一文件同时修改所引发的资源冲突问题。

○ 变更请求管理。跟踪和管理开发过程中出现的缺陷、功能变更请求或任务，促进软件研发人员之间的沟通和协作，使他们能够及时了解变更的状态。

- 版本控制。跟踪每个软件版本变更的创建者、时间和原因，从而提高发现软件缺陷的效率，确保能够重现软件的任何历史版本。
- 软件发布管理。软件项目管理确保软件项目经理能够及时、清晰地了解项目的当前状态，并管理和计划软件的变更。
- 软件构建管理。通过配置管理系统实现自动化的软件构建过程。
- 软件过程控制。贯彻实施正规化的开发标准，避免过程中的混乱。

一般来说，软件配置管理包括以下五项最重要的活动。

1. 配置项识别

配置项识别就是将软件配置项按规定统一编号，并将其划分为基线配置项和非基线配置项。所有配置项将存储在配置库中，以便于所有人员了解每个配置项的内容和状态，同时为不同人员设定配置项使用权限。所有基线配置项仅向开发和测试人员开放读取权限，不能随意修改；而非基线配置项则向项目管理人员和其他相关人员开放。

软件配置管理中涉及两个重要的概念，分别是"配置项"和"基线"，其含义如下。

- 配置项是配置管理的对象。软件开发过程所产生的所有程序、数据、文档等都是软件的组成部分，都需要作为配置项进行管理。此外，配置项还包括操作系统、开发工具、数据库等软件环境和工具。软件特定版本的配置项之间需要相互匹配以保持软件整体的一致性。
- 基线是已经正式通过审核批准的一个配置项或一组配置项的集合，旨在作为进一步开发的基础，并且只能通过正式的变化控制过程进行修改。基线通常与项目开发过程中的里程碑相对应，经过评审批准的阶段性成果的统一标识标志着项目的不同基线。常见的基线包括需求规格说明、设计说明、特定版本的源程序、测试计划等。根据使用对象的不同，基线又可以分为面向内部使用的软件构建基线和面向用户使用的软件发布基线。

2. 变更控制

在软件开发过程中，需求、设计、程序代码、开发资源及环境等都会发生变更。变更控制就是对变更进行跟踪和规划，以便于管理和追溯，避免开发过程的混乱。变更控制使得对配置项的任何修改都在软件配置管理系统的控制之下，并且保障配置项在任何情况下都能恢复到任何历史状态。图8-3展示了变更控制的基本流程。

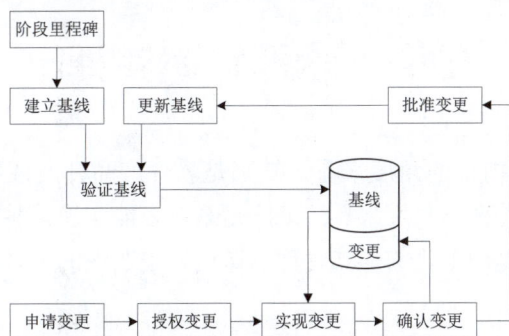

图8-3　变更控制的基本流程

3. 版本管理

版本管理包括对文档、程序等配置项的各种版本进行的存储、登记、索引和权限分配等一系列管理活动，其目的是按照一定的命名规则保存所有版本的配置项，避免发生版本丢失或混乱，并确保能快速和准确地查找到特定版本下的配置项。版本管理通过加锁等方法控制对软件资源的访问，确保多人同时开发软件时资源内容的一致性。常见的版本管理软件有Gitee、PingCode、Git和SVN等。

在软件测试中，报告缺陷时需要提供发现缺陷的具体版本信息。在缺陷分析时，利用版本号来区别缺陷并判断缺陷的发展趋势。软件版本说明是开发人员和测试人员之间交流的有效形式，测试人员可以通过版本说明确定当前的测试版本相较于上一版本有哪些显著变化，从而进行更有针对性的测试。

测试人员是软件产品整体质量的把关者，软件版本的更新和发布通常在其控制之下。同时，测试人员控制软件版本也可以提高测试效率，避免不必要的版本更新以及由此造成的频繁回归测试。

4. 配置状态报告

根据配置库中的记录，通过CASE工具可以生成不同的配置状态报告，例如配置项的状态、基线之间的差异描述、变更日志以及变更结果记录等。配置状态报告重点反馈了当前基线配置项的状态，同时也反馈了变更对软件项目进展的影响，可以作为项目进度管理的参考依据。

5. 配置审计

配置审计是变更控制的补充手段，旨在确保变更已被正确实施，其主要内容如下。
- 评估基线的完整性，确认所有配置项已正确入库保存。
- 检查配置记录是否正确反映了配置项的配置情况。
- 审核配置项的结构完整性。
- 对配置项进行技术评审，以防止不完善的软件实现。
- 验证配置项的正确性、完备性和一致性。
- 验证软件是否符合配置管理的标准和规范。
- 确保记录和文档保持可追溯性。

8.2 软件缺陷管理

如前所述，从产品内部的角度来看，缺陷是软件产品开发或维护过程中存在的各种错误和问题；而从产品外部的角度来看，缺陷是系统未能实现某种功能或违背了预期的表现。软件测试人员需要以规范化的形式管理测试过程中发现的软件缺陷。在修复缺陷的过程中，缺陷报告将测试人员和开发人员的工作紧密联系在一起，准确且易于理解的缺陷报告是开发人员正确、快速修复缺陷的基础。

8.2.1　软件缺陷的属性

为了正确和全面地描述软件缺陷，首先需要了解缺陷的一些主要属性。这些属性为缺陷的修复和统计分析提供了重要依据。软件缺陷主要包括以下几个属性。

1. 缺陷标识

缺陷标识是用于唯一识别软件缺陷的符号，通常采用数字编号。当使用缺陷管理系统时，缺陷标识会由系统自动生成。

2. 缺陷类型

缺陷类型是根据软件缺陷的自然属性进行分类的，具体分类如表8-1所示。

表8-1　软件缺陷的类型

缺陷类型	描述
功能	对软件使用产生重要影响，需要正式变更设计文档。例如功能缺失、功能错误、功能超出需求和设计范围、重要算法错误等
界面	影响人机交互的正确性和有效性，如软件界面显示、操作、易用性等方面的问题
性能	不满足性能需求指标，如响应时间慢、事务处理率低、不能支持规定的并发用户数等
接口	软件单元接口之间存在调用方式、参数类型、参数数量等不匹配或相互冲突等问题
逻辑	分支、循环、程序执行路径等程序逻辑错误，需要修改代码
计算	由于错误的公式、计算精度、运算符优先级等造成的计算错误
数据	数据类型、变量初始化、变量引用、输入与输出数据等方面的错误
文档	影响软件发布和维护的文档缺陷，包括注释等内容
配置	软件配置变更或版本控制引起的错误
标准	不符合编码标准、软件标准、行业标准等
兼容	操作系统、浏览器、显示分辨率等方面的兼容性问题
安全	影响软件系统安全性的缺陷
其他	其他未分类的缺陷类型

上述缺陷类型的划分并没有统一的标准，测试人员一般根据本企业所研发软件的特点定义适当的缺陷类型，以便于有针对性地分配缺陷修复工作和进行缺陷分类统计分析。

3. 缺陷严重程度

程度不同的软件缺陷对软件质量的影响程度不同。有些小的软件缺陷只影响软件的界面美观，并不影响软件的正常使用，而另一些缺陷则可能会对软件功能和性能产生严重影响。缺陷的严重程度是从用户使用的角度评估软件缺陷对软件质量的破坏程度。根据这一评估结果，可以合理安排缺陷修复工作，优先将有限的时间、人力资源等用于修复严重程度高的缺陷。缺陷严重程度的划分如表8-2所示。

表8-2　软件缺陷的严重程度

缺陷严重等级	描述
致命(Fatal)	缺陷会导致系统的某些主要功能完全丧失，系统无法正常执行基本功能，用户数据遭到破坏，系统出现崩溃、挂起和死机现象，甚至危及用户人身安全
严重(Critical)	系统的主要功能部分丧失，次要功能完全失效，用户数据无法正常保存，缺陷严重影响用户对软件系统的正常使用。这包括可能造成系统崩溃等灾难性后果的缺陷，如数据库错误
重要(Major)	产生错误的运行结果，导致系统不稳定，对系统功能和性能产生重要影响。例如，系统操作响应时间不满足要求，某些功能需求未实现、业务流程不正确、系统出现某些意外故障等
较小(Minor)	缺陷会使用户使用软件时感到不方便或遇到麻烦，但不影响用户的正常使用，也不影响系统的稳定性。主要涉及用户界面方面的一些问题，例如提示信息不准确、拼写错误、界面不一致等

4. 缺陷优先级

缺陷优先级代表缺陷必须被修复的紧急程度，具体划分如表8-3所示。

表8-3　软件缺陷的优先级

缺陷优先级	描述
立即解决 (Resolve Immediately)	缺陷的存在导致系统几乎无法运行和使用，或者使测试无法继续进行。例如，无法通过冒烟测试，必须立即修复
高优先级 (High Priority)	缺陷严重影响测试的正常进行，需要优先在规定的时间内(如24小时内)完成修改
正常排队 (Normal Queue)	缺陷需要修复，但可以正常排队等待处理
低优先级 (Not Urgent)	缺陷可以在开发人员有时间的时候进行修复，如果开发和测试时间紧迫，可以推迟到下一个软件版本中进行修正

缺陷的优先级是从开发人员和测试人员的角度出发，旨在合理安排工作时间并提高工作效率。在设定优先级时，虽然考虑到缺陷的严重等级，但并不是严重等级越高的缺陷就一定被越早处理。例如，某个缺陷并不是很严重，但是可能导致测试工作无法正常进行，那么该缺陷就应当被设置为高优先级，需要尽快得到处理。又如，某些缺陷的严重性等级很高，但是由于属于第三方软件缺陷或受到技术条件限制，暂时无法修复。此外，某些缺陷存在修复风险，例如需要重新修改软件架构，但是市场压力要求软件必须尽快发布。还有一些缺陷只是在非常极端的情况下才会发生，这些缺陷的优先级可能较低，因此不会被立即处理。

5. 缺陷出现的可能性

缺陷出现的可能性指的是某一缺陷发生的频率。例如，缺陷可能在每次执行测试用例时都100%出现，或者在执行10次测试用例时偶尔出现一两次。缺陷出现的可能性如表8-4所示。

表8-4　软件缺陷出现的可能性(缺陷的出现概率)

缺陷出现的可能性	描述
总是(Always)	软件缺陷的出现频率为100%，每次测试时都会重现
通常(Often)	测试用例执行时通常会产生该缺陷，出现概率为80%~90%
有时(Occasionally)	测试过程中有时会出现该缺陷，出现概率为30%~50%
很少(Rarely)	测试中很少出现该缺陷，出现概率为1%~5%

缺陷的出现概率影响到是否能够方便地重现缺陷，是测试和开发人员非常关注的一项缺陷属性。测试人员报告软件缺陷和开发人员修改缺陷时，都希望能够准确地重现软件缺陷，以便准确定位和分析产生缺陷的原因。然而，由于消息驱动、并行计算、分布式等复杂软件系统的不断增加，偶发性的缺陷经常出现，给缺陷的发现和排除带来了很大困难。这就要求软件系统具有详细的运行记录能力，包括关键系统运行日志和用户使用日志。同时，测试人员也需要更为详尽地记录系统运行环境和用户操作步骤，以便通过跟踪与分析找出偶发缺陷的产生原因。

6. 缺陷状态

缺陷状态用于描述跟踪和修复缺陷的进展，反映缺陷在其生命周期中的不同变化。常见的缺陷状态如表8-5所示。

表8-5　软件缺陷的状态

缺陷状态	描述
提交(Submitted)	已提交入库的缺陷
激活或打开(Active或Open)	缺陷提交得到确认，但尚未解决，正在等待处理
拒绝(Rejected)	开发人员认为该问题不是缺陷或是重复提交的缺陷，不需要修复
已修正或修复(Fixed或Resolved)	缺陷已经被开发人员修复，但是还没有经过测试人员的验证确认
验证(Verify)	缺陷验证通过
关闭或非激活(Closed或Inactive)	测试人员验证后认为缺陷已经成功修复
重新打开(Reopen)	测试人员验证后认为缺陷仍然存在，等待开发人员进一步修复
推迟(Deferred)	缺陷被推迟到下一个软件版本中修复
保留(On Hold)	由于技术原因或第三方软件的缺陷，开发人员暂时无法修复该缺陷
不能重现(Cannot Duplicate)	开发人员无法重现缺陷，需要测试人员补充说明重现步骤

7. 缺陷起源

缺陷起源是指测试时第一次发现缺陷的阶段，具体包括以下几个典型阶段：需求阶段、总体设计阶段、详细设计阶段、编码阶段、单元测试阶段、集成测试阶段、系统测试阶段、验收测试阶段、产品试运行阶段以及产品发布后的用户使用阶段。通常，发现缺陷越早，越有利于降低修复缺陷的成本。

8. 缺陷来源

缺陷来源是指软件缺陷发生的具体环节。在软件生命周期的某一阶段发现的缺陷可能来源于前期阶段出现的错误。例如，在编码阶段发现的缺陷，可能是由于需求分析或设计阶段中的错误所导致。因此，通过问题回溯找到缺陷产生的源头，不仅有利于发现可能存在的相关缺陷，还能彻底修复软件潜在的问题。同时，这一过程也有利于分析各阶段的研发质量。缺陷通常来源于以下几个方面。

- 需求说明书：需求分析错误或不准确。
- 设计文档：设计与需求不一致或设计错误。
- 系统接口：接口参数不匹配等问题。
- 数据库：数据库逻辑或物理设计中的问题。
- 程序代码：因编码问题引发的缺陷。
- 用户手册：内容不当导致用户操作问题。

根据统计，软件研发过程中各阶段缺陷的产生比例如图8-4所示。实际上，70%~90%的缺陷源于程序测试之前的阶段，尤其是需求分析和设计阶段。因此，必须加强对需求和设计的审查和评审，从来源上减少缺陷数量，控制软件质量，而不是仅仅依赖于程序测试。

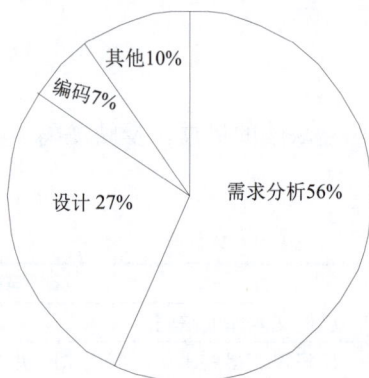

图8-4　各阶段产生缺陷的比例

9. 缺陷根源

缺陷根源是指造成软件缺陷的根本因素，主要涉及开发过程、工具、方法等软件工程技术与管理方面的因素，以及测试策略等。通过缺陷根源分析，可以有效改进软件过程管理水平，具体包括以下几个方面。

- 过程：对软件研发的正规步骤不够重视，缺乏成熟的过程管理经验。例如，在需求分析还不够全面和准确的情况下就匆忙开始设计与编码工作，缺乏应对需求变更的控制手段，且不重视技术文档的编写与评审。
- 工具：没有应用软件项目开发必需的软件工程支撑工具，技术手段落后，导致无法完成全面、高效、及时的软件质量控制。
- 方法：没有采用适当的软件工程方法学，软件研发实践缺乏理论指导。
- 管理：研发人员职责划分不明确，任务安排不合理，缺乏风险控制和应对机制，评审和监督检查机制缺失，缺乏人员培训和用户参与，项目团队的组织与沟通不畅，以及相关部门的支持与配合不足等项目管理问题。

- 资源：缺乏必要的软硬件研发资源，开发人员数量和素质无法满足需求，研发资金投入不足，以及工作环境恶劣等问题。
- 测试策略：错误的测试范围、不正确的测试目标，以及不合理的测试技术与方法。

8.2.2　软件缺陷的生命周期

软件缺陷的生命周期是指软件缺陷从发现到最终被确认修复的完整过程。在这一过程中，软件缺陷会经历不同的状态。典型的软件缺陷生命周期包括以下状态变化。

- 提交→打开：测试人员提交发现的软件缺陷，开发人员确认后准备进行修复。
- 打开→修复：开发人员修复缺陷后通知测试人员进行修复结果验证。
- 验证→重新打开：测试人员执行回归测试，在验证测试结果后认为缺陷没有完全被修复，再次打开缺陷状态，等待开发人员进一步修复。
- 验证→关闭：测试人员执行回归测试，确认缺陷已经修复后，将缺陷状态更新为"关闭"状态。

为了合理安排缺陷修复工作并避免遗漏任何一个缺陷，需要规划软件缺陷的处理流程。不同软件企业和软件项目的缺陷处理流程往往存在差异，一般根据实际情况进行灵活设置。上述典型软件缺陷生命周期的处理流程如图8-5所示。

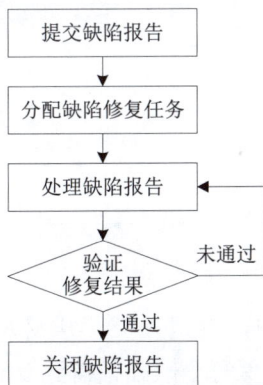

图8-5　典型软件缺陷生命周期的处理流程

在实际工作中，缺陷处理流程往往比典型处理流程更为复杂，因为会面临各种特殊情况。以下是一些需要考虑的实际情况。

- 开发人员可能会认为测试人员提交的软件缺陷不是真正的缺陷或微不足道。这种情况经常发生，需要测试人员、开发人员和项目经理共同讨论来确定缺陷的真实性。
- 缺陷被不同测试人员重复提交。
- 测试人员验证缺陷的修复结果后，认为缺陷仍然存在或者没有达到预期的修复效果，因此重新将缺陷设置为"打开"状态。
- 某些缺陷的优先级比较低，而项目研发周期有限、产品发布在即，此时可以选择将缺陷推迟到下一版本中进行处理。
- 软件产品即将更新换代，而修复某一缺陷的风险过大，可能会造成更多的问题。在项目管理人员同意的情况下，可以决定不修复缺陷。

○ 被推迟修复的软件缺陷如果被证实很严重，需要立即进行修复，此时软件缺陷的状态将被设置为"重新打开"。

由上述情况可见，缺陷的处理过程实际上是比较复杂的，常常会出现对是否修复缺陷和修复结果是否满足要求的不同意见。因此，需要事先规定好对缺陷状态的设置权限，例如规定只有项目经理才有权决定是否可以对某一缺陷推迟修复，而只有测试人员才能决定是否关闭某一缺陷等。一旦发现缺陷，就需要明确相关人员的工作职责，跟踪软件缺陷的生命周期，直到缺陷最终得到正确处理。

图8-6展示了考虑上述特殊情况后的缺陷处理流程，可供实际工作中参考。从以上说明可以看出，软件缺陷除了常见的提交、打开、修复和关闭状态外，还包括拒绝、验证、审查、推迟、保留、重新打开等附加状态。

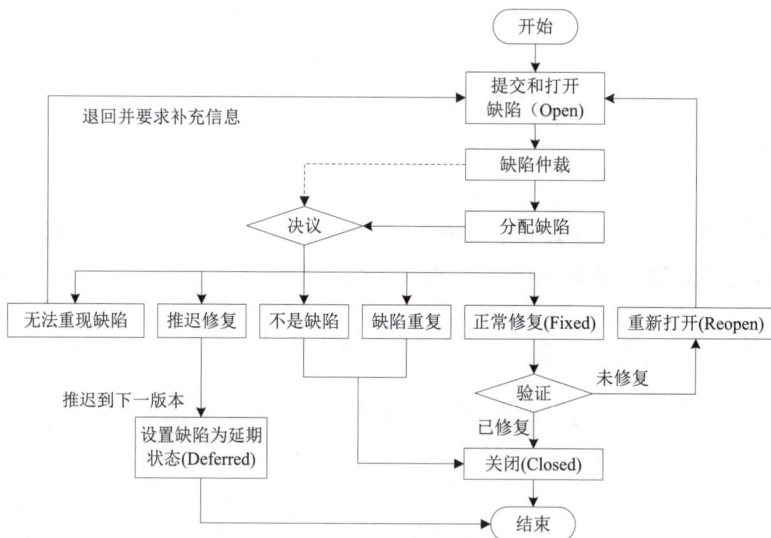

图8-6　更新后的缺陷处理流程

在软件缺陷的整个生命周期中，测试人员、开发人员和项目管理人员都需要紧密协作，将缺陷置于严格监控之中，确保每个缺陷都得到及时和有效的处理。对于缺陷数量在几十个范围内的小型软件项目，可以使用Excel制作软件缺陷报告模板来应对。然而，对于大型软件项目，要追踪和管理成百上千个状态不断变化的软件缺陷，必须使用合适的缺陷管理工具。

8.2.3　软件缺陷报告

测试的目的是尽早发现软件系统中的缺陷。因此，缺陷报告是测试工作的重要组成部分，它能够确保每个被发现的缺陷都能够及时得到处理。缺陷报告也是软件测试人员的工作成果之一，体现了软件测试的价值。缺陷报告可以把软件存在的缺陷准确地描述出来，便于开发人员修正。同时，缺陷报告反映了项目产品当前的质量状态，有助于评估测试人员的工作能力。

一份完整的软件缺陷报告应包含以下信息。

1. 缺陷跟踪信息

- 缺陷ID：唯一标识软件缺陷，便于跟踪与查询。
- 标题：缺陷的概括性文字描述。
- 所属项目：指明缺陷属于哪个软件项目。
- 版本跟踪：说明缺陷属于软件项目的哪个版本，并标识其为新缺陷还是回归缺陷。
- 所属模块：指示缺陷位于哪个功能模块。

2. 缺陷详细信息

- 测试步骤：描述发现缺陷时的操作步骤，以便重现缺陷。这一信息是软件缺陷报告的关键信息，若步骤描述不清，可能导致开发人员无法重现缺陷，从而退回报告，并对测试人员产生抱怨。
- 期望结果：根据用户需求和软件设计，软件原本应当出现的运行结果。
- 实际结果：根据测试步骤实际产生的软件运行结果。由于实际结果和期望结果不同，测试人员认为存在软件缺陷。结果信息应尽可能有说服力，例如指出缺陷影响到的主要功能和性能要素，以证明缺陷确实存在。
- 测试环境：对测试软硬件环境的描述，帮助开发人员分析缺陷产生的原因。许多软件功能在正常情况下没有问题，但在特定环境条件下可能会出现错误，因此缺陷描述不能忽视对运行环境细节的描述。

3. 缺陷附件信息

缺陷附件包括图片、日志文件、视频等能够反映缺陷发生时软件表现和运行记录的信息，这些附件可以为开发人员提供更为直观和细致的缺陷信息。

4. 缺陷属性信息

- 类型：指缺陷的分类，包括功能、用户界面、性能、文档等。
- 严重程度：可以分为致命、严重、重要和较小等级。
- 优先级：可以分为立即解决、高优先级、正常排队和低优先级。
- 出现概率：按统计结果标明缺陷发生的可能性，范围为1%~100%。
- 缺陷起源：包括缺陷的来源和根源信息。

5. 缺陷处理信息

- 提交人员：发现缺陷的人员姓名和联系邮箱。
- 提交时间：软件缺陷最近的提交时间，以便于限时修复。
- 分配的修复人员：通常由发现缺陷的开发人员进行修复，也可以由项目管理人员指派其他开发人员进行集中修复。
- 修复期限：由项目管理人员确定的缺陷修复期限。
- 修复时间：开发人员完成缺陷修复后提交给测试人员进行验证的时间。
- 缺陷验证人员：负责验证软件缺陷修复结果的人员。
- 验证意见：对验证结果的描述和简要评估意见。

○ 验证时间：最终验证结果的时间。

从以上内容可知，一份软件缺陷报告可以包含非常丰富的缺陷描述信息。在实际工作中，一般根据软件项目特点对上述缺陷描述信息进行调整，以制定合适的软件缺陷报告模板。

撰写软件缺陷报告是测试执行过程中的一项重要任务。优质的软件缺陷报告有助于测试人员在报告缺陷时提供准确且适当的信息，并有效回答开发人员最想知道的问题。如果一份软件缺陷报告包含的信息过多或过少，内容组织混乱或难以理解，会导致缺陷被开发人员退回，从而耽误宝贵的缺陷修复时间。更为严重的是，如果软件缺陷报告中没有详细说明缺陷对软件质量的影响程度，缺陷可能会被错误地推迟修复甚至被忽略，进而给发布后的软件带来严重的质量隐患。

尽管一些软件缺陷跟踪工具会自动生成软件缺陷报告，但仍有必要将相关信息补充到软件缺陷报告中，以确保这些报告符合特定软件企业和软件项目的要求。

表8-6提供了一份较为通用的软件缺陷报告模板，可以根据实际工作需求进行调整，以更好地适应特定工作要求。在填写模板信息时，需要遵守以下"5C"原则。

○ Correct(准确)：确保每个组成部分的描述准确无误，不会引起误解。
○ Clear(清晰)：确保每个组成部分的描述清晰易懂。
○ Concise(简洁)：描述信息只包含必要内容。
○ Complete(完整)：包含重现缺陷的完整步骤和其他辅助信息。
○ Consistent(一致)：按照一致的格式书写所有软件缺陷报告。

表8-6 软件缺陷报告模板

缺陷记录					
缺陷ID		标题(概述)			
软件名称		模块名		版本号	
严重程度		优先级		状态	
缺陷类型		发现阶段		缺陷来源	
缺陷的出现概率		可能性说明			
测试人员		分配的修复人员		日期	
测试环境					
测试输入					
预期结果					
异常结果					
缺陷重现步骤					
附件					
缺陷处理信息			缺陷验证信息		
修复人			验证人		
修复时间			验证时间		
备注			验证结论		

8.2.4　软件缺陷的分离和再现

为了有效地再现软件缺陷，除了需要按照已经介绍过的描述规则来描述软件缺陷之外，还要遵循软件缺陷分离和再现的方法。在测试过程中，如果能够在绝对相同的输入条件下进行测试，就能够重现相同的软件缺陷。然而，获得绝对相同的输入条件有时会非常困难，这涉及缺陷发生时的操作、数据、环境等诸多因素，需要测试人员具备较好的测试技巧和经验，并且过程往往非常耗时。分离和再现软件缺陷充分体现了测试人员测试的能力，需要在测试工作中不断总结经验，才能准确地找出缩小问题范围的具体步骤和方法。

下面是一些常用的分离和再现软件缺陷的方法和技巧。

1. 确保所有的步骤都被记录

测试过程中的每一个操作步骤和每一项事件都要客观、准确地记录。遗漏任何细节步骤或者增加多余步骤都可能导致无法再现软件缺陷。对于难以重现的缺陷(例如实际使用时由难以预料的用户操作步骤引发的缺陷)，有时需要捕捉详细输入步骤。可以利用录制工具精确地记录用户实际执行的步骤。测试的目标是确保导致软件缺陷的全部细节都被完整地记录下来。

2. 注意特定时间和运行条件

注意软件缺陷是否只在特定时刻出现。特定时刻出现的缺陷与这一时刻用户经常使用的软件功能密切相关。如果缺陷只在特定时刻出现，可以快速查询日志文件中的相关信息，分析缺陷产生原因。此外，还需要注意缺陷是否只在特定运行条件下出现，例如仅在网络繁忙时出现或在性能较差的硬件设备上出现。

3. 注意边界条件、内存容量和数据溢出问题

一些与边界条件、内存容量和数据溢出相关的软件缺陷，往往在执行一段时间或一定数量的测试后才会显露出来。例如，执行某个测试可能会导致产生缺陷的数据被覆盖，只有再次使用该数据时缺陷才会再现。有时，重启计算机后软件缺陷可能会消失，但在执行其他测试之后又出现问题。面对这类问题，需要动态跟踪并查看之前的测试记录，以确定是否存在此类问题。

4. 注意事件发生次序导致的软件缺陷

在消息和事件驱动的软件系统中，软件单元(例如某个对象)在不同状态下对同一消息的响应可能截然不同，因此一些缺陷只有在特定软件状态下才会表现出来。例如，缺陷只在软件功能第一次运行之后出现，或者只在运行某一功能之后出现。这类缺陷主要与事件发生的次序相关，而与事件发生的具体时间无关。

5. 考虑软件与其计算环境的相互作用

一些缺陷的产生与软件系统的软硬件环境相关。因此，需要关注以下几个方面：软件缺陷是否只在特定配置的软硬件平台上出现；软件缺陷是否在某项软硬件配置变化后才会出现；软件缺陷是否在与第三方软件交互时才会出现。

6. 不能忽视硬件

软件运行问题有时可能是由硬件故障引起的，因此需要注意一些潜在的硬件问题，例如硬件性能降低、CPU过热、板卡松动、内存条损坏等。测试人员可以设法在不同硬件上运行软件系统，以验证软件缺陷是否可以重现。此外，通过硬件兼容性测试，可以判定软件缺陷是在一个系统上还是在多个系统上发生。

测试人员有时可能无法准确提供缺陷的重现步骤。在这种情况下，仍需要尽可能详细地记录和报告软件缺陷，同时有必要取得开发人员的帮助，共同探讨分离和重现缺陷的方法。由于开发人员熟悉自己的程序代码和程序逻辑结构，他们往往能够通过分析测试步骤和缺陷表现，快速获得查找缺陷的线索。因此，软件缺陷的分离和再现有时需要项目组成员的集体智慧，通过共同协作找到解决问题的办法。

8.2.5 软件缺陷管理工具

软件缺陷管理工具属于测试管理类工具，也称为缺陷跟踪工具。相比其他测试类工具，对这类工具的学习和使用都较为简单。使用软件缺陷管理工具的优势体现在以下几个方面。

- 强大的检索功能和安全的审核机制。由于具有后台数据库支持，缺陷的检索、添加、修改、保存都很方便，并且能够对附件进行有效管理。通过权限设置，将缺陷操作权限与缺陷状态相对应，从而可以确保修改、删除等缺陷操作的安全性。
- 支持项目组成员间的协同工作。通过友好的网络用户界面以及丰富多样的配置选项(如电子邮件通知)，可以帮助项目组成员及时了解缺陷状态的变化情况，从而根据相应状态合理安排工作，提高发现和修复缺陷的效率。
- 提高软件缺陷报告的质量。软件缺陷管理工具能够确保软件缺陷报告的完整性和一致性，促使测试人员正确和完整地填写软件缺陷报告中的各项内容，并确保不同测试人员提交的测试报告格式统一。

通常，测试管理工具都包含基本的缺陷管理功能。常用的缺陷管理工具如下。

1. 禅道

禅道是由禅道软件(青岛)有限公司开发的一款开源项目管理软件。它集成了项目集管理、产品管理、项目管理、缺陷管理、DevOps、知识库、BI效能、工作流、学堂、反馈管理、组织管理和事务管理等多种功能。它是一款专业的研发项目管理软件，全面覆盖了研发项目管理的核心流程。

2. Bugzilla

Bugzilla是一个功能强大且成熟的缺陷跟踪系统。它允许开发人员团队有效跟踪产品中尚未解决的缺陷、问题、议题、增强请求和其他变更请求(缺陷跟踪功能通常内置于GitHub或其他基于网络或本地安装的集成源代码管理环境中)。

3. QC

QC(Quality Center)是惠普公司推出的一款基于Web的企业级测试管理工具，其功能强大，集成了Bug管理、需求管理及用例管理等功能(需要注意的是，QC的安装和配置需要IIS和数据库的支持，因此系统资源消耗相对较大)。

4. JIRA

JIRA是Atlassian公司开发的一款项目与事务跟踪工具，该工具广泛应用于缺陷跟踪、客户服务、需求收集、流程审批、任务跟踪、项目跟踪和敏捷管理等工作领域。JIRA具有灵活的配置、全面的功能、简单的部署流程以及丰富的扩展性。

5. Mantis

Mantis是一款基于PHP技术的轻量级缺陷跟踪系统，以Web操作的形式提供项目管理和缺陷跟踪服务。它尤其适用于中小型项目的管理和跟踪。其开源和免费的特性使其更具吸引力。需要注意的是，Mantis的安装和配置相对复杂，且界面视觉效果不够美观。

8.3　软件测试文档

测试文档的编写与管理是整个测试管理工作的重要组成部分。软件测试文档并非在测试执行阶段才开始考虑，而是在软件开发初期的需求分析阶段就已经开始编写。测试文档涵盖了对测试的需求、计划、具体测试过程、测试结果及其分析与评价，对于整个测试工作起到了显著的指导和评估作用。因此，测试文档的管理是测试管理中重要的环节之一。测试文档管理包括对测试文档的分类管理、格式和模板管理、一致性管理以及存储管理等内容。

8.3.1　IEEE 829-2008软件和系统测试文档标准

IEEE 829-2008(即IEEE Standard for Software and System Test Documentation)为测试项目应编制的测试文档及其相互关系提供了指导，如图8-7和图8-8所示。

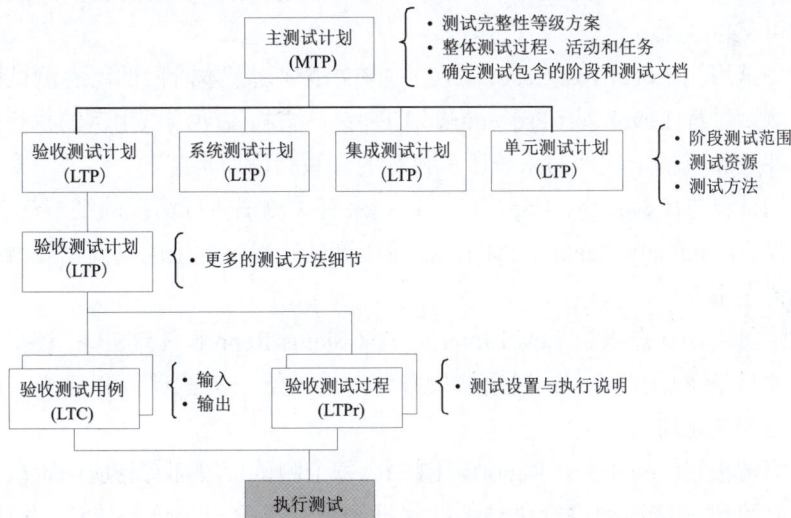

图8-7　IEEE 829-2008中规定的前置测试文档

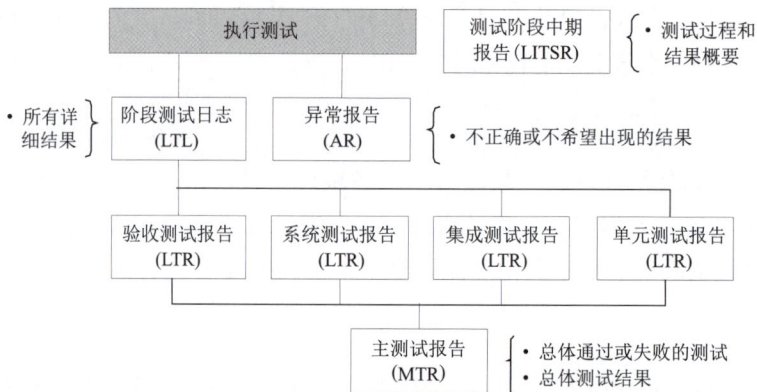

图8-8　IEEE 829-2008中规定的后置测试文档

测试文档主要分为前置测试文档和后置测试文档两种类型，以执行测试的前后阶段进行划分。前置测试文档包括测试计划、测试设计和测试用例，而后置测试文档则涵盖阶段测试日志、异常报告、测试阶段中期状态报告、各测试阶段报告和最后的主测试报告。

由于测试过程中包含多个执行阶段，一些文档被明确标注为属于主(Master)测试文档或阶段(Level)测试文档。例如，测试计划可以细分为主测试计划和阶段测试计划。

IEEE 829-2008中规定了以下测试文档。

- 主测试计划(Master Test Plan，MTP)：MTR是总体测试计划和测试管理文档，旨在针对软件需求和项目质量保障进行计划，包括选择测试对象、制定测试目标、分配测试资源、分析测试风险、定义测试控制措施、确定测试完整性等级计划等。

- 阶段测试计划(Level Test Plan，LTP)：该文档详细说明特定测试阶段的测试范围、方法、资源和测试活动的进度安排。它识别并描述测试项、测试特性、所需执行的测试任务、针对每项任务的人员职责和相关风险。由于不同测试阶段需要不同的测试资源、方法和环境，因此建议为每个阶段制订单独的计划。

- 阶段测试设计(Level Test Design，LTD)：该文档说明需要测试的软件特性及其测试通过或失败的度量标准，进一步详细说明测试计划中给出的测试方法，并规定测试的可交付成果。

- 阶段测试用例(Level Test Case，LTC)：该文档列出了本阶段的所有测试用例。

- 阶段测试过程(Level Test Procedure，LTP)：该文档说明测试用例的执行步骤，或评估软件产品或基于软件的系统所需执行的一系列操作步骤。

- 阶段测试日志(Level Test Log，LTL)：记录有关测试执行情况的细节信息。

- 异常报告(Anomaly Report，AR)：描述在测试过程中发生的任何需要调查研究的异常或错误事件。

- 测试阶段中期状态报告(Level Interim Test Status Report，LITSR)：该报告旨在总结特定测试活动的结果，并根据结果有针对性地给出测试评价和建议，同时说明测试计划的变化情况。

- 阶段测试报告(Level Test Report，LTR)：每个测试阶段都有相应的阶段测试报告，用于对阶段测试活动进行总结，并根据测试结果给出评价与建议。规模较小的软件项目可以将多个测试阶段报告进行合并。阶段测试报告的内容细节可能差异较大，例如单元测试报告可能只是简单陈述测试通过或失败的情况，而验收测试报告则可能包含更多细节内容。

○ 主测试报告(Master Test Report，MTR)：主测试报告与主测试计划相对应，在制订和实施主测试计划后，必须编写相应的主测试报告，以描述计划的实施结果并对整个测试活动的结果进行总结和评价。

针对测试项目的实际情况，可以对上述测试文档进行合并，或去除一些重复和不必要的文档。例如，可以将一个测试过程及其包含的多个测试用例合并为独立的文档，并删除原有文档中重复的部分。根据测试计划中规定的测试完整性等级方案(Integrity Level Scheme)，可以判断哪些测试文档可以被省略。

测试完整性等级用于区别测试的重要程度，并决定测试的广度和深度。可以基于功能、性能、安全性或其他软件特性，对需求、单个功能、一组功能、软件单元和子系统的完整性等级进行设置。例如，可以制订表8-7所示的四级完整性等级计划。每个等级所需要的测试文档如表8-8所示。

表8-7　测试完整性等级计划

测试完整性等级	说明
4(极端重要)	必须能够正确执行，否则会造成系统崩溃、系统无法正常使用或重要数据遭到破坏且无法修复等严重问题
3(重要)	必须能够正确执行，否则会造成系统部分主要功能无法使用，或部分系统功能缺失，进而引起系统崩溃或严重的安全问题
2(一般)	测试结果的正确与否影响到用户能否有效使用软件系统，该测试部分出现缺陷会造成系统功能不正确、性能低下或系统不稳定等问题
1(可以忽略)	软件中可能存在一些轻微的问题，虽然会造成用户使用不便，但并不影响用户的最终使用

表8-8　测试完整性等级所对应的测试文档

测试完整性等级	测试文档
4(极端重要)	MTP、LTP、LTD、LTC、LTPr、LTL、AR、LITSR、LTR、MTR
3(重要)	MTP、LTP、LTD、LTC、LTPr、LTL、AR、LITSR、LTR、MTR
2(一般)	LTP、LTD、LTC、LTPr、LTR、LTL、AR、LITSR、LTR
1(可以忽略)	LTP、LTD、LTC、LTPr、LTL、AR、LTR

从以上测试文档的类型可以看出，一个测试项目会产生很多测试文档，其中绝大多数都是电子文档，需要采用专门的文档管理工具对其进行分类管理，以便于查阅、修改和权限控制。

为了方便编制文档，应当为每一类测试文档分别建立统一的文档模板。这样不仅可以提高文档编制效率，还能增强文档的规范性与质量。模板的制作可以参考相关标准，但不必完全拘泥于形式。应根据软件企业和具体项目的实际情况，对标准模板的内容进行合理调整，不断改进模板内容以增强其实用性。

测试文档是前后依赖的，例如测试设计依赖于测试计划。因此，已编制的测试文档必须进行必要的审核，确保文档的一致性，避免测试对象、测试度量指标等内容在多个文档中出现不一致的情况。

8.3.2　GB/T 9386-2008计算机软件测试文档编制规范

　　GB/T 15532-2008计算机软件测试编制规范描述了对软件测试文档的一般要求，主要包括测试计划、测试说明(需要时进一步细分为测试设计说明、测试用例说明和测试规程说明)、测试项传递报告、测试日志、测试记录、测试问题报告(也称测试事件报告)和测试总结报告。GB/T 9386-2008计算机软件测试文档编制规范对测试文档的基本内容和要求进行了详细描述。

　　GB/T 9386-2008主要定义并描述了三种类型软件测试文档：测试计划、测试说明和测试报告。

1. 测试计划

　　测试计划描述了测试活动的范围、方法、资源和进度，主要规定被测试项、被测试特性、应完成的测试任务、负责各项工作的人员以及与计划相关的风险等内容。

2. 测试说明

　　测试说明主要包括测试设计说明、测试用例说明和测试规程说明三类文档。

- 测试设计说明详细描述了测试方法，规定了设计及相关测试所包括的特性，同时规定完成测试所需要的测试用例和测试规程，并明确了特性的通过准则。
- 测试用例说明列出了具体输入值和预期输出结果，并规定了在使用具体测试用例时对测试规程的各种限制。将测试用例和测试设计分开，有助于在多个设计中重用测试用例，提高其灵活性。
- 测试规程说明列出了实施相关测试设计所需的所有步骤，包括运行系统并执行规定的测试用例。将测试规程与设计分开，主要目的是明确要遵循的步骤，避免包含无关的细节。

3. 测试报告

　　测试报告主要包括测试项传递报告、测试日志、测试事件报告和测试总结报告四类文档。

- 测试项传递报告指明在开发组和测试组独立工作的情况下(或在希望正式开始测试时)，传递给测试组的测试项。
- 测试日志是测试组用于记录测试执行过程中发生的各种情况的文档。
- 测试事件报告描述在测试执行期间发生的所有事件，这些事件需要进一步调查。
- 测试总结报告用于总结与测试设计说明有关的测试活动。

　　为方便用户的使用，标准在附录中给出了实施和使用指南，以及测试文档示例和传递文件的示例。这些实践和示例旨在帮助用户在各个活动阶段合理安排相关文档的编写。

8.3.3　测试计划

　　下面以测试计划为例，说明软件测试过程中的重要环节和文档。测试计划的主要目的是确定各个测试阶段的目标和策略，明确需要完成的测试活动，并合理安排测试所需的时间和资源。此外，测试计划还需要说明完成测试的组织结构和岗位职责，确定对测试过程及其结果进行控制和测量的方法和活动，并识别潜在的测试风险。

在实际工作中，通常按照软件测试计划模板起草测试计划。由于软件企业和软件项目的差异，测试计划的内容可能会有所不同，因此应根据测试项目实际情况对模板内容进行合理调整与灵活修改。IEEE 829-2008标准规定的软件测试计划大纲如图8-9所示。

Master Test Plan Outline	Level Test Plan Outline
1. Introduction	1. Introduction
1.1. Document identifier	1.1. Document identifier
1.2. Scope	1.2. Scope
1.3. References	1.3. References
1.4. System overview and key features	1.4. Level in the overall sequence
1.5. Test overview	1.5. Test classes and overall test conditions
1.5.1 Organization	2. Details for this level of test plan
1.5.2 Master test schedule	2.1 Test items and their identifiers
1.5.3 Integrity level schema	2.2 Test Traceability Matrix
1.5.4 Resources summary	2.3 Features to be tested
1.5.5 Responsibilities	2.4 Features not to be tested
1.5.6 Tools，techniques，methods，and metrics	2.5 Approach
2. Details of the Master Test Plan	2.6 Item pass/fail criteria
2.1. Test processes including definition of test levels	2.7 Suspension criteria and resumption requirements
2.1.1 Process: Management	2.8 Test deliverables
2.1.1.1 Activity: Management of test effort	3. Test management
2.1.2 Process: Acquisition	3.1 Planned activities and tasks；test progression
2.1.2.1 Activity: Acquisition support test	3.2 Environment/infrastructure
2.1.3 Process: Supply	3.3 Responsibilities and authority
2.1.3.1 Activity: Planning test	3.4 Interfaces among the parties involved
2.1.4 Process: Development	3.5 Resources and their allocation
2.1.4.1 Activity: Concept	3.6 Training
2.1.4.2 Activity: Requirements	3.7 Schedules, estimates, and costs
2.1.4.3 Activity: Design	3.8 Risk(s) and contingency(s)
2.1.4.4 Activity: Implementation	4. General
2.1.4.5 Activity: Test	4.1 Quality assurance procedures
2.1.4.6 Activity: Installation/checkout	4.2 Metrics
2.1.5 Process: Operation	4.3 Test coverage
2.1.5.1 Activity: Operational test	4.4 Glossary
2.1.6 Process: Maintenance	4.5 Document change procedures and history
2.1.6.1 Activity: Maintenance test	
2.2. Test documentation requirements	
2.3. Test administration requirements	
2.4. Test reporting requirements	
3. General	
3.1. Glossary	
3.2. Document change procedures and history	

图8-9　IEEE 829-2008标准规定的软件测试计划大纲

无论采用何种方式撰写测试计划，都需要明确以下几个关键要素：界定测试范围、确定具体的测试策略、分析测试风险、规划测试资源以及制定测试进度。上述内容构成了一份完整的测试计划的主要内容。下面将对如何制订测试计划进行详细说明。

1. 测试计划概要

概述被测软件的基本情况，包括软件的应用领域、特点、主要功能和性能、运行平台、版本号等信息。同时，列举相关参考文档和测试依据文件。

2. 测试目标

简要说明整体测试目标、各阶段的测试目标、测试对象以及相关约束条件。明确测试目标是制订有针对性测试计划的前提。软件测试计划的基本目标都是在有限的测试时间和测试成本下，尽早且尽量多地发现软件缺陷，以满足用户的需求。因此，需要从用户需求出发，针对不同软件系统的特点制定测试目标。例如，对于电子商务类网站的支付功能，需要制定安全性测试目标；而对于产品类软件，则应关注易用性和性能等方面的测试目标。

测试目标又可以分为整体测试目标、各阶段测试目标和特定任务目标。整体测试目标旨在确定被测软件在功能、性能、测试覆盖率等方面的期望标准；阶段测试目标对单元测试、集成测试等测试执行阶段的测试目标进行细化；特定任务目标明确了安全性测试、易用性测试等特定测试项目的测试目标。在确定这些目标时，需要分析具体业务功能和流程，同时考虑测试资源和测试成本的限制。

3. 测试范围

说明软件中需要测试的功能和性能，重点列出主要功能和关键特性。这些内容应与测试用例的设计相对应并互相验证。测试计划的这一部分主要以纲要的形式描述将要测试的内容，并形成包括所有测试项的一览表，内容可以按照功能或模块进行组织。此外，还需说明不需要测试、无法测试或推迟测试的对象，并且说明理由。有时，一些软件的某些部分可能不进行测试，例如之前已发布或已完成测试的部分。当实际测试进度远远落后于计划进度时，会将一些低风险的附属功能测试项标记为推迟测试。

在实际工作中，为了及时发布软件，开发和测试的时间一般都有严格限制，而软件的质量目标也必须得到满足。在这种约束情况下，能够调整的只有测试范围。例如，在测试时间紧迫的情况下，通常优先完成重要功能的测试就属于测试范围的调整。因此，在制订测试计划时，需要根据软件项目整体开发计划的时间来确定测试范围。如果确定的测试范围不合理，可能会对测试计划的执行产生负面影响，例如导致频繁加班或者软件发布延迟。

确定测试范围前需要测试管理人员进行测试任务分解。划分任务有两个主要目的：一是识别子任务；二是方便估算这些子任务所需要的测试时间和资源。由于理想意义上的完全测试是不存在的，因此在测试计划中通常需要对测试范围做出合理且具有策略性的妥协。

4. 测试策略

测试策略是测试计划中最核心的部分，规定了对测试对象进行测试的推荐方法。对于每一种测试任务和每个阶段的测试都应当提供相应的测试说明，解释采用特定测试方法和技术的原因，以及判断测试何时可以完成的标准。同时，还需说明所有与测试成功与否密切相关的问题。因此，这部分内容被标记为"策略"，而不仅仅是单独的"方法"。

测试策略是测试计划的内容之一，其与测试计划的关系类似于"战略"与"战术"的关系。测试计划从全局角度说明了测试项目的需求、测试任务、测试方法和进度安排，而测试策略则从局部角度具体说明如何实施各项测试任务。因此，这部分内容通常会较为细致，涉及可操作性的细节，篇幅往往较大。在大型测试项目中，测试策略甚至可以单独编写。

测试策略的作用主要体现在以下几个方面。

○ 任何形式的穷举测试都是不现实的，因此必须根据测试任务的特点选择合适的测试方法和手段，例如具体的黑盒测试或白盒测试技术。

○ 实际测试项目的时间、成本和测试资源都是有限的，需要在不同的测试方案中找到一个最佳平衡点。在保证软件质量的前提下考虑测试约束条件，用最少的测试工作量去发现尽可能多的软件缺陷。通过充分估计测试工作量、时间、难度和资源等因素，合理利用测试资源。

○ 测试任务数量众多，需要划分轻重缓急。在分析软件主要功能和性能对用户影响的基础上，确定测试的重点任务和优先顺序，以满足软件的主要质量需求。

○ 测试工作虽然不能保证发现所有的缺陷，但是也不能遗漏过多的缺陷。测试策略规定了判定测试有效性的标准，例如测试覆盖率和各种性能测试指标，以确保测试的有效性。

○ 测试策略考虑了何时采用手工测试、何时采用自动化测试，并选择合适的测试工具，从而提高测试的效率。

○ 通过制定测试策略，可以使项目组成员对如何完成测试达成一致意见。

那么，如何具体制定测试策略呢？首先应当明确的是，测试策略的制定应以测试目标为驱动，并在整个过程中考虑测试项目的实际约束。这些约束包括软件规模、软件结构、软硬件资源、测试时间、测试人员的能力等。针对不同测试阶段(如单元测试、集成测试、系统测试、验收测试)或测试任务(如界面测试、性能测试、安全性测试、兼容性测试等)，可以制定相应的具体测试策略。例如，借助测试工具可以完成高频率的集成测试，或通过完备的性能指标来确保性能测试的有效性。

测试策略的制定通常包括以下几个主要步骤。

(1) 分析测试输入。测试输入包括功能需求和非功能需求、用户特性、测试目标、测试资源、已有测试项目的测试结果与经验，以及测试方法和标准对测试的影响等。

(2) 确定测试需求。明确测试的总体内容和具体测试任务。

(3) 评估测试风险。对各项测试内容可能遇到的测试风险进行分析与评估。在有限的测试资源和测试风险之间做出平衡。例如，性能测试可能会耗费过多的测试时间，影响测试按时完成，因此可以将性能测试划分为不同的层次，重点测试用户最为关注的软件部分，而对用户不太关注的部分仅进行功能测试。

(4) 确定测试优先级。对不同的测试内容或测试任务设定不同的优先级，突出测试重点，按照优先级安排测试的先后顺序，以保证测试效率和测试进度。

(5) 制定具体策略。根据测试类型、测试目标、测试阶段采用相应的测试技术，选择合适的测试工具，制定评估测试结果的方法和标准，分析具体策略对测试的影响。

常见的测试策略包括基于测试技术的测试策略、基于测试方案的测试策略以及基于缺陷分析的测试策略等。

- 基于测试技术的测试策略。各种黑盒与白盒测试技术旨在针对具体测试内容的特点，以最少的测试用例达到最大的测试效果。因此，可以制定综合使用多种测试技术的策略。例如，Myers提出的黑盒测试综合策略要求在任何情况下都必须使用边界值分析法，必要时用等价类划分法补充测试用例，用错误推测法追加和完善测试用例，并检查测试用例数量以确保达到覆盖率要求；在面对程序输入条件组合时，建议一开始就采用因果图法。

- 基于测试方案的测试策略。从测试内容的重要性以及对用户使用软件的影响程度出发，确定测试的重点和优先级。同时考虑测试成本和测试有效性，以实现这两者之间的最佳平衡策略。

- 基于缺陷分析的测试策略。根据历史测试项目的缺陷分析结果，为当前测试策略的制定提供指导，针对测试薄弱环节进行加强和改进。还可以设定当前测试项目的缺陷分析内容和阶段监测点，以便及时监控测试过程的完成情况。

5. 测试阶段的定义与完成标准

描述测试的各个阶段，例如单元测试、集成测试和系统测试，并说明测试计划中所针对的测试类型，例如功能测试或性能测试。同时，明确测试通过或失败的标准，并确定中断测试或恢复测试的判断准则。

测试通过或失败的标准通常由成功或失败的测试用例数量、测试覆盖率、缺陷数量、缺陷严重性以及软件可靠性和稳定性等因素来决定。针对不同软件企业和软件项目，测试通过或失败的标准会有所不同。以下是一些可供参考的标准。

- 测试覆盖率(例如100%的单元测试代码覆盖率)。
- 软件缺陷的数量和严重性分布情况。
- 成功执行测试用例的百分比。
- 性能测试标准(例如事务成功处理率大于98%，响应时间小于5秒)。
- 阶段性测试文档的完整性。

通常，有以下几项标准用于中断测试。

- 达到预定数量的缺陷总数。
- 出现某一严重程度的缺陷。
- 被测软件未实现主要功能。
- 测试环境不符合要求或必要的测试资源短缺。

一般情况下，测试在修复软件缺陷、重新设计和开发软件的某个部分后会恢复进行。

6. 测试完成后提交的材料

测试完成后提交的材料包括测试过程中所涉及的所有测试文档以及自定义测试工具。

这些材料通常包括但不限于测试计划、测试设计说明书、测试用例、软件缺陷报告、测试总结报告等。

7. 测试配置

在测试之前，需制定完成测试目标所必须的软硬件资源、必备的测试工具以及相关的技术资源和培训需求。在这部分内容中，任何测试所需的资源都需要考虑到，具体需求将根据软件企业、特定项目和具体测试目标而有所不同。此外，需要做好成本预算，以避免在测试后期因资源短缺而导致的困难或无法获得所需测试资源的情况。

8. 人员组织与职责

说明测试项目中的人力资源安排情况，确定测试人员的工作职责和管理权限。测试项目中的测试任务类型很多，包括测试计划、设计、执行和评估等多个环节。某些任务会有多个执行者或者由多个测试人员共同负责。因此，必须明确规定测试任务的负责人、执行人和参与人员，以避免因职责不明确而导致工作效率低下。

9. 测试进度

进度控制是测试计划的主要内容之一，需要分析各主要测试阶段和测试任务所需的时间，并制定相应的时间进度表。除了执行测试所需的时间，还需要考虑测试计划、用例设计、搭建测试环境以及编写测试报告所需的时间。

从本质上讲，测试进度是对测试任务、测试风险、所需人力和物力资源的综合反映。缺乏对这些因素的考虑而制定的测试进度是毫无意义的。在制订测试进度计划时，一般需要考虑以下几个方面。

- 软件项目的整体研发周期限制。
- 已有的软件开发阶段的进度计划。
- 测试内容和测试任务的特点。例如，对具有复杂业务流程或高技术复杂性的关键模块进行测试，以及在稳定性、可靠性、安全性和性能等方面的测试，通常需要更多的时间。如果软件需要支持多种平台，相应的兼容性测试也需要大量的测试时间。
- 测试风险的严重程度、数量、原因及应对难度。
- 测试人员的状况，包括可供调配的测试人员数量及其个人测试能力。
- 搭建测试平台所需的软硬件资源状况。
- 被测软件部分的测试用例数量。

在实际测试工作中，测试进度会受到不同情况的影响，经常会发生测试不能按进度完成的情况。因此，进度计划应着眼于整体进度控制，并保持一定的灵活性。例如，对难以准确估计测试时间的测试任务，可以设定最早完成时间和最晚完成时间，同时留出必要的缓冲时间，以应对临时的测试任务变更。避免规定具体的测试任务启动和停止时间，采用相对日期表示测试任务之间的依赖关系，例如可以将某项任务的进度规定为："在A项测试任务完成后若干天内完成B项测试任务"。目前，主要的测试管理工具中都包含测试进度管理功能，例如可以采用Microsoft的测试管理器Team Foundation Server(TFS)来制订和管理测试进度计划。

10. 风险分析

列出所有可能会影响测试设计、开发或实施的风险或意外事件，并提供相应的避免和应对措施。虽然某些测试风险并不一定会实际发生，但尽早明确这些风险可以避免在测试后期出现无法应对的情况。同时，识别可能的测试风险有助于测试人员将主要精力集中于最有可能出现问题的软件部分。以下是一些常见的测试风险及其预防和处理措施，可供制订测试计划时参考。

- 缺乏详细的需求与设计文档。软件需求不明确和设计内容不够详细，可能导致无法准确确定测试需求和测试范围。因此，测试人员需在软件开发的初期全面参与软件需求和设计工作，与开发人员及时沟通，对主要模块功能进行分类，理解主要业务流程和实现逻辑。

- 软件质量标准不清晰。质量标准决定了相关问题是否可以判断为软件缺陷。例如，缺乏统一的界面设计规范和不够具体的性能指标。缺乏质量标准时需要项目管理人员确认测试标准。

- 项目计划频繁变更。项目计划及其变更应形成文档，以便于测试人员及时理解变更情况及其影响，并制定合理的应对策略。

- 不现实的软件交付日期或交付日期变更。针对不现实的软件交付日期或交付日期变更，需与用户和项目管理人员进行充分沟通，及时调整测试范围、测试策略和测试资源等。

- 测试资源不足或不能及时到位。由于设备或网络等资源原因，可能导致测试不全面。因此，在测试中需要详细列出所需软硬件资源。

- 人力资源风险。在测试人员的数量、能力和行为规范方面可能存在问题。为此，应尽早让测试人员介入测试项目，加强培训，并严格进行人员管理。

- 现场定制开发。这种情况下的软件上线时间压力一般很大，这可能导致留给测试的时间紧迫，进而影响测试的充分性。为了解决这一问题，通常需要建立统一管理下的测试与开发小组，以便及时沟通并灵活地安排测试活动。

- 复杂度很高或经历过频繁修改和变更的模块。对于复杂度很高或经历过频繁修改的模块，需重点分析其功能、性能和逻辑结构，并设计测试深度合理的测试用例。

- 与第三方系统的接口。检查与第三方系统连接的接口是否符合标准规范。

- 涉及软件安全性、可靠性和性能的一些难以测试的问题。例如，对于分布式、消息驱动、时序关系复杂的软件系统而言，一些缺陷可能难以捕捉。为此，需要确认系统具有详细的日志记录功能。

除了上述列出的测试风险之外，实际测试工作中还会遇到很多其他的风险因素。因此，风险分析是一项十分艰巨的工作，非常考验测试管理人员对于软件产品的理解和测试经验，尤其在第一次尝试时更是如此。在实际执行测试计划时，可以通过多种方式来控制风险，通常采用避免、转移或降低风险三种策略来有效控制测试风险。

不清晰的测试需求和质量标准等问题是可以避免的。通过提高软件过程的成熟度和彻底改变测试项目的管理方式，可以从根本上避免风险。对于可能产生严重后果的风险，应尽量将其转换为一些不会引发重大问题的低风险。例如，在软件发布前可以暂时去掉某个不太重要的新功能，将该功能中发现的严重缺陷转移到下一版本中进行修复。对于不可避免的风险，可以通过提高测试用例的覆盖率来降低影响，同时将难以控制的风险因素列入风险管理计划。加强测试人员之间的相互审查，并对所有测试过程进行日常跟踪，可以帮助及时发现风险。

8.4　思考题

1. 敏捷项目管理的基本流程是什么？
2. 常用的软件项目管理软件有哪些？
3. 什么是软件配置管理？软件配置管理与软件测试之间的关系是什么？
4. 软件缺陷的属性有哪些？
5. 简述软件缺陷的生命周期。
6. 一份完整的软件缺陷报告通常包括哪些信息？
7. 常用的分离和重现软件缺陷的方法和技巧有哪些？
8. 常用的软件缺陷管理工具有哪些？
9. 软件项目中一般包含哪些测试文档？它们之间的关系是什么？
10. 结合某个具体项目，编写一份完整的测试计划文档。

第9章

软件测试工具与自动化

　　合理使用软件测试工具能够优化测试过程，提高测试效率，并间接提升软件产品的质量。因此，需要合理的分析和总结软件测试工具的特点，并在不同的场景下选择合适的测试工具。软件测试通常分为手工测试和自动化测试。自动化测试是通过软件工具、程序来代替或辅助手工测试的过程，其目的是减少手工测试的工作量，提高测试的效率与质量。通过合理实施自动化测试，可以有效应对大量重复性的测试工作，自动生成各种测试结果的统计分析报告，并完成很多手工测试难以完成或无法实现的任务。

　　本章的学习目标：
- 理解软件测试工具的能力
- 掌握软件测试工具的分类
- 掌握软件测试工具的选择方法
- 理解软件测试工具的研发过程
- 掌握自动化软件测试的关键技术
- 理解自动化测试框架
- 掌握常用的自动化测试工具
- 理解自动化软件测试的引入和应用

9.1　软件测试工具总结

　　测试工具对于软件测试工程师的重要性不言而喻。选择合适的测试工具能够显著提高测试工作的效率，取得令人满意的测试效果。然而，测试工具相比软件开发工具而言有着明显的不同。主流的软件开发工具一般根据程序语言进行分类，数量相对有限，比较容易选择。而测试工具可以根据测试技术、测试对象、测试阶段和测试目的等进行分类，其种类繁多，既包括免费的开源测试工具，也包括付费的商业测试工具。此外，全新或更新版本的测试工具层出不穷。这些特点使得在选择合适的测试工具时，测试人员面临一定的挑战。

9.1.1 软件测试工具能力

面对规模和复杂度不断提升的软件产品,测试工具已成为提升软件测试效率的关键要素。尽管市场上有众多工具厂商提供各类测试工具,例如测试管理工具、性能测试工具、静态扫描工具、自动化测试工具等,但同一类型的工具在不同厂商之间通常存在差异,究其原因是缺乏对测试工具能力的统一认识。为此,国家标准GB/T 41905-2022《软件与系统工程 软件测试工具能力》的制定,旨在规范不同类型测试工具的能力要求。根据该标准开展软件测试工具的测评,可以有效地帮助需方对测试工具进行评估和选型。

《软件与系统工程 软件测试工具能力》规定了软件测试工具的能力框架和具体要求,以确定在软件测试项目中所使用的软件测试工具产品的能力。该标准由软件测试工具的对象模型、测试实体分类、测试对象特性、软件测试工具能力、测试工具能力技术要求等几个重要部分组成,规定了动态测试、代码分析、测试管理工具3个类别下的具体能力技术要求,涵盖了三大类共12个小类,总计33项能力。软件测试工具能力项如图9-1所示,适用于软件测试工具的需求方、供应方、维护方以及独立评价方,旨在指导他们在工具的研发、评估和选型过程中进行有效的决策。

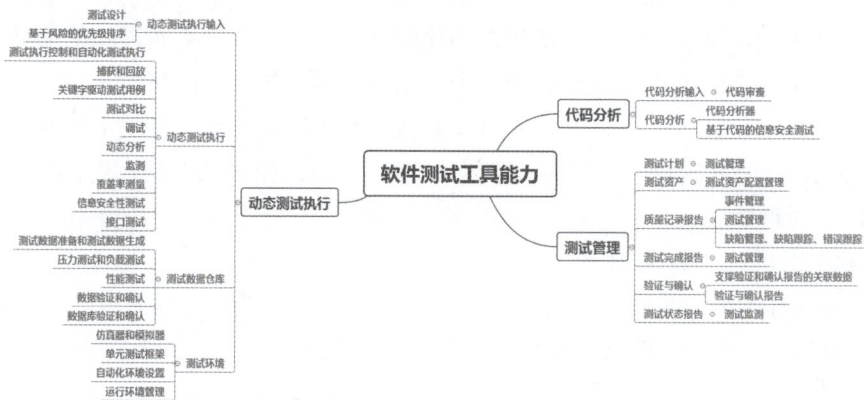

图9-1 软件测试工具能力项

9.1.2 软件测试工具的分类

根据软件测试工具的应用领域可以将其划分为白盒测试工具、黑盒测试工具和测试管理工具三种类型。白盒测试工具用于测试软件的源代码,能够实现对程序代码的静态分析和动态测试,通常用于单元测试;黑盒测试工具主要包括功能测试工具和性能测试工具,通常用于系统测试和验收测试;测试管理工具主要面向整个测试流程的管理,包括测试计划和测试用例管理、缺陷跟踪和测试报告管理等功能。

1. 商业测试工具

许多公司专门开发测试工具,其中以MI(Mercury Interactive)、IBM Rational和Micro Focus最为著名。MI被惠普公司收购后,该公司通常被称为HP Mercury,而Rational在被IBM公司收购后也改名为IBM Rational。由于同一家公司开发的多种测试工具往往能够较好地集成，因此在建立测试系统时，通常会根据工具生产商来评估测试工具的适用性。商业测试工具的特点通常包括功能丰富、性能强大和适用范围广泛。然而，这些工具的深入学习和掌握可能具有一定难度，并且一些工具的购买费用较高。

1) MI的主要测试工具

MI开发的测试工具中，最著名的是LoadRunner、UFT(原QTP)、WinRunner以及Quality Center(原Test Director)。

LoadRunner是测试人员广泛认可的性能测试工具，能够满足企业级应用的需求，支持对C/S和B/S结构的软件系统进行性能测试。LoadRunner通过模拟大量的虚拟并发用户形成系统负载，实时记录和检测系统在不同负载下的性能表现，从而预测和评估整个软件架构的各种性能特征，识别系统性能问题与性能瓶颈，以此为基础进行系统性能优化。LoadRunner能够在Windows、UNIX、Linux等多种操作系统平台上运行，并支持广泛的协议和技术，能够根据软件的特定运行环境提供个性化的性能测试方案。

UFT、QTP和WinRunner均为MI开发的功能测试工具。

WinRunner是MI的早期产品，基于Windows操作系统。由于惠普公司已停止对WinRunner所有版本的支持，因此WinRunner已逐步退出市场。由于WinRunner使用类似C语言的TSL脚本语言，并拥有丰富的C语言函数库，在系统底层和嵌入式领域具有一定便利性，因此国内一些企业仍然在使用。

QTP(Quick Test Professional)是MI在WinRunner之后推出的功能测试工具。QTP具备与WinRunner几乎相同的功能，同时还包含一些独有的特性，使其使用更简单、更易扩展和维护，能够更好地用于测试基于Java EE和.NET架构的应用程序。QTP使用VBScript语言，相对容易学习，并且通过关键字驱动测试方法，使得测试人员能够更好地设计测试脚本。MI将2012年12月发布的QTP新版本更名为HP UFT 11.5，并在UFT中整合了原有的QTP和面向Web服务测试的HP Service Test，使UFT成为针对网络、移动、API和各种应用程序的统一功能测试软件。

Quality Center和Test Director是MI开发的测试管理工具。Test Director(简称TD)是基于Web的测试管理系统，用户在服务器端安装后，可以通过客户端浏览器进行访问。这种设计方便了测试人员在测试过程中进行沟通与协作，支持需求管理、测试计划管理、测试用例管理和缺陷跟踪管理。惠普公司收购MI后将TD升级为Quality Center(简称QC)，并将软件迁移到J2EE平台。QC能够与MI的其他测试工具以及Office和IBM Rational等产品实现良好的集成。

2) IBM Rational的主要测试工具

IBM Rational公司的产品涵盖了需求管理、软件建模、配置管理等多个方面，是一套全方位的软件工程CASE(Computer Assisted Software Engineering)工具。其显著优势在于几乎所有的工具都支持跨平台安装。IBM Rational主要包括以下几个测试工具。

- 功能测试工具包括手动测试工具Rational Manual Tester和自动化测试工具Rational Functional Tester以及Rational Robot。
- 性能测试工具包括Rational Performance Tester和Rational Robot，其中Rational Robot同时支持功能测试和性能测试。
- 白盒测试工具包括Rational PurifyPlus和Rational Test RealTime。
- 测试管理工具包括Rational TestManager和Rational ClearQuest。

3) Micro Focus的主要测试工具

英国Micro Focus公司拥有多款测试工具，这些工具许多源自于著名的Compuware公司和Segue公司。2009年Micro Focus收购了Compuware全部的质量保证解决方案与产品；而在2006年4月，Borland公司收购了Segue公司，随后在2009年该公司又被Micro Focus完全收购。

Compuware公司的黑盒测试工具集QACenter包括功能测试工具QARun、性能测试工具QALoad和测试管理工具QADirector。此外，Compuware公司还提供缺陷管理工具TrackRecord和强大的白盒测试工具DevPartner。然而，2009年Compuware的产品被Micro Focus收购之后，QARun不再出现在Micro Focus的产品线中，取而代之的是QARun的升级版Micro Focus TestPartner，工具侧重于应用软件的业务逻辑测试，使非技术的测试人员能够进行偏向业务流层面的自动化功能测试。Segue公司是一家专业开发测试工具的厂商，其产品SilkTest和SilkPerformer完全可以和Mercury QTP和LoadRunner相媲美，在国际市场上占有的份额也相当大。

除了上述三家公司提供的测试工具，市场上还有许多其他公司开发的测试工具。表9-1总结了一些主要公司的商业测试工具。

表9-1　主要公司的商业测试工具

	功能测试	性能测试	白盒测试	测试管理
HP Mercury	UFT/QTP	LoadRunner		Test Director Quality Center
IBM Rational	Rational Manual Tester、Rational Functional Tester、Rational Robot	Rational Performance Tester、Rational Robot	Rational PurifyPlus、PureCoverage、Rational Test RealTime	Rational TestManager Rational ClearQuest
Micro Focus (Compuware、Segue)	QARun、Micro Focus TestPartner、Micro Focus SilkTest	QALoad、Micro Focus SilkPerformer	BoundsChecker TrueCoverage DevPartner	QADirector, TrackRecord
Telelogic			Logiscope	
Parasoft	WebKing		C++Test、JTest、SOA Test	
Programming Research			QA·C/C++/J	
Radview	WebFT	WebLoad		TestView Manager
Microsoft		ACT(Application Center Test)	IntelliTest	

2. 开源测试工具

商业测试工具虽然功能强大，但价格通常不菲。对于中小型软件企业来讲，可以首先考查开源测试工具是否能满足要求，如果不满足，再考虑购买商业测试工具，从而节省测试投入。目前，开源测试工具的发展非常迅猛，涵盖了白盒测试、功能测试、性能测试以及测试管理等多个领域，涌现出大量优秀的开源测试工具。下面将简要介绍一些主要的开源测试工具。

1) 白盒测试工具

由于白盒测试涉及程序源代码，因此针对不同程序语言的白盒测试工具各不相同。其中，最著名的是xUnit系列框架，涵盖了多种语言的测试工具，例如JUnit(Java)、CppUnit(C++)、DotUnit(.NET)、HtmlUnit(HTML)、JsUnit(JavaScript)、PHPUnit(PHP)、PerlUnit(Pear)等。在这些工具中，JUnit最为著名，绝大多数Java开发环境都已将其集成作为单元测试工具。此外，还有许多其他优秀的开源白盒测试工具，下面列出几种以供参考。

- JsTestDriver是一个JavaScript单元测试工具，能够很好地与持续构建系统集成。
- Google Test是Google的开源C++单元测试框架，简称GTest，支持跨平台使用。
- CppTest 是一个简单、轻便的C++单元测试框架，具有良好的实用性与可扩展性，支持多种输出格式。CppTest最大的优点是容易理解、便于掌握和使用。
- Robolectric是一款Android 程序单元测试工具。与需要运行在Android环境中的AndroidTest相比，Robolectric可以直接运行在JVM上，因此可以脱离Android环境进行测试，速度也更快，并且可以由Jenkins定期执行。

2) 功能测试工具

- AutoIT是一款免费软件，使用类似于VBScript脚本语言，专门用于测试基于Windows GUI操作的软件。
- Ruby+Watir组合是近年来非常流行的全免费自动化测试框架。它结合了Ruby脚本的强大编程能力和Watir的强大接口，可以实现对Web应用程序的自动化测试。
- Selenium是一款由ThoughtWorks公司开发的免费自动化测试框架，支持Ruby、Java、Perl、Python等多种脚本语言，近年来在国内外日益受到欢迎。

3) 性能测试工具

- JMeter是目前业内使用最广泛的性能测试工具，其最初专注于Web应用的测试，目前已经能够支持HTTP/HTTPS、SOAP、JDBC、LDAP、JMS等多种协议，在国内得到了广泛应用。
- TestMaker是PushToTest公司的免费产品，其功能不逊于许多商业工具。它可以与Seleinium和SoapUI集成，充分利用Selenium和SoapUI的测试能力。TestMaker主要用于更有效地调度、监控和管理测试过程，同时监控系统的性能指标并获得测试结果。
- ApacheBench能够同时模拟多个并发请求，专门用于Web服务器的基准测试。
- Grinder是一个负载测试框架，被誉为J2EE上的LoadRunner，它支持多种协议的Web服务和应用服务器。Grinder基于HTTP的测试过程可以通过浏览器记录，方便进行全面的测试。
- Siege是一款压力测试和评测工具，专门用于Web开发。

4) 测试管理工具

测试管理工具的开发难度相对较小，因此市场上有许多开源和免费的产品。以下是一些常见的测试管理工具。

- Bugzilla是目前业内最成熟的开源免费缺陷管理工具，能够与CVS进行无缝集成。
- Mantis是一款Web缺陷管理工具，国内应用较多。
- BugFree与Mantis功能类似，是一款轻量级的Web缺陷管理工具。
- TestLink能够对测试需求、测试计划、测试用例、测试执行、软件缺陷报告等进行全面管理。

9.1.3　软件测试工具的选择

选择软件测试工具并没有固定的规则，但以下因素应当考虑。

(1) 根据具体的测试需求，比较工具的功能、价格和服务。首先，确定所需完成的测试类型如白盒测试、功能测试、性能测试或测试管理。接着，比较测试工具的功能是否适用，避免在功能上贪多求全，确保所选工具能够解决实际问题。同时，需要考虑产品的服务质量，特别是技术支持是否全面。在价格方面，可以先评估是否有免费开源的测试工具能够满足需求，然后再考虑商业测试工具。

(2) 考虑引入测试工具的连续性和一致性。构建一个完整的自动化测试体系需要多种测试工具的协同使用，并且需要考虑测试工具与软件过程管理工具、软件开发工具和软件集成工具的配合程度。因此，测试工具的选择应全面考虑，从易到难分阶段逐步引入与实施。可以先使用免费的缺陷管理工具(如Bugzilla)对软件缺陷进行跟踪与控制，使开发和测试人员熟悉测试管理流程；接着选择LoadRunner或JMeter进行性能测试；然后引入Selenium或UFT尝试进行功能测试；最后选择JUnit、Logiscope等工具加强白盒测试，同时通过Hudson、Jenkins、SVN等建立持续集成和版本控制平台。

(3) 分析测试工具对各种操作系统平台的兼容性。根据软件企业的具体情况，评估测试工具对不同开发平台和操作系统的兼容性，以尽可能满足兼容性方面的要求。

(4) 评估测试工具与其他相关软件产品的集成能力。这里的集成能力包括测试工具之间、测试工具与开发工具之间，以及与软件研发过程中涉及的其他工具之间的集成能力。

(5) 考查测试工具是否有强大的报表统计功能。测试工具的一大优势在于能够对纷繁复杂的测试结果数据进行统计分析，并且以专业的图表形式给出统计分析结果。因此，应当尽可能选择具备丰富报表统计功能的测试工具。

9.1.4　软件测试工具的研发

软件测试工具的种类众多，许多工具经过多年的版本更迭，已经发展成为行业标准。因此，在项目开发过程中选择测试工具时，建议优先选择成熟的软件测试工具，以减少学习成本。在个别情况下，如果需求较为特殊，可以自主研发软件测试工具。自主研发的软件测试工具一般仅供企业内部使用，但也可以进行开源。

软件测试工具的研发和普通的软件类似，可以采用主流的开发平台和编程语言。如果是信息管理类的需求，可以采用B/S模式，使用Java编程语言和Spring框架，并结合前后端分离技术进行实现。如果是桌面应用程序，可以采用Visual C#编程语言或者QT等完成GUI

开发。需要注意的是，一些测试工具常常需要模拟真实的运行环境，因此在开发过程中和一般的软件开发有所不同。

9.2 自动化软件测试

完全依赖于手工测试已经无法满足软件测试行业的发展需求。对于许多操作重复、创造性要求不高、需要定量化统计分析的测试工作，自动化测试正逐渐成为主流选择。这种转变不仅提高了整体测试质量，减少了测试成本，缩短了测试周期，还使得测试人员能够摆脱繁琐的测试任务，从而充分利用其经验和时间，专注于测试设计等更深层次的问题。

9.2.1 自动化软件测试概述

随着软件规模和复杂度的不断提高，软件测试在整体开发工作量中的比例日益增加，有时甚至达到40%~50%或更高。自动化测试是在手工测试的基础上发展而来的，可以有效弥补手工测试在以下几个方面的不足。

- 手工测试执行时间长，测试效率较低。
- 由于手工测试的工作量很大，在测试人员不足或测试周期很短的情况下，难以达到测试的充分性要求，例如难以覆盖所有的代码路径，同时也难以及时评估测试的覆盖率。
- 在修改软件之后，通常难以及时完成有效的回归测试。此外，回归测试是典型的重复性测试工作，会使测试人员感到单调乏味。
- 当测试过程包含大量测试用例和测试数据时，测试执行和管理的细节会变得复杂，容易引发错误。
- 难以便捷且全面地对测试进程及其结果进行统计分析，并生成规范的测试报告。
- 性能测试时无法模拟大规模软件系统负载。
- 难以完成系统可靠性测试，无法验证系统连续运行几个月甚至几年后是否仍然能够稳定运行。

测试工具的广泛使用显著提高了软件测试的自动化水平。通过测试工具可以模拟手工测试的步骤，控制被测软件的运行，并自动判断测试用例的执行结果，从而实现半自动或全自动的测试过程。在半自动测试中，测试人员需要与测试工具进行交互，选择测试对象和测试数据，并控制测试工具的执行；而全自动测试可以做到无须人工干预，完全由测试工具自动完成测试的全过程。例如，可以实现无人值守的"夜间测试"，开发人员在每天工作结束后向源程序版本控制服务器提交代码开发成果，集成测试工具在夜间自动执行软件版本构建任务，并将测试结果以邮件方式通知相关人员。

需要注意的是，自动化测试不可能完全替代手工测试，例如文档测试、测试用例设计、测试执行过程控制以及全面和深入的测试结果分析仍然需要依赖手工测试。自动化测试和手工测试在实际工作中应当取长补短、综合使用。引入自动化测试的前期投入较高，因此需要评估投入成本是否能够产生令人满意的回报。此外，自动化测试并不仅仅是简单地使用测试工具，还包括应用自动化测试的思想和方法，建立适应自动化测试的策略与工作流程。测试工具的使用必须服务于节约成本、提高效率和提升产品质量的总体目标。

9.2.2 自动化软件测试的优势

自动化测试具有快速、准确、可靠等显著特点。应用自动化测试可以提高测试效率和质量，节省人力资源。从应用角度来看，目前自动化测试的优势主要体现在性能测试和回归测试的自动化执行上。

1) 自动化的性能测试

全面的性能测试是手工测试无法实现的，通常需要借助性能测试工具。性能测试需要模拟大量负载，最常见的方式是模拟成百上千的并发用户，以测试系统的性能瓶颈并验证各种性能指标。这类测试活动如果没有测试工具的支持，基本无法实现。因此，类似于性能测试这种需要模拟大量用户和并发任务的测试非常适合采用自动化测试。

2) 自动化的回归测试

回归测试是重复已执行过的测试，避免修改程序对原有正常功能产生影响。回归测试用例是已经完全设计好的，即使在发生一些改动时，变动也通常较小，并且测试的预期结果也是明确的。

如图9-2所示，自动化测试在初次测试阶段需要开发自动化测试用例，因此工作量通常大于手工测试。然而，随着回归测试的增多，初期产生的工作量被均摊，总工作量明显小于手工测试，并且回归测试的效果会随着次数的增加而更加明显。因此，对于回归测试应当尽可能采用自动化测试的方法，充分发挥测试工具善于完成机械重复性工作的优势，从而大幅提高测试效率，缩短测试时间。

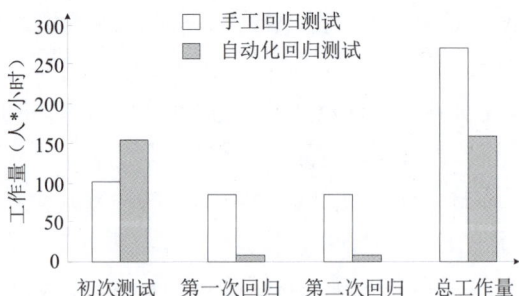

图9-2　回归测试中自动化测试与手工测试工作量对比

除了上述两个主要优势之外，自动化测试还具有以下一些优势。

○ 通过应用测试管理工具可以规范整个测试流程，改进研发过程，便于进行软件缺陷跟踪和管理。

○ 在单元测试中，通过白盒测试工具可以完成全自动的代码扫描，对代码的规范性、程序结构和函数调用关系等进行静态测试，其全面性明显优于手工测试。自动化的动态单元测试工具(如JUnit)可以简化测试编写，将测试代码和程序代码分开，从而极大地方便进行增量开发、版本构建和测试用例管理。

○ 自动化的集成测试可以更好地支持敏捷开发，实现每日集成构建和完全自动化的冒烟测试，及时发现和定位集成问题，从而更好地保证程序代码、测试用例和相关文档记录的一致性。

○ 提高功能测试基本操作和数据验证的质量和效率。功能测试主要测试基本操作下软件的逻辑功能是否正确，具有明确的测试输入和输出，便于在输入数据后对输出进行验证，因此适合自动化测试。由于功能测试的工作量较大，自动化可以显著提高效率。当软件界面变动不大时，功能测试用例的复用率会很高。然而，对于界面测试这类主观性比较强的测试工作，仍建议采用手工测试来完成。

○ 方便捕捉偶然发生的软件缺陷。测试人员常面临的一个难题是捕捉偶然发生的软件缺陷，这些软件缺陷的产生经常与程序的多进程或多线程并行运行、消息驱动的复杂运行时序，以及死锁和资源冲突等问题有关。由于测试工具可以重复和持久地运行测试用例，因此更容易捕捉到此类软件缺陷。

○ 能更好地利用人力资源。将单调和重复的工作交由自动化测试处理后，测试人员可以专注于测试计划、设计以及必须由手工测试完成的测试内容。

9.2.3　自动化软件测试的关键技术

传统的手工测试需要设计测试用例、执行被测软件、输入测试数据、记录输出结果，并将其与预期结果进行对比，以此发现可能存在的软件缺陷。因此，为了替代手工测试，自动化测试必须能够模拟测试人员或用户对软件的操作，自动输入测试数据，并验证软件的执行结果与预期结果是否存在差异。那么，测试工具是如何做到这些的呢？自动化测试用例与手工设计的测试用例有什么不同？理解自动化测试的原理至关重要，这有助于更好地掌握各种自动化测试技术，并合理选择测试工具。

1. 录制与回放

自动化测试在回归测试和功能测试中的应用相当广泛。为了实现测试用例的重用和自动执行，首先需要录制对软件的操作过程，生成初步的测试脚本，作为可自动执行的测试用例。许多软件或专门的测试工具都提供了录制特定软件操作的功能，其中最常见的例子是Microsoft Word中的宏。

2. 代码分析

自动化测试不仅包括动态测试，还包括静态测试。静态测试主要基于代码分析技术。例如，通过白盒测试工具对程序代码进行静态分析，根据特定语言的代码规则对代码进行扫描，生成系统的调用关系图，并对代码复杂度等质量特征进行综合评估。

例如，通过静态分析工具FindBugs可以检查和分析Java代码类或Jar文件，在不实际运行程序的情况下对Java源程序进行静态测试。通过将程序代码与定义的代码规则或缺陷模式进行对比，可以发现多种软件缺陷。例如未关闭的数据库连接、缺失或多余的Null Check、冗余的If后置条件、相同的条件分支、重复的代码块以及"=="的错误使用等。代码分析的关键是建立各种代码规则。FindBugs提供了超过200种规则，其中常用的规则主要可以分为以下几类。

○ Correctness(正确性)：代码可能在某些方面不正确。例如，代码可能出现无限递归、NULL值被引用、方法未检查参数是否为空等问题。

○ Bad practice(不良实践)：源程序明确违反规定的编码规范。例如，未关闭文件或数据库连接，程序异常未被处理或报告等。

○ Performance(性能)：可能导致软件性能不佳的代码。例如，当属性不再被使用时，应当考虑将其从类中移除；在不必要的情况下创建对象；在循环中使用字符串连接而非使用StringBuffer。

○ Multithreaded correctness(多线程的正确性)：多线程编程时可能引发错误的代码。例如，空的同步块可能导致多线程同步不正确；使用notify()而非notifyAll()只唤醒一个线程，而不是所有等待的线程。

○ Dodgy(不可靠)：具有潜在危险的代码。例如，未使用的本地变量或未检查的类型转换。

通过上述规则，FindBugs能够帮助开发人员发现源程序代码中存在的缺陷或隐患，并且提供修改意见供开发人员参考，从而大幅提升代码评审的效率与质量。

3. 对象识别

在进行自动化的软件功能测试时，测试工具需要模拟人工操作，记录测试人员对软件图形用户界面(GUI，Graphical User Interface)的操作过程，并通过回放重复执行这一过程。最简单的方式是记录鼠标和键盘的操作序列，并在回放时驱动软件运行。例如，可以通过"按键精灵"来模拟用户物理按键操作和鼠标在屏幕上任意位置的单击操作。这种方法存在明显的局限性：当屏幕的分辨率改变时，测试脚本可能不再适用。因此，主流的功能测试工具采用的都是对象识别的方法，自动识别软件GUI上各种控件，例如Text Box、Button、Data Grid等。工具获取对象的类别、名称、属性值等信息，并在脚本中记录操作的对象及其操作顺序。对于一些较高级的控件，还可以通过扩展插件来完成对这些控件的识别。在自动化测试中，对象的识别是成功完成测试的前提条件。

9.2.4　自动化测试框架

1. 自动化测试框架的基本含义

在软件开发过程中，开发者会使用各种框架，例如Spring框架。框架提供了软件系统整体或部分的可重用设计，是可以被开发者直接使用和扩展定制的应用骨架。软件重用从模块和对象重用发展到构件和框架重用，重用的粒度不断增大。

自动化测试框架是一种特殊类型的框架，用于解决特定的自动化测试问题。从广义上讲，自动化测试框架是一组自动化测试的规范和测试脚本的基础代码，以及相关的测试思想、方法和惯例的集合。从狭义上讲，自动化测试框架由一个或多个自动化测试基础模块、管理模块和统计模块等组成，形成一个工具集合，以便于设计、维护和重用测试用例，并有效地完成测试执行和报告工作。

典型的自动化测试框架一般包括如图9-3所示的测试用例管理模块、自动化执行控制器、报表生成模块和测试日志模块等。这些模块之间相互关联、协调配合，共同构成了一个完整的测试框架。

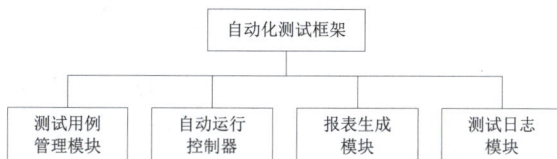

图9-3　自动化测试框架的基本模块

(1) 测试用例管理模块包括用例的添加、修改、删除等基本功能，也包括用例编写模式、测试数据管理、可复用的测试用例库管理等功能。

(2) 自动运行控制器主要负责以何种方式执行用例，比较典型的控制器有GUI控制器和"命令行+文件"控制器两种。

(3) 报表生成模块主要负责在用例执行后生成报表，通常以HTML格式呈现，主要包括用例的执行情况以及相应的总结报告。

(4) 测试日志模块主要用于记录用例的执行情况，以便于高效地追踪执行进度并分析用例失败的信息。

2. 自动化测试脚本类型

为了深入理解自动化测试框架，首先需要了解自动化测试脚本的类型。在自动化测试中，虽然测试脚本主要应用于功能测试，但它们同样适用于集成测试和性能测试等领域。测试脚本本质上是一种计算机程序，除了包含操作指令和数据外，还包括比较、控制和数据存取等信息。根据发展阶段，测试脚本的类型从低到高经历了以下几个层次。

1) 线性脚本

线性脚本是由测试工具录制并记录软件操作过程和输入数据后形成的脚本，旨在通过回放来重复人工操作的过程。通常，这种脚本用于简单测试或作为基本脚本，供后续修改和进一步使用。线性脚本中可以包括一些基本的比较和等待指令，但总的来讲仍然是一种"流水账"式的指令序列。线性脚本的数据和脚本指令混合在一起，通常一个测试用例对应一个脚本，因此维护成本很高。即使是界面的简单变化，也会造成脚本需要重新录制，从而使脚本难以重用。以下是一个线性脚本示例，用于测试计算器的加法功能。

```
Sub Main
    Window Set Context, "Caption=Calculator", ""  '5
    PushButton Click, "ObjectIndex=10"  '+
    PushButton Click, "ObjectIndex=20"  '6
    PushButton Click, "ObjectIndex=14"  '=
    PushButton Click, "ObjectIndex=21"  '11
    Result = LabelUP (CompareProperties, "Text=11.", "UP=Object Properties")
End Sub
```

2) 结构化脚本

结构化脚本类似于结构化程序，具有顺序、分支、循环等逻辑结构。例如，以下脚本通过UFT检查Mercury Tours网站(http://www.newtours.demoaut.com)中是否存在User Name编辑框。如果该编辑框存在，则输入用户名，否则将消息发送到"运行结果"界面。

```
If Browser("Welcome:Mercury").Page("Welcome:Mercury").WebEdit("userName").Exist Then
    Browser("Welcome:Mercury").Page("Welcome:Mercury").WebEdit("userName").
    Set DataTable ("p_UserName", dtGlobalSheet)
Else
    Reporter.ReportEvent micFail, "UserName Check", " UserName field does not exist."
End If
```

结构化脚本能够体现模块化与库函数的思想。模块化后的脚本可以支持分层的脚本结构，实现脚本之间的相互调用。可以被多个测试用例使用的脚本有时也称为共享脚本。此外，模块化后的脚本还可以构建为库函数，通过函数调用供上层脚本使用。因此，结构化脚本具有较好的可读性、可重用性和易维护性。

3) 数据驱动脚本

数据驱动脚本将测试数据和具体测试执行过程分离，将测试输入数据存储在独立的数据文件或数据库中。在测试执行时，通过变量引用数据，将测试数据传入测试脚本以驱动测试流程。简单来说，它执行相同的测试步骤，但使用不同的测试数据。不同的测试数据对应不同的测试用例，避免了测试脚本的大量重复，提高了脚本的利用率和可维护性。然而，数据驱动脚本受软件界面变化的影响仍然很大。

例如，测试软件登录功能时，基本操作相同。如果需要验证大量用户账号的有效性，可以将这些账号的数据存储在一个外部文件中。在执行脚本时，可以通过循环从这个外部文件中读取数据以完成验证工作。以下是一个数据驱动测试脚本的部分示例，用户名和密码存储在Test.csv文件中，每次循环读取后将完成用户账号的有效性测试。

```
String filepath = "./src/main/resources/Test.csv";
Reader file = new FileReader(filepath);
CSVFormat format = CSVFormat.DEFAULT.withHeader(filepath).withSkipHeaderRecord();
Iterable<CSVRecord> records = format.parse(file);
for (CSVRecord record:records){
    String username = record.get(0);
    String password = record.get(1);
    System.out.println(username+password);
    publicModels.login(driver, username, password);}
```

4) 关键字驱动脚本

关键字驱动脚本通过一系列关键字指定要执行的测试任务。每个关键字对应于封装的业务逻辑，各种基本操作由关键字代表的函数完成。在开发脚本时，无须关注函数的实现细节，因此大大降低了测试脚本的开发难度，增强了脚本的可维护性。关键字驱动脚本的特点是，它们看起来更像是直观的手工测试用例，因此易于阅读和理解。通过测试工具，可以方便地将关键字驱动脚本转换为各种编程语言脚本，从而支持跨平台的测试用例共享。图9-4

展示了一个通过Katalon Recorder生成的关键字驱动脚本，用于测试Mercury Tours站点的登录功能。

Command	Target	Value
open	http://www.newtours.demoaut.com/	
click	name=userName	
type	name=userName	MyUserName
click	name=password	
type	name=password	MyPassword
click	name=login	
verifyText	xpath=(.//*[normalize-space(text()) and normalize-space(.)='CONTACT'])[1]/following::b[1]	Welcome back to Mercury Tours!
close	win_ser_local	

图9-4　关键字驱动脚本示例

从上述内容可以看出，自动化测试脚本的发展与软件开发的发展非常相似。软件开发中的模块化、层次化、松耦合以及从具体到抽象、复用粒度从细到粗的设计思想，同样也体现在测试脚本的发展过程中。

3. 自动化测试框架的类型

自动化测试框架面临的核心问题是如何有效地设计测试脚本、处理测试数据、简化脚本维护的复杂性，并最大程度地减少维护工作量。因此，自动化测试工作在启动之初就需要考虑如何选择合适的自动化测试框架，而不是仅仅依赖于简单的测试录制与回放工具。同时，了解不同的自动化测试框架也有助于测试团队根据具体需求和经验，设计出满足自身要求的自动化测试框架。基本的自动化测试框架主要分为以下几种类型。

1) 测试脚本模块化框架(Test Script Modularity Framework)

测试脚本模块化框架的特点是将被测程序分解为多个逻辑模块，对每个逻辑模块都创建一个小而独立的测试脚本。这些测试脚本包含各功能点的控件识别和业务逻辑操作。通过将这些独立脚本组合在一起，可以最终构成一个更大的、可用于特定测试用例的脚本。主脚本通过调用各个模块化后的脚本来实现所需的测试场景。由于每个脚本模块具有独立性，因此任何部分的更改都不会影响其他脚本模块，从而提高了自动化测试的可维护性和可升级性。

这种框架的使用要求测试工程师必须了解自动化编程和业务逻辑，并负责完成测试脚本和测试数据的维护工作。其优点是易于掌握和使用；当控件和业务逻辑发生变化时，只需要修改和维护底层的脚本模块，这使其优于没有任何抽象封装的自动化测试程序。这种框架的缺点是，几乎所有大规模变更所导致的修改和维护工作都要由自动化测试工程师完成。此外，控件识别和业务逻辑混合在一起，缺乏良好的抽象封装。

2) 测试库架构框架(Test Library Architecture Framework)

这种框架与脚本模块化框架类似，同样能够产生高度模块化的测试用例。不同之处在于，被测程序被分解为过程和函数，而不是测试脚本。所有测试用例中的常用功能可以作为函数被存储在公共测试库中(如SQABasic Libraries、API、DLL等)。例如，可以将所有控件识别操作封装在测试库中，测试脚本可以根据需要调用这些库函数。

测试库架构框架的优点是，当界面控件改变时，只需要修改库函数，调用该控件的测试用例将自动更新。此外，编写和维护测试库的测试开发工程师不必深入了解用户业务；脚本的编写可以由熟悉用户业务的测试开发工程师完成，并由他们负责业务逻辑变更后的脚本维护。同时，测试数据的维护可以交给不懂自动化开发的测试人员负责。因此，无论系统界面、业务逻辑或数据在哪一层发生变化，只需要相应的人员进行变更维护即可，从根本上实现了控件识别操作和业务逻辑的抽象分离。然而，这种框架的缺点是，由变更引起的工作主要还是由自动化测试开发工程师承担，而这类高级测试人员在测试团队中往往数量有限。

3) 数据驱动测试框架(Data-Driven Testing Framework)

当使用不同的输入数据集多次测试相同功能时，测试数据不应当以硬编码的形式大量嵌入到测试脚本中，而是应当将其保存在XML文件、CSV文件、数据库等外部数据源中。测试执行时，通过脚本代码将测试数据载入到脚本变量中。这些脚本变量不仅可以存储测试输入值，还可以存储预期结果的验证值。

数据驱动测试框架的优点是通过分离测试脚本和测试数据，显著减少了覆盖测试场景所需的测试脚本数量，并且测试数据可以单独进行维护。这种框架的缺点是初次开发测试用例的开销较大，由于被测程序变化，导致的测试用例修改和维护工作量在所有框架中是最多的，因此维护成本较高。

4) 关键字驱动或表驱动测试框架(Keyword-Driven or Table-Driven Testing Framework)

关键字驱动测试框架源于数据驱动测试框架。在数据驱动测试框架中，数据文件中只包含测试数据；而在关键字驱动框架中，数据文件中存储的是关键字和测试数据。这些数据和关键字独立于执行它们的测试工具与测试脚本代码，并可以用来"驱动"测试脚本运行，因此基于关键字驱动的测试用例看上去与手工测试用例类似。由于数据文件一般以表格形式呈现，记录了与被测程序功能和测试步骤有关的对象、操作和测试数据，因此这种框架也称为表驱动测试框架。此外，表中的数据还可以进一步分离，形成单独的测试数据文件，框架的主要任务就是识别表中的对象和操作。

关键字驱动框架的特点是测试脚本与数据分离、软件界面元素名称与测试内部对象名称分离、测试描述与具体实现细节分离。关键字驱动测试框架具有与数据驱动测试框架相同的优点，除此之外还具有以下一些优势。

○ 测试人员可以独立于脚本语言开发测试用例，直接在数据表中编写测试步骤、测试数据和验证结果。因此，普通的测试工程师在不了解测试工具和框架本身知识的情况下，也能维护控件对象、业务逻辑和测试数据，无须依赖自动化开发工程师。

○ 允许测试人员创建多个关键字，并为每个关键字关联唯一的操作或功能。同时，测试人员可以构建操作或函数库，在其中包含读取关键字并调用相关操作的逻辑功能。

○ 测试用例的编写与正在使用的测试工具无关，因此测试人员选择测试方法时，可以更多地考虑自身的需求，而不是为了适应特定的测试工具。

这种框架的缺点是抽象程度比较高，对自动化开发工程师的要求也相对较高。

5) 混合测试自动化框架(Hybrid Test Automation Framework)

自动化测试框架的主要目的是对不同层次的对象和逻辑进行抽象、分离与封装，以尽量减少因程序变更而引起的测试用例修改和维护工作量。因此，在实际工作中，常用的自动化测试框架是混合框架(如图9-5所示)。这种框架结合了多种框架的优点，并弥补了单一框架的不足。混合测试自动化框架允许数据驱动的脚本以关键字驱动的方式利用功能强大的库函数，从而充分发挥所有相关框架的优势。

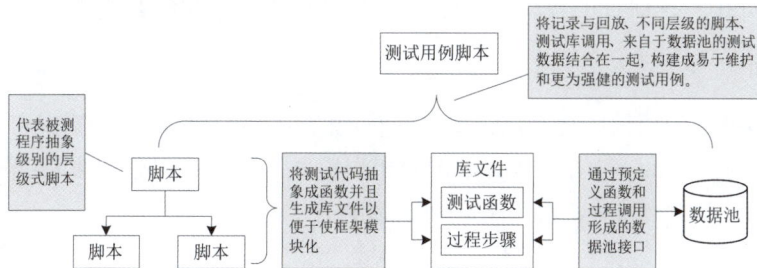

图9-5　混合测试自动化框架

4. 自动化测试框架ATF

泽众软件科技有限公司推出的AutoTestFramework自动化测试框架(简称ATF)，是一款基于B/S架构的高级自动化测试平台。该框架支持多种自动化测试全流程的线上化、集中化和团队化管理。通过集成多种自动化测试工具，ATF能够实现PC端界面自动化、接口自动化、移动端功能自动化测试、移动端兼容性测试和移动端性能测试，并在测试完成后自动生成测试报告。目前ATF框架可以集成自动化测试工具AutoRunner和MobileRunner。

ATF的主要特点如下。

○ 提供软件自动化测试的全流程管理，支持线上化和集中化管理。主要包括测试项目、测试脚本、测试需求、测试用例、测试缺陷、测试报告以及测试人员的全面管理。

○ 能够实现界面、接口、移动端功能、移动端兼容和移动端性能的自动化测试。框架可以无缝集成多种工具，包括界面自动化工具Selenium、AR和QTP，接口测试工具Postman，以及APP自动化工具MR。

○ 自动生成高覆盖的测试用例。ATF通过建立需求分析模型，基于活动图、数据和业务规则，自动生成测试用例。

○ 可跨项目定时、预约或立即执行用例，测试人员能够通过视频、截图和日志确认缺陷。多个项目可以选择预约执行或者定时执行，而单个项目可以选择立即执行；界面自动化支持截图和视频记录；接口测试则提供日志支持。

○ 采用脚本与数据分离的设计模式，通过集中化数据管理实现高效维护和共享。通过测试用例覆盖业务规则，有效降低了脚本设计的复杂度，并简化了测试用例数据的维护与更新。

○ 提供多维度测试报表跟踪测试进度，客观评价测试质量和测试绩效。系统可自动生成AutoRunner、MobileRunner等工具测试执行的测试报告，确保测试数据的准确性和客观性。

○ 平台提供标准API接口，功能可以根据客户需求进行定制，并可与第三方系统集成。作为自主研发的产品，ATF可集成ALM生命周期管理工具、项目管理、测试管理、缺陷管理、持续集成、流程平台以及其他数据库系统。

9.2.5　自动化测试工具

下面简要介绍一些流行的自动化测试工具(包括免费工具和商业工具)。

1. Selenium

Selenium是Web应用程序功能测试中最受欢迎的开源测试自动化框架。它支持多种系统环境(如Windows、Linux、iOS、Android等)和浏览器。用户可以使用多种编程语言编写测试脚本，包括Java、Python、C#、PHP、Ruby和Perl。

2. AutoRunner

AutoRunner(简称AR)是上海泽众软件科技有限公司自主研发的一款自动化测试工具，具备自动测试框架的多项功能。它能够加载不同的测试组件，以支持针对不同应用的测试。通过录制和编写测试脚本，AR实现了功能测试和回归测试的自动化，自动执行测试用例取代人工执行测试用例，从而显著提高测试执行效率并降低人工成本。

3. Katalon Studio

Katalon Studio是一款针对Web应用程序、移动应用和Web服务测试的自动化解决方案，基于Selenium和Appium框架构建。非程序员可以轻松使用Object Spy记录测试脚本，而程序员和高级自动化测试人员则可以节省构建新对象库和维护脚本的时间。

4. UFT

UFT为跨平台的桌面、Web和移动应用程序提供全面的API、Web服务和GUI测试功能集，能够很好地与Mercury Business Process Testing和Mercury Quality Center集成。

5. Watir

Watir是一个基于Ruby库的Web自动化开源测试工具，支持包括Firefox、Opera和IE在内的跨浏览器测试。同时，它也支持数据驱动测试。

6. IBM RFT

IBM RFT是功能和回归测试的数据驱动测试平台，广泛支持多种应用程序，如.NET、Java、SAP、Flex和Ajax。RFT使用VB.NET和Java作为脚本语言，并拥有独特的Storyboard测试功能，能够与Rational Team Concert和Rational Quality Manager无缝集成。

7. TestComplete

SmartBear公司的TestComplete是一款用于Web、移动和桌面测试的自动化工具，支持多种脚本语言，并实现关键字驱动和数据驱动的测试。TestComplete的GUI对象识别功能可以自动检测和更新UI对象，从而有效地减少维护测试脚本的工作量。

8. TestPlant eggPlant

TestPlant eggPlant是一款基于图像的自动化功能测试工具，支持Web、移动和POS等各种平台。与传统测试工具完全不同的是，TestPlant eggPlant从用户的角度进行建模，而不是测试人员常用的测试脚本视图，它使得编程技能较弱的测试人员也能够直观地学习和使用该工具。

9. Tricentis Tosca

Tricentis Tosca是一款基于模型的自动化测试工具，提供广泛的功能集以支持持续测试，符合敏捷和DevOps方法。它兼容多种技术和应用程序，包括Web、移动和API，同时具备集成管理、风险分析和分布式执行等功能。

10. Robot Framework

Robot Framework实现了验收测试驱动开发(ATDD)的关键字驱动方法，不仅可以用于Web测试，还可以用于Android和iOS自动化测试。通过使用Python和Java实现附加测试库，可以进一步扩展其测试功能。

接下来，我们将简要介绍自主可控的自动化测试工具AutoRunner。

AutoRunner的主要特点如下。

(1) 支持丰富的技术框架。AutoRunner采用Java作为脚本语言，使得脚本编写更加简单。同时，Java拥有大量的扩展库，用户可以根据需求自定义功能。Java作为一种标准化、流行的开发技术，拥有大量的拥护者和开发者，学习门槛较低，也更容易找到熟悉Java的测试工程师，从而降低人员成本。此外，AutoRunner支持函数调用和脚本间的互调，能够非常简单地实现各种复杂脚本的编写。

(2) 采用关键字提醒、关键字高亮和关键字驱动。IDE提供了关键字提醒和关键字高亮功能，在编写程序的过程中会自动弹出提示，帮助用户避免编写错误。关键字驱动提供了关键字视图，使得不熟悉编程语言的用户能够通过操作和配置轻松编写测试脚本。

(3) 功能全面、执行高效、运行可靠。AutoRunner具备全面的功能，包括同步点、各种检查点、参数化、录制、脚本执行、测试日志、对象比较、视频录像等，能够满足用户的各种复杂应用需求。AutoRunner启动和执行速度快，减少了启动应用时的等待时间，并且支持在不启动IDE的情况下执行测试脚本。

(4) 支持图形对象功能。AutoRunner将图片作为对象以提高对象的辨识度。对于无法识别的对象，提供了更好的解决方案。该工具还支持图片检验，能够将截取的图片与被测系统中相应位置的图片进行对比，从而实现系统的校验。

AutoRunner的主要功能模块如下。

(1) 脚本管理。AutoRunner支持Java程序、浏览器、Flex程序、Siverlight 程序等类型的脚本录制，并且提供脚本录制暂停功能。用户可以配置"脚本回放时写日志文件""脚本运行出错时立即停止""脚本执行失败时截屏""回放动作录制"等选项。该工具还支持设置脚本回放速度和播放超时，并允许从指定脚本行开始执行，同时在执行失败时显示行号。

(2) 函数、脚本调用。AutoRunner支持跨脚本的函数和类调用，允许脚本调用其他脚本。通过将常用函数封装在公共函数中，可以有效提高产品开发效率，简化各种复杂脚本的编写，从而便于后期的维护。

(3) 校验点。AutoRunner支持多种校验功能，包括校验对象属性、数据库、消息框、矩形文本、文件文本、Excel文件以及正则表达式等属性。

(4) 参数化。AutoRunner支持脚本参数化，实现了脚本与数据的分离。在脚本执行过程中，使用Java脚本从数据源中读取数据，并通过循环参数列表对脚本进行控制，实现值传递。此外，同步点功能支持自动同步点和手工同步点，如图9-6所示。

```
ok.bsh    demo.bsh
1
2 for(ParameterData pd : ar.getParameterDataList("ok.xls")/*.subList(0, 1)*/)
3 {
4     //ar.parameterData = pd;//ar.parameterData可用于脚本之间传递参数
5     ar.openURL(ar.parameterData.getFrom("网址"));
6     ar.browser("百度一下，你就知道").clickControl("INPUT_百度一下_按钮");
7     ar.browser("百度一下，你就知道").clickControl("INPUT_百度一下_文本框");
8     ar.browser("百度一下，你就知道").setValue("INPUT_百度一下_文本框","6");
9     ar.browser("百度一下，你就知道").setValue("INPUT_百度一下_文本框_2","666");
10    ar.browser("百度一下，你就知道").clickControl("LI_66是什么意思");
11    ar.browser("66是什么意思_百度搜索").clickControl("INPUT_百度一下_按钮_2");
12
13 }
```

图9-6　AutoRunner参数化脚本

(5) 对象库。AutoRunner提供可视化对象库，便于查看对象的属性。该库支持对象的编辑、复制、粘贴、重新录制和比较功能，同时用户可以通过权重设置实现模糊识别。此外，对象库还支持查看对象信息和对象对比功能，并允许手动添加静态文本控件对象。

(6) 测试日志。AutoRunner支持自动生成和保存测试日志，详细记录脚本运行情况。它还提供可视化日志功能，包含"打开文件""保存文件""保存网页""播放视频"等按钮，其中前三者用于操作日志文件(.log)。

(7) 图形对象。AutoRunner支持图形对象，可以将不能识别的对象截取为图片，以便对图片进行操作，从而简化自动化执行流程。此外，该工具还支持图片检验，能够将截取的图片与被测系统中对应位置的图片进行对比，以实现系统校验。

9.3　自动软件测试的引入

一家软件企业在从无到有逐步引入自动化测试技术的过程中会面临许多问题。单纯依赖测试工具并不能保证软件自动化测试的成功实施。自动化测试需要与软件开发过程、测试流程、配置管理等方面相互配合，这往往涉及组织结构上的调整与改进。因此，在引入自动化测试之前，企业应根据自身具体情况进行合理性和必要性的评估。

9.3.1　引入过程中存在的问题

自动化测试的引入不仅是测试工具和相关测试技术的问题，还涉及整个软件开发和测试过程的重新整合。归根结底，这实际上是软件企业组织和文化层面所面临的问题。遗憾的是，真正能把自动化测试融合进软件研发体系的企业并不多。许多企业在实施自动化测试的过程中存在诸多误区，面临各种挑战，导致实施效果不佳，甚至最终失败。

1) 盲目迷信自动化测试

一些企业认为，只要采用先进的测试工具，就可以自然而然地提高测试效率与质量，解决测试工作中的一切问题。这种误区主要源于缺乏正确的软件测试自动化观念。虽然自动化测试能够带来非常明显的收益，但也存在以下局限性。

○ 自动化测试只是测试工作的一部分，无法完全替代手工测试。自动化测试只能发现15%~30%的软件缺陷，而70%~85%的缺陷都是通过手工测试发现的。

○ 自动化测试和手工测试都有适用的测试对象和范围，两者需要相互配合，以确保测试工作的全面性。目前，诸如文档测试和界面测试等测试任务仍主要依赖手工测试。

○ 测试工具本身并不具有创造性，无法像测试人员那样主动、深入地探寻软件缺陷，其主要功能是替代重复性的测试执行工作。

○ 手工测试便于处理很多异常情况。虽然测试工具也能处理部分异常事件，但是对于真正的突发事件和不能由软件解决的问题就显得无能为力了。

○ 测试工具的使用并不能发现大量的新缺陷，第一次运行之后发现新缺陷的可能性显著降低。通常，手工测试比自动化测试发现的缺陷更多。

○ 如果通过自动化测试没有发现任何缺陷，并不意味着软件就没有问题。这可能是由于测试设计本身存在缺陷，例如测试覆盖率没有达到规定的标准。

○ 商业化软件测试工具往往是通用的，而软件企业面临的测试问题千差万别，并且一个软件测试项目通常需要混合使用多种测试工具。因此，采用自动化测试时，需要考虑测试工具、被测软件和测试环境的互操作性问题。开发和测试技术环境的不断更新变化会进一步加剧应用自动化测试的复杂性，从而影响到推广自动化测试的实际效果。

○ 自动化测试会导致开发和维护成本的提高，尤其是在软件企业初次引入自动化测试时更为明显。

因此，测试效率和质量的提升是一项系统工程。缺乏手工测试的配合，以及没有全面和系统的测试计划与测试用例设计作为保障，即使软件中存在缺陷，测试工具也难以发现。

2) 片面追求全面的自动化测试

自动化测试主要关注的是通过测试工具自动执行测试任务，而测试的全面自动化意味着所有可以自动完成的测试任务都通过测试工具或程序来自动执行。实际上，全面的测试自动化目前还仅仅是理想目标，达到100%的测试自动化不仅需要高昂的成本，而且在现阶段也难以实现。在软件企业中，能够达到40%~60%的自动化测试已经算是很高的比例了，如果过于追求全面的自动化测试，反而会增加不必要的成本。

3) 盲目引入测试工具

软件企业各有特点，测试工具自身的特点和适用性也各不相同，因此并不是任何测试工具都能满足所有企业的要求。软件测试自动化并不是简单的使用测试工具进行录制与回放的过程，测试工具之间以及测试工具与开发环境之间存在着如何有机配合的问题。因此，软件测试自动化的引入与成功实施受到一定条件的限制，必须在综合考量与评估后，才能合理选择测试工具。同时，真正发挥测试工具的功效还依赖于良好的应用环境，这需要改进测试流程和管理机制，以适应新工具的使用。

4) 忽视测试脚本的质量问题

测试工具主要通过测试脚本完成自动化测试，而测试脚本本身就是程序，因此需要首先保证测试脚本的质量。在实际工作中，通常不会对测试脚本进行大规模的测试，因此测试脚本的质量往往依赖于自动化测试工程师的业务水平、经验和工作态度。如果测试工程师不能根据测试计划生成高质量的测试脚本，而测试工具也不具备有效的机制来确保测试脚本的质量，那么自动化测试结果的正确性和有效性就无法得到保障。

5) 缺乏专业的测试人员

虽然专业的测试工具和软硬件测试环境配置是成功完成自动化测试的必要条件，但是掌握良好测试技术并具有丰富测试经验的测试人员才是决定性因素。软件测试自动化并不只是简单地使用测试工具，关键在于测试流程的建立、测试用例的设计和测试脚本的编写。因此，测试人员需要熟悉软件产品的特性和应用领域，了解测试流程，并具备良好的测试技术和编程技术。

为了适应自动化测试，必须长期、有计划地加强测试人员的业务培训，使测试人员在深度和广度上真正掌握测试工具，从而提高测试工具的使用效果。只有这样，才能在实际应用中发挥自动化测试的优势。

6) 没有考虑自动化测试的开发和维护成本

自动化测试在提高测试效率的同时也会造成测试开发和维护成本的提高。

在软件企业第一次引入自动化测试时，需要大量的人力资源和时间来开发自动化测试脚本，这使得开发阶段的成本相比于手工测试反而会增加。由于推行自动化测试的前期工作相当繁杂，因此将自动化测试应用到测试项目之前需要评估适用性，避免测试项目被大量的自动化测试准备和实施工作拖延进度。

如果在单元测试中采用自动化测试方法，开发人员往往会比较抗拒。这主要是因为单元测试脚本的编写主要由开发人员完成，这无形中增加了开发人员的工作量，在开发周期紧张的情况下这种矛盾会更加突出。软件企业管理者在初次引入自动化测试时必须考虑上述情况，在开发和测试流程中，应明确要求使用特定的测试工具，例如明确要求通过Logiscope生成代码质量分析报告，通过DevPartner生成代码覆盖率报告。同时，开发功能和性能测试脚本也同样需要投入成本。因此，在引入自动化测试前一定要进行成本分析，准备好所需的开发与测试资源。

软件测试自动化所需要的测试脚本维护工作量很大。当修改软件后，相应的测试脚本通常需要进行一致性修改。也就是说，测试自动化和软件产品本身是不能分离的，需要保证测试脚本可以重复使用。脚本本身也是代码，同样需要通过Git、SVN、码云等工具进行版本管理和变更控制，这将会带来一定的维护成本。因此，在实施自动化测试时，必须防止自动化测试的效率和准确性优势被测试开发和维护成本所淹没。

9.3.2　自动化测试的引入风险分析

软件企业在引入自动化测试之前，需要根据自身情况进行充分的风险分析，并制定相应的对策，以确保自动化测试的成功实施。可以从以下几个方面进行风险分析。

1) 成本风险

自动化测试的成本包括测试人员、测试工具、硬件设备，以及测试准备、开发、执行和维护等各项费用。即使软件企业已经具备实施自动化测试的条件，也不应盲目地进行自动化测试。需要合理规划成本，制定预算，并在自动化测试的过程中进行及时调整与控制。

软件自动化测试的前期投入相比手工测试要大得多，需要购买非常昂贵的软件测试工具、扩充硬件测试设备，并进行系统性的人员培训。除了上述准备成本之外，还要估算测试脚本的开发与维护成本。这可能需要招聘或抽调专门的测试人员来完成测试脚本的开发与维护，同时确保完成正常手工测试所需要的人力资源不受到影响。

2) 切入点的风险

自动化测试的引入应遵循由简到难、由点到面的原则。软件企业需要根据自身产品的特点找准实施自动化测试的切入点，否则会造成自动化测试的作用无法体现，严重时甚至会造成引入自动化测试的尝试失败，从而对未来实施自动化测试的信心造成严重打击。

从具体的切入点来看，可以先从验证简单模块功能开始。从整体来看，可以选择白盒测试、功能测试或性能测试中的某一种开始尝试进行自动化测试。例如，对于普通的单机版软件，建议从自动化的功能测试开始，不必先考虑自动化的性能测试；对于界面简单但用户众多的网络软件(如搜索引擎)，应优先进行自动化性能测试；对于频繁升级和在线自动更新的软件，则应优先考虑自动化集成测试。

3) 切入方式的风险

在引入自动化测试时，不能贪多求全，而应综合应用自动化测试与手工测试，对自动化测试在整个测试活动中的比例进行合理规划。自动化测试的应用率在初期引入时不应当超过20%。在成功实施后，再逐步提高应用率。初期引入自动化测试时，测试项目需制订完备的测试计划，特别是详细的测试策略，以确定哪些测试内容适合通过自动化来完成。对于测试目标仍然不清晰或被测软件复杂度较高的情况，建议仍然采用传统的手工测试方式，以充分发挥测试人员的经验。

4) 时间风险

测试项目需要预留较为宽松的测试时间，以应对首次实施自动化测试所带来的冲击。需要合理估计实施自动化测试所需要的时间，以避免仓促实施对测试效果产生影响。虽然通过自动化测试可以提高测试效率，节约重复回归测试的时间，但是在自动化测试步入正轨之前，往往需要较大的时间投入。因此，必须正视引入自动化测试所带来的时间风险，明确具体实施计划，估算自动化测试的准备、开发、实施和维护所需的时间。同时，还需要考虑将自动化测试纳入整个软件开发体系后，测试和开发各个环节之间所需要的磨合时间。

5) 开发和测试流程以及设计变更的风险

在实施自动化测试后，测试团队甚至整个开发组织可能会为了适应测试工具的应用，而对原有的开发和测试工作流程进行不同程度的调整。测试用例设计方法和软件设计也可能随之发生变化。因此，需要分析流程和设计变更的程度，尽量克服变更中可能存在的困难。

9.3.3 适合引入自动化测试的软件项目

当软件项目具有以下特征时，比较适合引入自动化测试。

1) 程序已经基本稳定，不会再发生频繁变动

自动化测试的主要局限性是测试脚本的维护成本较高，尤其是当软件版本频繁变更的情况下。频繁的需求变更、设计变更以及缺乏明确的测试任务，都会造成测试脚本维护成本的大幅提高。脚本维护本身就是代码开发过程，如果成本过高，就会使自动化测试失去意义。为此，建议优先对稳定的功能或模块进行自动化测试，而对仍处于频繁变化中的功能和模块暂时维持手工测试。

2) 用户界面稳定

自动化的功能测试主要通过录制用户界面操作、生成脚本、修改脚本、生成测试用例、自动回放和运行脚本来实现。如果用户界面频繁更新，将导致已有测试用例被大量修改甚至被废弃。

3) 项目的进度压力不大

前文已经对引入自动化测试的时间风险分析进行了说明。自动化测试框架的选择与设计、测试脚本的开发与调试都需要投入大量时间，这本身就是软件开发过程的一部分。较为宽松的项目时间进度有利于保证初期引入自动化测试所需要的时间，从而有效应对由此带来的一系列问题。

4) 测试脚本的可重用性较高

自动化测试需要投入大量资源，因此测试脚本的重用性高才能使这种投入有价值。在考虑可重用性时，需要评估后续软件项目与当前项目是否存在较大的差异。例如，如果当前项目是C/S架构而后续项目是B/S架构，那么两者之间的差异将非常大，这会导致测试脚本无法重用。此外，还需要考虑测试工具是否能够适应可能出现的项目差异。

5) 回归测试的频率高、数量多

自动化测试最为突出的优势是便于处理回归测试，从而将测试人员从重复性的回归测试中解放出来。当回归测试的频率较高时，自动化测试可以有效提高测试效率。同理，当软件的维护周期比较长时，回归测试的总体数量往往比较多，这使得自动化测试的前期开发投入能够有效降低后续的维护成本。

6) 软件产品对性能要求较高

一些互联网软件产品经常需要模拟大量的并发用户来测试软件的性能。在这种情况下，必须借助性能测试工具进行自动化测试，以生成定量化的测试与分析结果。

7) 组合遍历型测试

多种测试输入条件组合后的数量往往非常庞大，有时需要按照一定的规则遍历程序的

主要执行路径。测试工具在处理此类情况时表现出色，可以通过开发相应的测试脚本或程序来实现自动测试，并方便地进行重复测试。

8) 持续集成测试

基于敏捷开发的软件项目通常要求持续集成，这意味着每天都要及时构建新的软件版本并进行测试，以尽早发现设计或集成缺陷。这种高频率的集成测试工作必须采用测试工具进行自动化处理。

9) 测试流程和测试用例设计规范

不论是手工测试还是自动化测试，规范的测试流程和高质量的测试用例或测试脚本都是基础保障。如果在混乱的测试流程中引入自动化测试，只会进一步加剧混乱。

10) 资源充足

这里的资源包括具备较强编程能力的测试人员以及必要的软硬件资源。

9.4　思考题

1. 软件测试工具的能力主要包含哪些方面？
2. 软件测试工具如何进行分类？
3. 软件测试工具的选择依据是什么？
4. 自动化软件测试的优势有哪些？
5. 自动化软件测试的关键技术有哪些？
6. 目前流行的自动化测试框架有哪些？
7. 目前流行的自动化测试工具有哪些？
8. 引入自动化测试可能面临哪些风险？
9. 哪些类型的项目适合引入自动化测试？

第 10 章

软件测试领域

本章将主要介绍软件测试领域的相关知识，包括测试环境、评估、质量保证、高质量编程、人工智能和大数据等领域的测试知识。软件测试环境在软件项目的开发及实施过程中十分重要。在交付技术产品的过程中，必须搭建测试环境，以高效、可控和安全地进行测试，确保顺利完成交付。测试环境是否独立和稳定甚至会直接影响软件项目的进度。搭建良好的测试环境是执行测试用例的前提，也是顺利完成测试任务的保障。测试评估贯穿整个测试过程，可以作为每个测试阶段的里程碑，也可以在某些重要的测试节点进行。软件测试是保证软件质量的一个重要环节，因此软件质量保证和软件测试活动相辅相成。高质量的代码是项目开发的基石，关系到软件的可靠性、可维护性、可扩展性、安全性和可用性等质量特性。在人工智能领域，不仅需要对算法进行测试，同时人工智能也可以辅助软件测试活动。大数据测试通常是指对采用大数据技术的系统或应用进行的测试。此类测试可以从两个维度进行分析：一是数据测试，二是大数据系统测试和大数据应用产品测试。

本章的学习目标：

- ❍ 掌握软件测试环境搭建的基本流程
- ❍ 掌握虚拟化和容器技术
- ❍ 理解软件测试评估的目的和方法
- ❍ 掌握软件测试覆盖率、质量和性能评估
- ❍ 理解软件质量保证与测试之间的区别与联系
- ❍ 理解高质量编程与测试之间的关联
- ❍ 掌握高质量编程的相关技能
- ❍ 掌握人工智能领域的测试技术
- ❍ 掌握人工智能辅助软件测试技术
- ❍ 理解大数据测试技术

10.1 软件测试环境

10.1.1 软件测试环境概述

在软件开发的过程中，测试环境扮演着至关重要的作用。一个稳定且可控的测试环境能够使测试人员花费较少的时间完成测试用例的执行，避免在测试用例和测试过程的维护上投入额外的时间。同时，这样的环境可以保证每一个被提交的缺陷都可以在任何时候被准确重现。良好的测试环境可以帮助测试人员快速、准确地发现问题，从而提高测试效率与测试质量。构建一个理想测试环境需要考虑以下四个方面。

(1) 硬件设备。硬件是支撑软件测试环境的基础，其选择和配置应根据测试需求来进行。例如，如果测试对象是高并发的应用程序，需要选择高性能、高并发的服务器。此外，也可以选择云平台进行部署。

(2) 软件环境。软件环境是指测试过程中需要使用的软件和工具。例如，测试人员可能需要使用不同版本的操作系统、数据库、浏览器等。在选择软件环境时，需要考虑测试需求和应用场景。对于一些面向大众的商业软件，在测试时常常需要评估其在真实环境中的表现。例如，在测试杀毒软件的扫描速度时，硬盘上布置的不同类型文件的比例要尽量接近真实环境，这样测试出来的数据才有实际意义。

(3) 网络环境。网络环境是测试中经常需要考虑的因素，直接影响测试效果。在测试环境的搭建中，需要考虑网络带宽、稳定性、安全性等问题。此外，在测试过程中应模拟各种网络环境，以验证软件的可靠性和性能。

(4) 数据环境。数据环境是测试环境中不可或缺的一环。测试数据应具备良好的代表性和完整性，以验证软件的功能、性能和安全等方面的表现。在选择测试数据时，需要综合考虑测试需求和测试覆盖度。

软件测试环境搭建面临的主要难题如下。

(1) 高效规划可用资源。如何在有限资源的情况下，协调团队内部及跨团队的合作，以提升资源的利用率，降低测试环境搭建的成本，特别是重复搭建的成本。

(2) 混合环境管理。随着云技术的发展，企业常常基于综合成本等因素采用云与私有服务相结合的方式构建测试环境。这对软件测试人员而言，构成了不小的挑战。

(3) 复杂环境管理。业务和服务的复杂性、复杂的部署方式以及跨团队协作，导致测试环境变得更加复杂。这对软件测试人员的综合能力提出了更高的要求。

(4) 复杂的配置。随着基础环境和技术应用的增加，配置管理变得更加复杂和庞大。如何维护复杂而庞大的配置，成为测试人员面临的一个挑战。

测试环境是用于进行软件测试的环境，通常与生产环境和开发环境分开。测试环境模拟了生产环境的配置，允许测试人员在模拟的环境中进行测试，以确保软件在生产环境中能够正常运行。一般情况下，搭建测试环境的步骤如下。

(1) 确定测试环境的需求和目的，包括测试软件的类型、测试人员的数量以及测试的时间安排。

(2) 选择适当的硬件和软件资源，包括计算机、服务器、操作系统、数据库、Web服务器和应用程序等。

(3) 安装和配置所需的软件和工具，包括测试工具、版本控制工具、虚拟机和容器等。确保所有软件和工具都是最新版本，并具备所需的功能。

(4) 确保测试环境与生产环境相似，包括网络配置、安全性、访问控制以及备份/恢复策略等。

(5) 建立测试数据和测试用例以验证软件的功能、性能和安全性等方面的表现。

(6) 进行测试并记录测试结果，包括错误报告、性能数据、日志等。测试完成后，必须清理环境，以确保下一次测试的准确性。

(7) 对测试环境进行监控和维护，包括监测资源使用情况、故障排除以及更新软件版本等。

测试环境的管理在整个软件测试过程中占据着重要地位。以下是针对测试环境管理的一些建议。

(1) 与开发团队、测试团队、运维团队及其他相关团队进行深度交流，深入理解测试需求、技术架构及可能面临的难点。

(2) 在初始化测试环境前，应全面检测环境的连通性。

(3) 检查所有的硬件、软件、需求、配置等，并形成详细的检查表。

(4) 确定所有测试设备和浏览器的版本信息，并整理成检查表。

(5) 严格规划测试环境的使用计划，包括准入准出原则、适合更新的内容、发布时间以及清理节点等。

(6) 尽可能实现管理维护的自动化。

在测试环境的搭建中，常常会使用公有云、私有云、虚拟化和容器等技术。云测试是基于云平台提供测试服务的新模式旨在为企业和开发者提供灵活的测试解决方案。通过云端调配和使用测试工具、测试设备以及测试工程师，云测试可以满足企业在软件和系统的功能、兼容、性能、安全等全生命周期内的测试需求。目前，云测试已经得到越来越多的企业关注。传统的测试必须在本地提供与测试相关的资源和服务，通常需要在本地搭建并维护测试环境，测试活动往往要求技术人员全程参与，且具有较强的专业性。相比之下，云测试作为基于云计算的新型测试方案，能够有效利用云计算环境的资源，对其他软件或硬件进行测试，或针对部署在云端的软件或硬件进行测试。对于企业而言，应用云测试不再需要购买各类价格昂贵的测试资源，也不再需要部署相对复杂的本地测试环境。企业只需提交测试需求、所需测试环境和租用时间等信息，即可实现按需获取低成本的测试服务。

10.1.2 虚拟化与容器技术

在计算机领域，虚拟化是一种资源管理技术，通过抽象和转换计算机的各种实体资源，如服务器、网络、内存及存储等，使这些资源以全新的形式呈现，从而打破实体结构间的不可切割的障碍，让用户能够以更灵活的方式来应用这些资源。新的虚拟资源不受现有资源架构、地域或物理配置的限制。通常所提到的虚拟化资源包括计算能力和数据存储。在实际的生产环境中，虚拟化技术主要用于解决高性能物理硬件的产能过剩问题，以及对旧有硬件的重组和重用，透明化底层物理硬件，从而最大化物理资源的利用率。虚拟化技术种类很多，包括软件虚拟化、硬件虚拟化、内存虚拟化、网络虚拟化、桌面虚拟化、服务虚拟化以及虚拟机等。

下面简要介绍容器技术Docker。Docker是一个用于开发、交付和运行应用程序的开放平台。它能够将应用程序与基础设施分离，以便快速交付软件。使用Docker，用户可以像管理应用程序一样管理基础设施。通过利用Docker的分发、测试和部署代码的方法，可以显著减少从代码编写到生产环境运行代码之间的延迟。

Docker使用客户端/服务器架构，如图10-1所示。Docker客户端与Docker守护进程进行通信，后者负责构建、运行和分发Docker容器。Docker客户端和守护进程可以在同一系统上运行，也可以将Docker客户端连接到远程Docker守护进程。Docker客户端和守护进程使用REST API通过UNIX套接字或网络接口进行通信。此外，还有一个Docker客户端工具——Docker Compose，它允许用户使用由一组容器组成的应用程序。

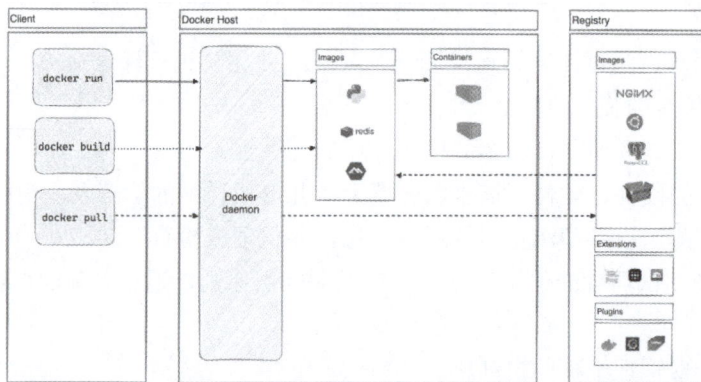

图10-1　Docker整体架构

使用Docker时，可以创建和使用镜像、容器、网络、插件和其他对象。镜像是只读模板，包含创建Docker容器的说明。通常，镜像是基于另一个镜像构建的，并进行了一些额外的定制。例如，可以基于ubuntu镜像构建镜像，安装Apache Web服务器和应用程序，并配置运行这些应用程序所需的详细信息。用户可以创建自己的镜像，也可以使用他人创建并在注册表中发布的镜像。要构建自己的镜像，可以使用简单的语法创建Dockerfile，定义创建镜像和运行镜像所需的步骤。Dockerfile中的每个指令都会在镜像中创建一个层。当更改Dockerfile并重建镜像时，仅重建已更改的层。与其他虚拟化技术相比，这种设计使Docker镜像轻量级、高效且快速。Docker镜像的生命周期如图10-2所示。

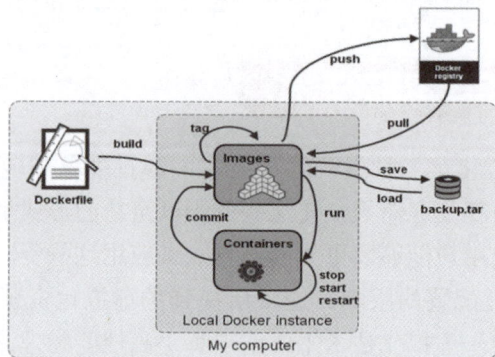

图10-2　Docker镜像生命周期

容器是镜像的可运行实例，可以使用Docker API或CLI创建、启动、停止、移动或删除容器。此外，容器可以连接到一个或多个网络，将存储设备挂载至其中，甚至可以基于其当前状态创建新的镜像。默认情况下，容器与其他容器及其主机相对隔离，允许用户控制容器的网络、存储或其他底层子系统与其他容器或主机的隔离程度。容器的定义取决于其镜像以及在创建或启动容器时提供的任何配置选项。需要注意的是，删除容器后，所有未持久化存储的状态更改将会丢失。

启动容器的示例代码如下：

```
[root@docker01 ~]# docker run -d -p 80:80 nginx
Unable to find image 'nginx:latest' locally
latest: Pulling from library/nginx
e7bb522d92ff: Pull complete
6edc05228666: Pull complete
cd866a17e81f: Pull complete
Digest: sha256:285b49d42c703fdf257d1e2422765c4ba9d3e37768d6ea83d7fe2043dad6e63d
Status: Downloaded newer image for nginx:latest
8d8f81da12b5c10af6ba1a5d07f4abc041cb95b01f3d632c3d638922800b0b4d
# 容器启动后，在浏览器进行访问测试
```

其他容器操作的代码如下。

- ○ docker create：触发create事件，使容器进入stopped状态。
- ○ docker rm：触发destory事件，使容器完成从stopped到deleted状态的迁移。
- ○ docker start：触发start事件，使容器完成从stopped到running状态的迁移。
- ○ docker run：触发create事件后，容器先进入stopped状态，再触发start事件，最终进入running状态。
- ○ docker kill：使容器完成从running到stopped状态的迁移。docker kill会依次触发die和kill事件，并终止当前容器中的进程。
- ○ docker stop：使容器完成从running到stopped状态的迁移。docker stop会依次触发die和stop事件，但并不会立即强制终止当前容器的进程。
- ○ docker restart：使容器完成从running到running状态的迁移，先后触发die、start和restart事件。
- ○ docker paused：使容器完成从running到paused状态的迁移，触发pause事件。
- ○ docker unpause：使容器完成从paused到running状态的迁移，触发unpause事件。

10.2　软件测试的评估

在软件测试执行过程中，需要阶段性地总结和分析测试结果，以确保测试过程的有效性。在软件验收和发布之前，测试管理人员需要对整个测试过程和结果进行系统性的评价，评估测试的完成度是否达到测试计划规定的目标，以及软件的质量是否满足用户需求和设计要求。最终，这将决定软件是否可以交付给用户进行验收或最终发布。测试评估贯穿整个测试过程，可以作为每个测试阶段的里程碑，也可以在某一重要的测试节点进行。

10.2.1　测试评估的目的和方法

软件测试评估的主要目的如下。

○ 对测试的进展情况进行量化分析，确定测试和缺陷修复工作的当前状态、效率和完成度，从而判断测试工作可以结束的时间。

○ 为最后完成测试报告或软件质量分析报告提供量化分析数据，例如给出测试覆盖率和缺陷清除率等。

○ 分析软件研发各阶段的不足之处，找出测试和开发工作中的薄弱环节，为过程监督、质量控制和过程改进提供定量化依据。

从以上内容可以看出，测试评估强调定量化分析，通过科学的定量化分析结果来评价测试工作和软件质量，为软件过程管理提供依据。测试评估主要包括以下两种方法。

(1) 覆盖率评估。评估测试的覆盖率，对测试完成程度进行评测。最常见的覆盖率评估分为需求覆盖率评估和代码覆盖率评估。

(2) 质量评估。测试过程中产生的软件缺陷报告提供了最佳的软件质量评估数据，通过缺陷分析可以对软件的可靠性和稳定性进行详细分析，并对软件的性能进行多方面的评测，从而获得反映软件质量特征的多种指标数据。在此基础上，确定软件质量与需求之间的符合程度。

10.2.2　覆盖率评估

覆盖率是一种常见的定量指标，用于反映测试的充分性和完成度。经过验证的软件区域越多，软件质量得到保障的可能性越大，测试工作也越接近完成。因此，通过测试覆盖率可以间接地反映测试工作的质量和当前软件代码的质量。测试覆盖率主要分为需求覆盖和代码覆盖两个方面。

需要注意的是，对于测试覆盖率的评估需要在软件开发过程中持续进行。代码的测试覆盖主要运用于早期测试执行阶段，如单元测试和集成测试；而需求的覆盖则主要运用于后期测试执行阶段，如系统测试和验收测试。各阶段覆盖的重点不同，代码的覆盖结果又会影响到需求的覆盖结果。因此，需要及时了解测试覆盖情况，通过补充和修改测试用例来查漏补缺，保证测试的整体质量。如果只在测试结束后进行覆盖率统计分析，则很可能对软件质量产生严重影响。

1. 需求覆盖率

对需求的全面覆盖是软件测试的基本要求。需求覆盖率是指已测试的功能和非功能需求占整个需求总数的百分比。评估需求覆盖率的最直观方法是首先确定需求说明中包含多少功能点。需要注意的是，这里的功能点不仅包括功能需求，还包括性能等非功能需求。接下来，确定测试用例覆盖了多少模块和功能点。已测功能点和全部功能点的比值就是需求覆盖率。

由于测试计划和测试用例在设计时已经考虑了对需求的覆盖，因此一般可以通过已计划、已实施或成功完成的测试用例的执行率来衡量需求覆盖率，有时也可以通过测试需求的覆盖率来衡量。

在测试评估中，通常使用以下三个公式来计算需求的测试覆盖率：

$$计划的测试覆盖率=T_p/R_{ft} \tag{10-1}$$

$$已执行的测试覆盖率=T_x/R_{ft} \tag{10-2}$$

$$成功执行的测试覆盖率=T_s/R_{ft} \tag{10-3}$$

上述三个公式中，R_{ft} 是测试需求的总数，T_p 是用测试过程或测试用例表示的计划测试需求数，T_x 是通过测试过程或测试用例表示的已执行测试需求数，T_s 是用完全成功、没有缺陷或意外结果的测试过程或测试用例表示的已执行测试需求数。通过上述三种需求覆盖率指标可以评估剩余测试的工作量，并确定测试工作的完成时间。

分析测试需求的覆盖率需要借助手工分析的方法完成，并要求对软件需求进行完全分类。例如，确定所有的性能需求后，需要确保其覆盖率达到95%以上。一种较为通用的需求覆盖标准是测试用例的执行率应达到100%，即所有的测试用例都要执行一遍，且测试用例的通过率应达到95%以上。

2. 代码覆盖率

代码覆盖率是指所测试的源代码数量占代码总数的百分比。代码覆盖率反映了测试用例对被测软件代码的覆盖程度，也是衡量测试工作进展情况的重要定量化指标。

在前面介绍白盒测试技术时已经介绍过语句覆盖、判定覆盖、条件覆盖、路径覆盖等概念，对这些逻辑覆盖测试用例的测试结果进行量化，可以得到相应的语句覆盖率、路径覆盖率等代码覆盖率指标。虽然语句覆盖率是最简单且常用的一种代码覆盖率，但它只是众多代码覆盖率指标中的一种。一般来说，比较通用的代码覆盖标准是关键模块的语句覆盖率要达到100%，而分支覆盖率则需达到85%以上。

显然，代码覆盖率与单元测试密切相关，是单元测试用例是否充分的重要衡量指标。任何未经测试的程序代码都可能存在潜在缺陷，因此在实际测试之前，应根据程序规格说明、具体代码以及规定的代码覆盖率要求，设计出合理数量的测试用例。

与手工分析需求覆盖率不同，统计代码覆盖率需要借助相应的工具。代码覆盖率工具与具体的编程语言有关，下面列举一些常用编程语言的代码覆盖率分析工具。

- C/C++：CUnit、CppUnit、Google GTest 、gcc+gcov+lcov等。
- Java：Clover、EMMA、JaCoCo、Jtest、Maven Cobertura 插件等。
- JavaScript：JSCoverage。
- Python：PyUnit + Coverage.py。
- PHP：PHPUnit + XDebug。
- Ruby：RCov。

通过代码覆盖率分析工具可以统计已完成测试和未完成测试的代码量，将覆盖率结果与源代码关联，并生成全面的代码覆盖率报告。这些报告有助于评估测试进度，并进一步完善测试用例。

代码覆盖率在实际应用中存在一些误区，主要反映在以下两个方面。

1) 片面追求高代码覆盖率

满足具体软件项目所规定的代码覆盖率是对测试工作的基本要求，但确保已经测试过的代码的质量更为重要。对于代码覆盖率的提升应基于风险分析的方法，应当首先保证对关键模块代码的测试覆盖，并确保彻底修复所发现的软件缺陷。只有通过风险分析，才能确定每一次提升代码覆盖率的实际价值。例如，将覆盖率从60%提升至70%固然可喜，但是将覆盖率从95%提升至100%到底要付出多大的代价？从软件质量提升的角度来看，能够获得多大的收益？这些问题离开了风险分析很难获知。因此，需要以工程化的思维来考虑测试进度、测试质量和测试成本的关系，以评估代码覆盖率测试工作的实际价值。

2) 认为100%的代码覆盖率能够保证软件质量

实际上，即使测试所有的软件代码，仍然不能保证软件完全满足用户需求和软件设计要求，同时也不能代表测试覆盖率很高。例如，代码遗漏了应当实现的功能，或实现的功能与用户需求不符，这类需求问题很难通过代码覆盖率来发现。针对代码的测试可以发现代码与设计不匹配的问题，但却不能证明设计是否满足需求，而需求覆盖率却能够显示需求被满足的程度。因此，代码覆盖和需求覆盖是两种相辅相成的覆盖测试策略，在测试过程中必须综合应用。

综合以上说明，可以进一步理解代码覆盖率的实际意义。

- 度量测试工作的完成度，为确定何时可以结束测试提供依据。
- 确定没有被测试覆盖到的代码，从而检验前期测试设计是否充分，是否存在测试盲点。思考为什么在用例设计时没有覆盖这部分代码，是因为需求分析不够准确、测试设计有误，还是从工程实际情况和测试成本考虑进行了策略性放弃。这有助于我们有针对性地补充测试用例。
- 检测程序中的错误和无用代码，促使程序设计和开发人员理清代码逻辑关系，从而提升代码质量。
- 作为检验软件质量的辅助指标。代码覆盖率高并不能说明软件质量高，但低代码覆盖率则意味着软件质量无法得到有效保障。

10.2.3 质量评估

软件能否满足用户需求是衡量其质量的关键因素，而软件缺陷则反映了软件与需求之间的偏差。因此，测试工作中一般通过分析软件缺陷来评估软件的质量。缺陷分析是软件质量评估的一种重要手段，其相关指标可以看作度量软件质量的重要参考。

虽然缺陷分析本身并不能发现或清除缺陷，但是通过缺陷分析可以从软件研发全局角度把握软件质量，提高发现和清除缺陷的准确性和效率。缺陷分析本质上是对缺陷包含的各种信息进行分类、汇总和统计分析。通过分析结果，不仅能够了解软件的当前质量状况和缺陷集中的区域，还能够明确缺陷的变化趋势，从而评估软件开发和测试过程中各阶段的工作质量。在一个软件企业中，通过坚持进行缺陷分析和评估，可以不断积累科学、准确的软件产品质量数据，有效提升软件过程管理水平。

软件缺陷分析和评估的方法多种多样，从简单的缺陷数量统计到复杂的基于数学模型的分析都有涵盖。常用的缺陷分析方法主要包括缺陷趋势分析、缺陷分布分析和缺陷注入-发现矩阵分析。下面将分别对这三种方法进行详细介绍。

1. 缺陷趋势分析

缺陷趋势分析是通过观察缺陷数量随时间变化的情况，分析和监控开发与测试的进展状况与质量，从而预测未来软件研发工作情况。

1) 缺陷发现率与测试里程碑

单位时间内发现的缺陷数量称为缺陷发现率。图10-3展示了一般情况下缺陷发现率与测试成本之间的关系。测试初期，随着测试工作的展开，新发现的缺陷数量快速增加，缺陷发现率呈递增趋势。当发现的缺陷数量达到一定程度后，缺陷发现率开始呈现不断下降的趋势。随着时间的增长，发现潜在缺陷的难度越来越大，导致测试成本不断提高。在测试后期，测试成本呈现出指数级递增趋势。因此，从工程管理的角度来看，可以将上述两条趋势线的交汇点视为产品发布日期的估计点。

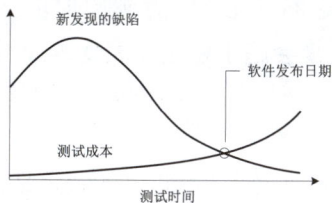

图10-3 缺陷发现率与测试成本

从上述说明可知，缺陷发现率可以作为产品发布的重要度量指标。在实际工作中，可以设置一个阈值，当缺陷发现率低于该阈值时，便提示可以发布产品。然而，测试用例和测试资源不足也会引起缺陷发现率的降低，因此产品发布决策并不应单纯依赖缺陷发布率。在此背景下，缺陷发现率更多体现的是对测试时间和成本的考虑。由于测试项目受时间和成本的限制，追求百分之百完美的软件产品是不现实的，否则反而会带来不必要的商业竞争和成本控制风险。

当然，在分析缺陷发现率时，除了不加区别地统计所有缺陷数量外，还可以细化分析具有各种关键属性的软件缺陷的变化趋势，以全面反映软件质量。例如，可以重点分析严重程度较高或属于关键模块的软件缺陷的变化趋势，从质量控制的角度评估和预测软件质量的变化情况。

在实际工作中，缺陷发现率的变化情况并不会像图10-3中的那样理想。不同测试阶段的缺陷发现能力各不相同，程序开发和缺陷修复的效率变化情况也会对缺陷发现率产生直接影响。因此，重要的是通过缺陷趋势分析及时掌握软件的当前状态，以合理制订下一阶段的计划。图10-4是微软公司基于缺陷趋势图的里程碑定义。从缺陷趋势图可以找出"Bug收敛点"，其中首次出现新增缺陷数量为零的时间点被定义为"零Bug反弹点"。

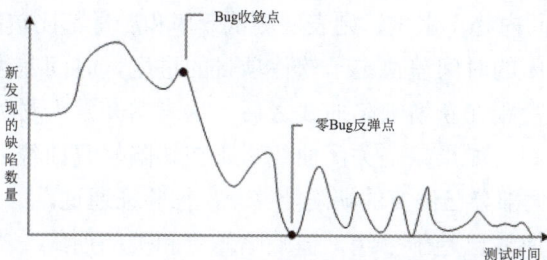

图10-4 微软公司基于缺陷趋势图的里程碑定义

2) 缺陷趋势与缺陷处理质量

缺陷趋势分析还可以扩展到对测试质量和缺陷修复质量的评估。通过分析和对比新增缺陷、已修复缺陷和已关闭缺陷的变化趋势，可以深入了解测试的效率以及开发人员修复缺陷的效率，从而找出测试延期的原因并发现测试瓶颈。分析的周期可以是每日、每周，或是在特定的测试阶段之后进行。

为了获得稳定、规律性的趋势曲线，一般采用缺陷累积数量进行缺陷处理质量分析。图10-5展示了新增、已修复和已关闭缺陷的累计数量趋势变化对比图，其中趋势曲线斜率的大小反映了缺陷的处理效率。在理想情况下，缺陷趋势图应表现出以下几个特点。

○ 由于缺陷处理工作的关联性，三条曲线的趋势变化情况相似。

○ 由于提交缺陷之后才能进行缺陷修复工作，而缺陷修复和验证都需要一定的时间，因此三条趋势曲线之间存在一定的延迟时间。

○ 良好的缺陷趋势曲线最终会趋于稳定，表现为曲线斜率趋近于零，且曲线接近水平。当三条曲线都收敛到一个点时，意味着所有缺陷修复工作都已完成，可以发布软件产品。

○ 从累计新增缺陷趋势曲线来看，70%以上的缺陷是在整个测试周期的中前期被发现的。测试后期，包括回归测试在内的新增缺陷数量非常少。这种情况可以说明测试效率高、测试质量好，同时也反映出开发人员修复缺陷的正确性较高，修复缺陷后引入新缺陷的概率很低。

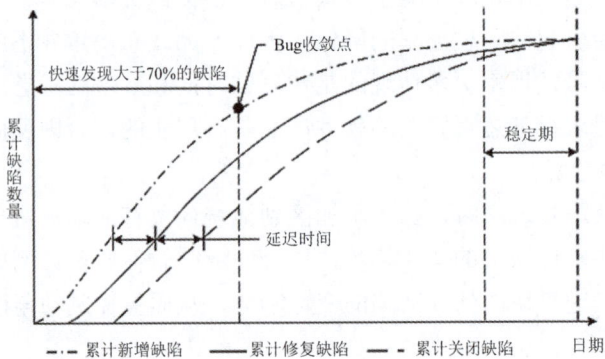

图10-5　新增、已修复和已关闭缺陷的累计数量趋势变化对比

在实际测试工作中，通过绘制、分析和对比上述趋势曲线，可以获得一些非常有价值的关于开发和测试质量的信息，具体如下。

○ 缺陷越早被发现，对软件质量的影响越小，修复成本也越低。一般测试初期找到缺陷比较容易，越往后越难。因此，如果新增缺陷曲线开始的斜率比较大并且能够在较短的时间内趋于水平，则表明测试效率和质量都比较高。

○ 缺陷打开与关闭的时间差决定了软件项目的进度，时间差越小越好。因此，如果缺陷修复曲线紧跟在新增缺陷曲线之后，这表明开发人员处理缺陷的响应很快，修复缺陷效率高；如果缺陷关闭曲线紧跟在缺陷修复曲线之后，说明缺陷修复的正确性很高，大部分已修复的缺陷能够一次性验证通过。

○ 如果新增缺陷曲线已趋于平缓，但缺陷修复和关闭曲线一直在新增曲线之下，说明缺陷处理效率较低，缺陷处理的瓶颈可能出现在开发人员那里。

- 当新测试阶段开始时，如果发现新增缺陷曲线出现凸起，说明有较多的缺陷在之前的测试阶段未被发现，遗留到了本阶段；或者说明之前的缺陷修复引入了新的缺陷。因此，需要尽快处理这些缺陷，以稳定软件质量。
- 实际趋势曲线不可能始终平滑，当发现任何与理想曲线存在显著差异的地方时，意味着测试与开发工作出现了某种问题，例如测试策略错误或人力资源不足等，需要尽快分析问题产生的原因。同时，分析结果为今后的工作提供了非常有价值的经验数据，有助于质量改进。

2. 缺陷分布分析

缺陷分布分析是将缺陷数量作为一个或多个缺陷属性的函数来显示，分析不同类型的缺陷对软件质量的影响情况，寻找测试工作的薄弱环节。例如，分析不同模块中缺陷的数量、不同优先级或严重性的缺陷在整体缺陷数量中的比例，以及缺陷的具体产生原因等。

在对缺陷进行分类统计分析时，常用的缺陷属性有以下4种。

- 状态：包括新提交、打开、已修复和已关闭等当前缺陷状态。
- 优先级：反映修复缺陷的优先顺序。
- 严重性：表示缺陷对软件产品和用户使用影响程度。
- 来源：导致缺陷的原因及其来源位置。

最简单的缺陷分布分析是统计已发现的缺陷在软件主要模块中的分布情况，如图10-6(a)所示。分析的结果可以直观清晰地表明哪些模块中的缺陷较多，根据缺陷的二八定律，需要在后续工作中重点测试这些模块。

需要注意的是，仅仅依靠缺陷数量并不能决定模块的质量，应当采用缺陷密度来更准确地评估模块代码的质量，如图10-6(b)所示。缺陷密度通过平均估算法来度量代码的质量，通常使用以下公式进行计算(代码行通常以千行为单位)：

$$软件缺陷密度= \frac{软件缺陷数量}{代码行或功能点的数量} \qquad (10\text{-}4)$$

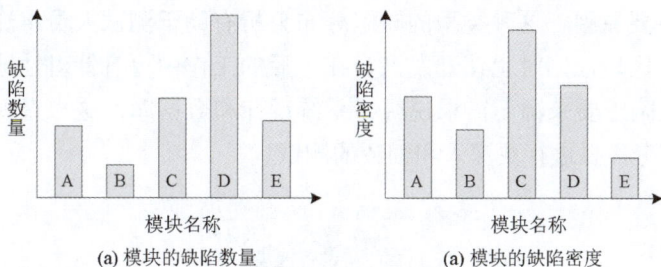

(a) 模块的缺陷数量　　　　　　　(a) 模块的缺陷密度

图10-6　主要功能模块缺陷分布图

然而，仅仅考虑缺陷密度对软件质量的影响仍然显得不够全面，其实质只是简单地度量了缺陷数量因素。每个软件缺陷的优先级不同，对修复缺陷的紧迫程度也各异；更重要的是，每个缺陷的严重程度不同，对软件质量的影响也各不相同。因此，有必要在统计缺陷数量的基础上，对缺陷进行"分级和加权"处理，给出缺陷在各优先级和严重性级别上的分布作为补充度量。这就要求在软件缺陷报告中详细记录缺陷的优先级和严重性信息，以便于在测试评估时进行充分的统计分析。

图10-7展示了缺陷的优先级分布。通常情况下，要求立即解决和高优先级的缺陷数量不应过多，否则可能导致缺陷频繁阻碍测试工作的正常进行，从而严重影响测试效率。

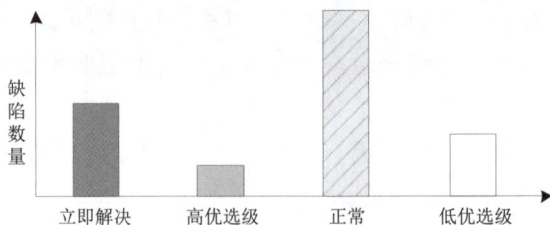

图10-7　软件缺陷优先级分布图

对于缺陷的严重性，可以采用加权方法分析缺陷对软件质量的影响，如表10-1所示。进一步，可以给出更为直观的严重性加权后的模块缺陷分布图，如图10-8所示。

表10-1　软件缺陷严重等级权值与缺陷影响

缺陷严重等级	权值	缺陷数量	严重性加权数量
致命(Fatal)	4	N1	4N1
严重(Critical)	3	N2	3N2
重要(Major)	2	N3	2N3
较小(Minor)	1	N4	N4

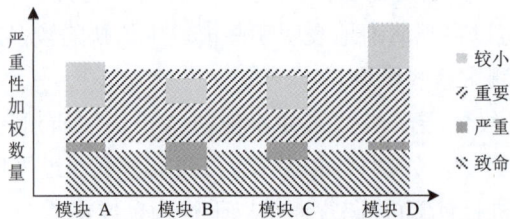

图10-8　严重性加权后的模块缺陷分布图

更深入的分析可以关注缺陷的来源，也就是统计分析不同类型缺陷的数量，以找出造成软件缺陷的最主要原因。这种类型的缺陷分布分析有助于测试人员将注意力集中在最容易产生缺陷的软件区域，同时也使开发人员在今后的工作中更有针对性地提高代码质量。如图10-9所示，缺陷主要来源于需求说明、系统设计和数据库，这一直观的展示明确指出了这些软件组成部分需要进行更深入和细致的测试。

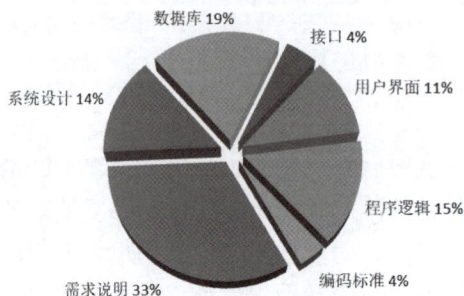

图10-9　软件缺陷来源分布图

除了上述分析方法外，还可以分析缺陷的根源，以找出导致软件缺陷的根本原因。通过原因归类能够反映出软件开发流程中需求分析、设计、编码、测试、工具、管理等具体环节的薄弱之处。根据分析结果评估技术团队在测试能力和开发能力的成熟度，从而指导测试和开发过程的改进。此外，还可以根据不同测试阶段和模块执行的总测试用例数以及发现的缺陷数，计算出每发现一个缺陷所需的用例数，以此评估不同阶段和不同模块的测试质量与效率。

3. 缺陷注入-发现矩阵分析

软件缺陷可以分为"注入阶段"和"发现阶段"两个阶段。注入阶段即缺陷的来源阶段，是指在软件开发的哪个具体阶段造成了软件缺陷；而发现阶段是缺陷的起源阶段，是指在开发和测试过程中第一次发现该缺陷的阶段。

根据软件缺陷报告中缺陷来源和起源属性，可以构造表10-2所示的"缺陷注入-发现矩阵"。表10-2中的数字代表在某一发现阶段找到并清除的由特定注入阶段造成的软件缺陷数量。例如，在系统测试阶段发现并清除16个编码阶段造成的缺陷。

表10-2　缺陷注入-发现矩阵

注入阶段	发现阶段								
	需求阶段	设计阶段	编码与单元测试	集成测试	系统测试	验收测试	产品发布后	发现总计	本阶段缺陷清除率
需求阶段	12	14	4	5	2	0	0	37	32%
设计阶段	—	20	16	6	1	2	1	46	43%
编码阶段	—	—	105	29	16	9	8	167	63%
注入总计	12	34	125	40	19	11	9	250	

1) 软件缺陷清除率

通过"缺陷注入-发现矩阵"，可以计算得到以下两种测试评估度量指标。

阶段缺陷清除率=(本阶段发现的缺陷数/本阶段注入的缺陷数)×100%　　　　(10-5)

阶段缺陷泄漏率=(下游发现的本阶段的缺陷数/本阶段注入的缺陷数)×100%　　(10-6)

阶段缺陷清除率反映的是某一软件研发阶段的缺陷清除能力，是缺陷密度度量的扩展，可以评估需求评审、设计评审、代码审查和测试的质量。例如表10-2中需求分析阶段的缺陷清除率是12/37≈32%，设计阶段的缺陷清除率是20/46≈43%，编码阶段的缺陷清除率是105/167≈63%。阶段缺陷泄漏率反映的是本阶段质量控制措施落实的成效，例如表10-2中需求分析阶段的缺陷泄漏率是(14+4+5+2)/37≈68%，因此提示研发团队需要加大需求评审力度。缺陷发现阶段和注入阶段可以根据软件项目特点进行划分，其根本目的是评估软件开发各个环节的质量，找出薄弱环节，从而有针对性地进行过程改进。

同样，我们可以计算整体软件缺陷清除率。设F为描述软件规模的功能点数，$D1$为软件开发过程中发现的所有缺陷数，$D2$为软件发布以后发现的缺陷数，$D=D1+D2$为发现的缺陷总数。可以通过以下几种度量方式来评估软件的质量。

软件质量(每个功能点的缺陷数)=$D2/F$　　　　　　　　　(10-7)

软件缺陷注入率=D/F×100%　　　　　　　　　　(10-8)

整体软件缺陷清除率=$D1/D$×100%　　　　　　　　(10-9)

例如，某个软件有100个功能点，开发过程中发现了20个软件缺陷，软件发布后又发现了3个缺陷。因此，设F=100，$D1$=20，$D2$=3，D=23。由上述公式计算可以得出以下结果。

- 软件质量(每个功能点的缺陷数)=$D2/F$=3/100=0.03
- 软件缺陷注入率=D/F=23/100=23%
- 整体软件缺陷清除率=$D1/D$=20/23=86.96%

整体软件缺陷清除率一般需要达到85%以上，而一些著名软件公司的主流产品，其整体软件缺陷清除率甚至可以达到98%。

2) 缺陷潜伏期

软件缺陷被发现的时间越晚，其带来的损害就越大，修复的成本也会随之增加。缺陷潜伏期是一种特殊类型的缺陷分布度量，也称为阶段潜伏期，它通过考察缺陷潜藏在软件中潜藏的时间长短，评估测试发现缺陷的及时性和能力。

为了体现缺陷潜伏期的长短和缺陷造成的损害程度，首先需要为"缺陷注入-发现矩阵"中的元素赋予合适的权值，如表10-3所示。例如，在设计阶段评审过程中发现的需求缺陷，其阶段潜伏期可以设定为1；而如果这个缺陷是在编码和单元测试阶段发现的，那么其阶段潜伏期则设定为2。其他权值设定依此类推，越靠近发现阶段的后期，权值越大；越靠近注入阶段的后期，权值越小。在实际工作中，需要根据具体阶段划分和项目特点对权值大小进行调整。

表10-3　缺陷潜伏期的权值

注入阶段	发现阶段						
	需求阶段	设计阶段	编码与单元测试	集成测试	系统测试	验收测试	产品发布后
需求阶段	0	1	2	3	4	5	6
设计阶段	—	0	1	2	3	4	5
编码阶段	—	—	0	1	2	3	4

在表10-2中所示的"缺陷注入-发现矩阵"已经明确表示了缺陷的注入时间、发现时间及数量，通过加权计算可以得到表10-4所示的软件缺陷损耗值。表10-4中的数字是经过缺陷潜伏期加权后的已发现缺陷数量。例如，表10-2显示在系统测试阶段发现了16个编码错误，表10-3显示对应权值为2，因此表10-4中对应矩阵元素的加权值为16×2=32。其他元素值的计算方法也是如此。

表10-4　软件缺陷损耗值

注入阶段	发现阶段							损耗总计	阶段缺陷损耗
	需求阶段	设计阶段	编码与单元测试	集成测试	系统测试	验收测试	产品发布后		
需求阶段	0	14	8	15	8	0	0	45	1.22
设计阶段	—	0	16	12	3	8	5	44	0.96
编码阶段	—	—	0	29	32	27	32	120	0.72

表10-4中显示了一种度量指标"缺陷损耗"。缺陷损耗综合了缺陷潜伏期和缺陷分布因素，用于度量缺陷发现过程的有效性和修复缺陷所耗费的成本。其计算公式如下：

$$缺陷损耗=\frac{\sum 阶段缺陷数量×缺陷潜伏期权值}{缺陷总量} \quad (10\text{-}10)$$

例如，表10-4中由需求分析缺陷造成的缺陷损耗为45/37=1.22，其中45是加权求和后的损耗总计数值，37是表10-2中总共发现的需求分析缺陷数量。这样计算产生的实际上是阶段缺陷损耗，使用同样的原理可以计算整体软件的缺陷损耗。缺陷损耗的数值越低，说明缺陷的发现和修复过程越有效。当将发现和注入阶段相同的缺陷权值设为0时，理想缺陷损耗的数值应为0，这表示在该阶段注入的缺陷都能被及时发现并修复。通过积累和分析项目长期缺陷损耗的历史数值，可以度量测试有效性的改进趋势。

综上所述，质量评估通过多种方法和度量指标来评测软件的可靠性，并指导开发和测试工作改进的方向。然而，这些度量本身各有局限性，因此在测试评估中需要结合覆盖率评估，基于综合分析来改进软件整体质量。

10.2.4　性能评估

通过性能测试，可以获得与软件性能表现相关的各方面数据，而性能评估则是基于这些数据，对软件性能特征进行分析、显示和报告。性能评估通常与性能测试的执行过程相结合，以便展示性能测试的进度和状态。性能评估还可以在性能测试完成后，对测试结果进行统计分析。

主要的性能评估包括以下内容。

(1) 动态监测。在测试过程中实时获取和展示被测软件的性能表现、状态、用例执行进度等信息，一般以曲线图或柱状图的形式表达，以便监视和评估性能测试的执行情况。

(2) 响应时间或吞吐量。用曲线图等方式展示响应时间或吞吐量随系统负载变化的情况，以评估被测软件对象在不同条件下的性能表现。除了显示软件的实际性能之外，还可以统计分析数据的平均值和标准差，对性能指标的稳定性进行评估。

(3) 百分比报告。百分比报告用于计算和显示各种百分比值，例如在特定条件下软件对CUP、内存、网络带宽的占用百分比。

(4) 比较报告。一种最常用的评估软件性能的形式。通过比较不同性能测试的运行结果，评估性能改进措施的有效性以及其性能提升程度，并分析不同性能测试结果数据集之间的差异或趋势。

(5) 追踪和配置文件报告。追踪和配置文件报告能够展示软件运行时软件单元之间的消息、控制流、数据流、时序等关键的系统底层运行信息。通过这些信息，可以更准确地定位性能瓶颈或性能异常等情况的缺陷位置，并深入分析和总结缺陷产生的具体原因。

10.3　软件质量保证与测试

软件质量保证(Software Quality Assurance，SQA)是一套有计划、有系统的方法，旨在向管理层确保各项标准、步骤、实践和方法能够在所有项目中得到正确实施。软件质量保证的目的是使软件过程对管理人员透明，通过对软件产品和活动进行评审和审计，验证软件是否符合既定标准。软件质量保证团队在项目开始时便参与制订建立计划、标准和过程。

软件质量保证(SQA)提供一种有效的人员组织形式和管理方法，通过从过程和产品两个方面客观评审和审计软件活动的质量，对其是否符合既定的标准进行监督。SQA负责收集不符合项，并及时反馈给项目组，跟踪问题的解决，以确保软件项目的正常运行。同时，根据对机构内共性质量问题的分析，给出质量改进措施，持续提高软件项目的质量与效率。

SQA与测试之间的主要联系和区别如下。

(1) 测试只是质量保证工作中的一个环节。SQA和软件测试是软件质量工程中两个不同层面的工作。

(2) SQA关注的是软件质量的检查与测量。质量保证人员的职责包括软件生命周期的管理，以及验证软件是否满足规定的质量和用户需求。因此，SQA主要检查软件开发活动中的过程、步骤和产物，而不是对软件进行剖析以找出问题或进行评估。

(3) 软件测试关注的不是过程的活动，而是对过程的产物以及开发出的软件进行剖析。测试人员执行测试用例，对过程产生的开发文档和源代码等进行走查，运行软件，以找出问题并报告质量。因此，软件测试是保证软件质量的重要环节。

CMMI(能力成熟度集成模型)是目前业界普遍采用的一种管理和改进软件工程过程的方法，旨在增强开发和改进能力。从质量保证过程域出发，其主要规程有以下三个。

1. 制订质量保证计划

质量保证员撰写质量保证计划，项目经理和质量经理审批该计划。质量保证计划的主要内容包括"过程与产品质量检查计划"、"参与技术评审计划"和"参与测试计划"。质量保证员根据项目的特征，确定需要检查的主要过程域和工作成果，并估计检查时间和人员。需要注意的是，对某些过程域的检查应当是周期性的，而非一次性的，例如配置管理和需求管理等。

2. 过程与产品质量检查

质量保证员客观地检查项目成员的"工作过程"和"工作成果"是否符合既定的规范，并与项目成员协商改进措施。质量保证员记录本次检查的结果和经验教训，并及时通报给所有相关人员。此外，可以将质量保证与技术评审和测试有机结合，形成一个完整的质量保证体系。

3. 问题跟踪与质量改进

质量保证员优先在项目内部解决质量问题；如果在项目内部难以解决，则提交给上级领导处理。质量保证小组会分析机构内普遍存在的质量问题，并提出质量改进措施。

质量保证活动的主要实施主体是质量保证员。质量保证员在项目立项时和项目经理一起策划项目的质量保证活动。在整个过程中，质量保证员的主要工作是对项目软件过程进行评审和审计，通过向项目管理人员反馈不符合规程的软件过程并跟踪解决方案，从而提升项目的质量和效率。对于项目层面无法解决的问题，质量保证员应将其上报至上级领导，并提供适当的分析和建议以辅助决策。因此，在许多软件企业中，软件质量保证员通常被设立为独立的工作岗位。

编制质量保证计划时，可以参考《GB/T 12504-90计算机软件质量保证计划规范》。该规范中明确指出，软件质量是指软件产品中满足特定需求的各种特性及其总和，这些特性被称为质量特性，包括功能、可靠性、时间经济性、资源经济性、可维护性和可移植性等。质量保证是为确保软件产品符合规定需求而进行的一系列有计划的必要工作。其内容主要包括以下几个方面。

- 引言：说明特定的软件质量保证计划的具体目的、定义、缩写及参考资料等。
- 管理：描述负责软件质量保证的机构、任务及其相关的职责。描述计划所涉及的软件生存周期中有关阶段的任务，特别要重点阐述这些阶段应进行的软件质量保证活动。
- 文档：列出在软件开发、验证与确认，以及使用与维护等阶段中需要编制的文档，并描述对文档进行评审与检查的准则。文档主要包括软件需求规格说明书、软件设计说明书、软件验证与确认计划、软件配置管理计划、用户文档和项目开发总结报告等。
- 标准、条例和约定：列出软件开发过程中需遵循的标准、条例和约定，并说明监督和确保其执行的措施。
- 评审和检查：明确要进行的技术和管理两方面的评审与检查工作，并编制或引用有关的评审和检查标准，以及通过与否的技术准则。主要包括软件需求评审、概要设计评审、详细设计评审、软件验证与确认评审、功能检查、物理检查、管理评审等。
- 软件配置管理：编制有关软件配置管理的条款，或引用根据GB/T 12505单独编制的文档。在这些条款或文档中，规定用于标识软件产品、控制和实现软件的修改、记录和报告修改实现的状态，以及评审和检查配置管理工作的活动。此外，还需规定维护和存储软件受控版本的方法和设施，并阐明对发现的软件问题进行报告、追踪和解决的步骤，以及负责实施这些步骤的机构及其职责。
- 工具、技术和方法：指明用于支持特定软件项目质量保证工作的工具、技术和方法，说明它们的目的，并描述其具体用途。
- 媒体控制：明确保护计算机程序物理介质的方法和设施，以防止非法访问、意外损坏或自然老化。
- 对供货单位的控制：供货单位包括项目承办单位、软件销售单位、软件开发单位或软件子开发单位。规定对这些供货单位进行控制的规程，从而保证项目承办单位从软件销售单位购买的、其他开发单位开发的，或从现有软件库中选用的软件能够满足规定需求。
- 记录的收集、维护和保存：明确需要保存的软件质量保证活动记录，并指出用于汇总、保护和维护这些记录的方法和设施，同时规定保存期限。

10.4　高质量编程与测试

高质量的代码是项目开发的基石，直接影响软件的可靠性、可维护性、可扩展性、安全性和可用性等质量特性。高质量的编程会产出高质量的软件产品，从而减少软件测试的工作量。因此，高质量编程和测试之间是相辅相成的关系。

提升高质量编程可以从以下几个方面入手。

(1) 高质量代码的起点是扎实的编程基础知识。程序员应熟练掌握编程语言的核心特性，包括数据类型、控制结构、函数、面向对象编程和内存管理等。此外，还需要深入学习离散数学、数据结构与算法、操作系统原理、计算机网络、编译原理和设计模式等知识体系，这些课程通常是计算机类专业的必修课。这些知识能够帮助程序员写出更准确、更高效、更简洁的代码。

(2) 编程习惯对于代码质量有着至关重要的影响。程序员应该遵循简洁明了、易于理解的命名规范，可以参考行业标准或企业内部标准。此外，编写清晰的注释，以解释代码的功能和逻辑，保持代码结构清晰，遵循适当的缩进和排版是必要的。同时，应避免使用硬编码，建议使用常量或变量来代替。

(3) 注重代码的可读性和可维护性。高质量的代码应易于阅读和维护。程序员在编写代码时应考虑到代码的可读性和可维护性，这意味着代码应具有良好的结构和清晰的逻辑，避免过度复杂化和冗余。同时，合理使用设计模式并遵循SOLID原则等方法，也能显著提高代码的可维护性。

(4) 持续学习和自我提升。技术日新月异，程序员需要保持持续学习的态度，不断跟进新的编程语言和工具。通过参加技术交流会、阅读技术博客、参与开源项目等方式，程序员可以不断提升自己的技术水平，进而编写出更高质量的代码。

(5) 注重代码的性能和安全性。高质量的代码不仅要有良好的结构和可读性，还必须关注性能和安全性。程序员应熟悉常见的性能优化手段，如缓存策略和数据库优化等，以提高代码的执行效率。同时，要关注代码的安全性，避免潜在的安全漏洞，如SQL注入和跨站点脚本攻击等。

(6) 实践敏捷开发和持续集成。敏捷开发和持续集成是提高代码质量的有效方法。敏捷开发注重快速迭代和团队协作，能够帮助团队更好地应对需求变更和风险。而持续集成则能够实现代码的自动化构建、测试和部署，确保代码的质量在整个开发过程中得到持续监控和改进。

(7) 从客户角度编写程序。如果程序员一开始就站在客户角度上编写程序，在开发过程中预判哪些内容未来客户可能会需要定制，并提前预留配置的接口，那么一旦客户确实需要定制时，就无须修改代码，只需要调整配置文件即可。这不仅能显著节约成本，还能避免因为变更需求而导致大规模更改代码所带来的出错隐患。

(8) 重视代码审查和测试。代码审查和测试是确保代码质量的重要手段。通过代码审查，可以发现潜在的错误和问题，从而提高代码的可读性和可维护性。而测试则能够确保代码的功能正确和性能稳定。程序员应该编写单元测试、集成测试和系统测试，以确保代码在各种场景下都能正常运行。

写出高质量的代码并非一蹴而就的过程，它要求程序员具备扎实的基础知识、良好的编程习惯、持续学习的态度，以及注重代码审查和测试等多方面的素质。通过不断实践和总结，程序员可以逐步提升代码质量，为项目的成功实施和持续发展奠定坚实基础。其他文献中对高质量编程已有详尽的阐述，故此处不再赘述。

下面简要描述高质量编程中的安全编程。在完成软件的需求分析和设计之后，软件开发进入编程实现阶段。在这一过程中，安全的软件开发过程要求程序员在编程时充分考虑代码的安全性，包括遵循安全编程原则、构建安全编程环境，并尽量选用安全性高的编程语言。为了提高程序员的安全编程意识和能力，国内外的安全专家提出了一系列安全编程的建议。卡内基梅隆大学的软件工程研究所(SEI)提出了著名的CERT安全编程十大建议，并发布了C、C++和Java的CERT安全编码标准，分析了可能导致漏洞的不安全编码，并给出了相应的防范建议。许多IT公司在这些安全编程建议和公司安全实践的基础上，制定了适合公司的安全编程规范。

在编程过程中，程序员应时刻保持以下假设。

- 程序所处理的所有外部数据都是不可信的攻击数据。
- 攻击者时刻试图监听、篡改或破坏程序的运行环境和外部数据。

基于以上假设，可以得出安全编码的基本思想。

(1) 程序在处理外部数据时，必须经过严格的合法性校验。编程人员在处理外部数据的过程中。必须时刻保持这种思维意识，不能假设外部数据会符合预期。外部数据必须经过严格验证后才能使用。编码人员必须在这种严峻的攻击环境中遵守这一原则，以确保程序的执行过程符合预期结果。

(2) 尽量减少代码的攻击面。代码的实现应该尽量简单，避免与外部环境进行不必要的数据交互。过多的攻击面增加了被攻击的风险，因此应尽量避免将程序内部的数据处理过程暴露给外部环境。

(3) 通过防御性的编码策略来弥补潜在疏忽。粗心是人之常情，由于外部环境的不确定性以及编码人员经验和习惯的差异，代码的执行过程很难达到完全符合预期设想的情况。因此，在编码过程中必须采取防御性的策略，尽量缓解由于编码人员疏忽导致的缺陷。

以C语言为例，C11标准中的可选Annex K提供了许多更安全的字符串处理函数和输入/输出函数。例如，在将一个字符串读入字符数组时，函数scanf_s会执行额外的检查以确保不会将字符写到数组边界之外。除了编程语言对安全编程的支持外，还有一些措施可以有效缓解缺陷的出现，例如：

- 变量声明应赋予初值。
- 谨慎使用全局变量。
- 禁用功能复杂且易出错的函数。
- 禁用易出错的编译器和操作系统机制。
- 避免改变操作系统的运行环境(创建临时文件、修改环境变量、创建进程等)。
- 进行严格的错误处理。
- 合理使用调试断言(ASSERT)。

为保证代码的安全性，编程人员应当学习和理解常见的安全编程原则，并遵循相关的安全编程建议和规范。以下是一些常见的安全编程原则。

(1) 验证输入。对外部数据源(例如命令行参数)保持怀疑的态度，验证所有来自不受信任数据源的输入。

(2) 处理警告。将编程时所用编译器的警告级别设置为最高，在出现警告信息时修改代码以消除警告。此外，还可以使用静态和动态分析工具更深入地检测安全漏洞。

(3) 安全策略的架构和设计。创建一个软件架构来实现和增强安全策略。例如，如果软件系统在不同时间需要不同的权限，可以考虑将系统划分为多个相互通信的子系统，每个子系统具有适当的权限。

(4) 简化设计。程序设计得越简单越好，复杂的设计会增加实现、配置和使用过程中出错的可能性。

(5) 最小授权。系统仅授予实体(用户、管理员、应用和系统等)完成规定任务所必需的最小权限，并且这些权限的持续时间也尽可能短。

(6) 净化数据。净化是指检查和处理在程序组件中传递的数据，包括清除恶意数据和无用数据。

(7) 深度防御。使用多种防御策略管控风险，确保如果一层防御失败，其他层的防御仍然可以发挥作用。

(8) 使用有效的质量保证技术。良好的质量保证技术可以有效识别和消除漏洞。模糊测试、渗透测试和源代码审计都是有效的质量保证技术。

(9) 规范编码。应当为开发团队制定统一且符合安全标准的编码规范。例如，变量使用驼峰式命名法命名，以确保程序的可读性和易维护性。安全专家发现，多数漏洞很容易通过规范编码来避免。

(10) 最少反馈。在进行程序的内部处理时，应尽量将最少的信息反馈到运行界面，以避免给破坏者留下可利用的信息，防止其根据反馈信息猜测程序的内部处理过程。

(11) 检查返回。当被调用的函数返回时，应当对返回值进行检查，以确保所调用的函数按照预期的流程和路径运行完成，并且返回预期结果。当函数调用出现错误时，需要检查返回值和错误码，以获取更多的错误信息。

10.5 人工智能与测试

10.5.1 人工智能领域内的测试技术

近年来，人工智能已被成功应用于业务数据挖掘和分析。人工智能究其本质是一种通过模拟人类的学习过程来训练计算机更有效地管理数据的技术。随着人工智能中的OCR识别、推荐算法、目标检测等技术的快速发展与应用，人工智能算法的测试逐渐引起软件测试行业的关注。然而，传统的功能测试策略难以满足人工智能产品的质量保障需求，因此对测试提出了更高的要求。下面将简要介绍人工智能领域内的测试技术。

1. 算法测试集数据准备

测试集的准备对于整体算法测试而言非常重要。在准确测试集的过程中，需考虑测试集的覆盖度、独立性和准确性。如果测试集准备只是随机选取测试数据，容易造成测试结果的失真，从而降低算法模型评估结果的可靠性。以人脸检测算法为例，除了需要选取正样本和负样本外，还需要考虑正样本中人脸特征的覆盖，包括人脸占比、模糊度、光照、姿态和完整性等特征。

在选择合适的测试数据后，指标计算和结果分析还需要对数据进行标注，并记录相关特征。以人脸检测为例，可以使用工具绘制人脸坐标框图，并将对应特征进行标注和存储。另外，除了数据特征的覆盖，还需要考虑数据来源的覆盖，结合实际应用环境和场景进行数据模拟与准备。一般情况下，最好将真实生产环境数据作为测试数据，并根据数据特征分布选取测试数据。测试数据量越大，越能客观反映算法的真实效果。然而，在考虑测试成本的前提下，不能无限制地扩展样本量。一般来说，以真实生产环境为参考，选取一定量的样本数据即可。

2. 测试集的准确性和完整性

数据集的准确性一般指的是数据标注的准确性。例如，张三的照片不应标注为李四，照片模糊的特征不应标注为清晰。如果数据标注错误，将直接影响算法模型指标计算的结果。同时，测试集一般还包含数据清洗操作。数据清洗的目的是保障后续模型评估指标结果、指标分析、特征分析的有效性，从而降低垃圾数据和干扰数据的影响。

以视频流和图片流的标注信息为例，主要包括以下几个方面。

(1) 全面性：对于每一个待识别的对象或场景都需要提供相应的标注信息，包括但不限于类别标签和位置坐标。

(2) 精确度：标注的位置必须精准，尤其是在进行物体检测任务时，边界框的位置偏差可能会影响评估结果。

(3) 一致性：在整个数据集中保持一致的标注标准，例如使用相同的分类体系和标记规则。

(4) 详细程度：根据具体应用需求，决定标注信息的详尽程度。例如，在一些复杂的场景理解任务中，除了基本的对象识别外，还可能需要更详细的属性描述。

(5) 关联性：对于由视频抽取出来的图片序列，其对应的标注信息应能够正确反映原始视频内容之间的关系。

通过全面提升测试集数据的完整性、准确性和安全性，可以为后续的模型训练、评估和应用提供更加可靠的数据支持。

3. 算法功能测试

算法需要进行功能性测试，例如对微服务接口进行功能验证。结合应用场景，从功能性、可靠性、可维护性角度，对必填、非必填、参数组合验证进行正向和反向的测试覆盖。与普通API接口测试策略一致，结合接口测试质量评估标准，可以从以下几个方面进行设计。

- ○ 业务功能覆盖是否完整。
- ○ 业务规则覆盖是否完整。
- ○ 参数验证是否达到要求。
- ○ 接口异常场景覆盖是否完整。

- 性能指标是否满足要求。
- 安全指标是否满足要求。

4. 算法性能测试

算法微服务同样需要进行性能测试，包括基准测试、性能测试以及短期和长期的稳定性能测试。这些测试是每个算法微服务版本中必不可少的内容，同时也能提供版本间的性能横向对比，帮助感知性能变化。常关注的指标包括平均响应时间和TPS，此外还需关注GPU、内存等系统资源的使用情况。可以使用JMeter进行接口性能测试。在实际应用中，为了有效整合算法微服务接口的功能测试与性能测试，降低自动化测试开发、使用和学习的成本，提高测试的可持续性，将两者融合是理想的选择。

不同类型算法关注的模型评估指标各不相同。例如，人脸检测算法包括精确率、召回率、准确率、错报率等评估指标。此外，相同类型算法在不同应用场景中关注的算法模型评估指标也存在差异。例如，人脸检索应用在重点人员检索的场景中，不太关注召回率，但对精确率要求相对较高。然而，在海量人脸检索的应用场景中，可能会愿意牺牲部分精确率来提高召回率。因此在这种情况下，盲目追求精准率并不合适。除了上述算法模型评估指标外，ROC曲线和PR曲线也是常用的工具，用于衡量算法模型效果的优劣。

10.5.2 人工智能辅助软件测试

常用的人工智能算法包括连接、遗传、统计、概率和案例等，而数据挖掘和分析则更多会用到分类、关联、优化、聚类、预测和发现趋势等算法。对于软件测试而言，最大的挑战莫过于如何在有限的时间内，按需求和规范设计并执行准确而高效的测试用例。近年来，人工智能技术被引入到软件测试领域，并在解决诸多技术瓶颈和提高测试效率方面崭露头角。借助人工智能的机器学习、深度学习和自然语言处理等算法，快速而精准生成的测试用例可被快速投入实施，从而显著提高测试的质量和覆盖率。

ISO/IEC TR 29119-11:2020《软件和系统工程 软件测试第11部分：基于人工智能的系统测试指南》详细描述了基于人工智能的软件测试技术。这些技术包括分类、聚类、决策树和深度学习等在软件测试领域的应用。

2019年10月，在ISTQB全会上，中国和韩国测试协会联合ISO测试标准编辑提交了首个完整的"ISTQB®人工智能测试"知识模块大纲和内容，如图10-10所示。"ISTQB®人工智能测试"是专业领域的全新模块。参加"ISTQB®人工智能测试"的认证，首先必须要通过"ISTQB®基础级测试工程师"的认证。该大纲包含人工智能介绍、基于人工智能的系统质量特征、机器学习(ML)概述、机器学习数据、机器学习功能表现度量、机器学习神经网络和测试、测试基于人工智能的系统总览、测试人工智能专属质量特征、测试基于人工智能的系统方法与技术、基于人工智能的系统测试环境、使用人工智能进行测试等11个章节。这些内容涵盖了成为人工智能测试工程师所需的知识。

随着人工智能技术在软件测试领域的应用，从测试设计到实施再到测试结论阶段，人工智能技术在软件测试生命周期中的作用日益显著，尤其是在测试规格和测试用例设计上产生了深远影响。表10-5展示了人工智能技术在软件测试各个领域的应用情况。

图10-10　人工智能测试

表10-5　人工智能辅助软件测试

测试活动	人工智能技术应用
创建测试用例	归纳学习、主动学习、蚁群优化算法、马尔可夫模型、AI规划器、自然语言处理、增强学习、C4.5决策树、KNN算法、逻辑回归、随机森林、多层感知器、长短期记忆网络、启发式搜索等
创建测试数据	遗传算法、模拟退火算法、爬坡算法、生成式模型、长短期记忆网络、深度强化学习、蚁群优化算法、启发式方法等
执行结果验证	人工神经网络、支持向量机、决策树、信息模糊网络等
测试用例优先级	K-Means聚类算法、C4.5决策树、增强学习算法、CBR算法、人工神经网络(ANN)、马尔可夫模型、KNN算法、逻辑回归-SVM排名算法等
测试用例规格设计	C4.5决策树等
测试成本估算	SVM、线性回归、KNN算法、随机森林、多层感知等

人工智能技术在软件测试领域的应用催生出了具有人工智能特征的软件系统质量体系。人工智能软件测试系统采用预定义的质量验证模型、程序和工具，结合机器学习的模型和技术评估系统的特征，通常用于达成以下测试目的。

○　针对人工智能的功能，确定质量检测和评价标准。

○　检测人工智能功能的限制和缺陷，以及面临的质量挑战。

○　获得由人工智能技术和机器学习模型生成的功能技术特征。

○　根据确认的质量要求和标准，评估人工智能系统的整体效果。

软件测试的测试对象包括了人工智能软件，使用机器学习和自然语言处理的不同方法和算法，可以有效促进和优化人工智能软件的测试效果。针对人工智能软件的常用测试方法包括：分类、模型、自动化测试、众包和蜕变。主流的人工智能软件测试服务包括以下内容。

- 使用预定义的模型和方法测试和评估软件。
- 作为第三方独立机构，使用人工智能指令认证服务标准，为政府和企事业单位提供认证服务。
- 在人工智能验收测试中为客户提供软件质量测试。

人工智能技术在软件测试领域的应用正逐渐崭露头角，蕴藏着巨大的应用价值，尤其在以下几个应用场景中展现出较大潜力。

(1) 降低劳动强度。人工智能系统与自动化测试技术相结合，替代重复度高和复杂性低的手工测试工作，为软件测试人员腾出更多时间和精力来解决复杂的技术问题。软件测试人员的角色逐渐由工程师向科学家转变。

(2) 模拟测试。人工智能系统提供虚拟仿真的测试环境和执行过程，其结果可以为真实的测试工作提供针对性指导，指明了测试工作的重点，进而提高了后续测试工作的准确度和效率。

(3) 缺陷修复。人工智能的软件测试除了传统的缺陷排查任务，在未来还将包括修正缺陷任务。人工智能与软件开发和测试活动的深入融合将确保这种修正能力的实现，即"在人工监控下排查和修正缺陷的智能系统"。

(4) 提高质量。人工智能具有智能学习的能力，能够根据测试需求和规格设计测试用例，从而确保在最优测试效率下实现最大的测试覆盖率。目前，人工智能技术已经进入到了软件测试从计划到执行再到报告的各个环节，并在这些环节中持续深入地应用。测试人员正在从繁重的测试工作(如测试策略、回归测试、负载测试)中解脱出来。随着人工智能自动化测试的深入应用，人工智能技术正在帮助缩小人类与机器驱动测试能力之间的差异，使测试人员能够将更多精力集中在完善产品的功能和质量细节上。

(5) 优化成本。随着人工智能技术在软件领域的广泛和持续深入应用，软件测试和开发工作随着人员数量减少、场地需求减少和能耗降低，少量的测试人员可以将工作重点转向探索性测试和智能测试系统的维护上。

人工智能将深刻影响所有软件产品领域的测试方式和流程，包括移动应用程序、Web应用程序、物联网、嵌入式系统、数据库应用系统、游戏行业、实时应用程序及操作系统软件等。各类软件产品的测试方式正在逐步实现基于人工智能化的自动化。尽管人工智能技术在软件测试领域的应用日益广泛，并取得了一定的效果，但从长期发展的角度来看，人工智能技术在软件测试领域的更大范围应用仍面临诸多障碍和不确定性。

人工智能技术应用中的最大挑战是构建有效的训练集和测试数据集。此外，还有以下几个挑战尤其需要引起重视。

- 如何使用系统化的方法，为基于机器学习的人工智能系统设计和开发一流的测试模型。
- 如何建立基于大数据的机器学习方法和人工智能系统的测试覆盖标准及质量保证需求。
- 如何开发自动化工具和解决方案，以促进基于人工智能的系统验证。
- 如何建立足够的质量测试覆盖率，并定义质量保证标准体系。
- 如何为当前的人工智能系统生成高质量训练数据集和高覆盖率的测试数据集。

复杂的数据可以通过使用人工智能的模型和算法进行分析。经过近几年的行业应用，人工智能技术能够显著提升软件测试的效率并改善测试结果。未来，人工智能测试将开启质量保证工作的新时代，大部分测试工作将由人工智能执行和确认。精准和高效的测试将带来巨大的生产价值，人工智能技术将对质量保证和测试行业带来深远的变革。通过提供可靠且缺陷最少的应用程序，智能软件测试将提高软件质量和可靠性，从而改善用户体验。

展望未来，人工智能将在软件测试中发挥重要作用，软件测试人员将从繁重的手工测试中解放出来，并将工作重心放在评估人工智能算法和改进匹配模型上。值得关注的是，当前的人工智能测试算法将与新出现的技术相融合，以实现对应用程序的测试优化，生成更准确、更高效且更智能的测试用例和优化效果。深度学习、自然语言处理和其他技术将在软件测试中发挥越来越重要的作用。

10.6 大数据与测试

大数据的基本思想和整体框架与以往的数据相关体系有许多相似之处，但在数据收集、存储、资源调度、计算引擎、数据分析和数据可视化等方面存在差异。大数据测试是指对大数据系统进行全面、系统和完整的测试，旨在确保大数据系统的正确性、完整性、安全性和可靠性。其主要目的是发现和修复潜在的缺陷和问题，提高大数据系统的性能和可用性，从而保证大数据系统的正常运行。大数据整体测试的依据可以分为三个方面：大数据系统平台测试标准、大数据系统数据测试标准、大数据系统应用测试标准。

第一个方面是大数据系统平台测试标准。主要是整个大数据平台的一些基础软件，例如HBase、NoSQL数据库、Spark处理引擎等。此外，还包括通信协议和接口的相关标准。信息安全也是平台测试的重要组成部分，主要包括数据处理系统的功能测试要求、分析系统的测试要求、计算系统的通用要求，以及隐私保护相关的标准和SQL远程数据库访问等。

第二个方面是大数据系统的数据测试标准。数据作为大数据系统的核心部分，是整个系统的基础。然而，由于数据的体量越来越大、类型越来越复杂，以及采集过程越来越繁琐，数据质量面临严峻挑战。数据质量的标准包括数据质量模型的标准、数据质量评价指标的标准和行业数据规范等。越来越多的行业正在制定相应的标准，以确保数据的标准统一性，从而实现整个行业的互联互通。

第三个方面是大数据系统应用测试标准。大数据系统的应用测试标准与大多数信息系统的应用测试标准相似。虽然大数据系统使用的许多模型是通用的，但其应用场景与一般的信息系统存在明显差异。

大数据测试内容主要分为三个层次：平台质量、数据质量和应用质量。

- 平台质量主要关注的是平台的功能性、安全性、性能效率和可靠性，特别针对的是数据收集层和数据存储层，以及基础的数据预处理和计算引擎等方面的质量。
- 数据质量主要关注的是数据的内容，包括数据内容的真实性、完整性、一致性、准确性、安全性、时效性、可用性、价值性，以及分析结果的易理解性。

○ 应用质量主要针对的是数据的分析层和可视化层，关注功能性、可靠性、安全性和性能效率等方面。

大数据测试的流程可以分为以下几个步骤。

(1) 第一个步骤是环境搭建。对于大数据系统来说，环境搭建是一个相对复杂的工作，因为大数据系统需要使用多种不同的框架。此外，数据准备工作也非常繁琐，因为数据容量往往非常大。在这一阶段，需要对整个平台应用的运行环境进行搭建，同时要接入各种数据源，甚至可能需要接入各种数据采集设备。

(2) 第二个环节是测试分析，包括对大数据应用、数据类型以及大数据平台架构的分析。

(3) 第三个环节是测试设计。测试设计可以按照前述的三个方面进行设计。在应用层，可以结合GB/T25000.51标准的八大质量特性进行设计；在数据质量方面，可以结合《GB/T 36344-2018信息技术数据质量评价指标》的相关内容；在大数据平台方面，应考虑与关系数据库相关的标准。

(4) 第四个环节是测试执行，包括测试用例的执行、缺陷管理、分析与优化，以及回归测试等。最后，形成测试报告。

10.7　思考题

1. 搭建软件测试环境需要考虑哪些因素？

2. 软件测试环境搭建面临哪些难题？

3. 搭建测试环境的步骤有哪些？

4. Docker镜像的生命周期是什么？

5. 软件测试评估的目的和方法有哪些？

6. 软件测试的覆盖率主要包含哪些方面？

7. 软件缺陷分析和评估主要有哪些方法？

8. 软件性能评估主要包含哪些内容？

9. 软件质量保证与测试之间的关系是什么？

10. GB/T 12504-90质量保证计划规范主要包含哪些内容？

11. 高质量编程与软件测试的关系是什么？

12. 请列举C语言中的安全编程实例。

13. 人工智能领域内的测试技术主要包括哪些？

14. 人工智能如何辅助软件测试？

15. 人工智能辅助软件测试主要面临哪些挑战？

16. 大数据测试的主要流程是什么？

参 考 文 献

[1] 朱少民. 软件测试方法和技术(第4版)[M]. 北京：清华大学出版社，2022.

[2] 罗恩·佩腾. 软件测试(第2版)[M]. 北京：机械工业出版社，2019.

[3] 伊恩·萨默维尔. 软件工程(第10版)[M]. 北京：机械工业出版社，2018.

[4] 颜丽. 软件测试基础及实践[M]. 北京：中国铁道出版社有限公司，2022.

[5] 朱少民. 全程软件测试(第3版)[M]. 北京：人民邮电出版社，2019.

[6] 陈志勇，刘潇，钱琪. 全栈性能测试修炼宝典 JMeter实战(第2版)[M]. 北京：人民邮电出版社，2021.

[7] 陈磊. 持续测试[M]. 北京：人民邮电出版社，2022.

[8] 茹炳晟，吴骏龙，刘冉. 现代软件测试技术之美[M]. 北京：人民邮电出版社，2024.

[9] 张银奎. 软件调试(第2版)[M]. 北京：人民邮电出版社，2020.

[10] Storm. 接口自动化测试持续集成[M]. 北京：人民邮电出版社，2019.

[11] 于涌，马林，张林丰. 软件接口测试实战详解[M]. 北京：人民邮电出版社，2021.

[12] 陈磊. 接口测试方法论[M]. 北京：人民邮电出版社，2022.

[13] 朱少民，李洁. 敏捷测试[M]. 北京：人民邮电出版社，2021.

[14] 理查德·L.赛茨. 深入理解软件性能[M]. 北京：人民邮电出版社，2023.

[15] 京东研发虚拟平台. 京东质量团队转型实践[M]. 北京：人民邮电出版社，2018.

[16] 于涌，李晓茹. 软件自动化测试实战[M]. 北京：人民邮电出版社，2021.

[17] 茹炳晟. 测试工程师全栈技术进阶与实践[M]. 北京：人民邮电出版社，2019.

[18] 保罗C.乔根森. 软件测试：一个软件工艺师的方法(第4版)[M]. 北京：机械工业出版社，2017.

[19] Glenford J.Myers，Tom Badgett，Corey Sandler. 软件测试的艺术(第3版)[M]. 北京：机械工业出版社，2012.

[20] 张丙振，檀飞翔. 饿了么质量体系搭建实战[M]. 北京：机械工业出版社，2020.

[21] 埃德·耶伯格. Vue js应用测试[M]. 北京：机械工业出版社，2020.

[22] 蔡超. 从0到1搭建自动化测试框架[M]. 北京：机械工业出版社，2021.

[23] 刘琛梅. 测试架构师修炼之道[M]. 北京：机械工业出版社，2022.

[24] 嘉木. 微服务质量保障：测试策略与质量体系[M]. 北京：机械工业出版社，2022.

[25] 51Testing软件测试网. 软件测试流程设计：从传统到敏捷[M]. 北京：人民邮电出版社，2020.

[26] 顾翔. 全栈软件测试工程师宝典[M]. 北京：清华大学出版社，2020.

[27] 腾讯TuringLab实验室. AI自动化测试：技术原理、平台搭建与工程实践. 北京：机械工业出版社，2020.

[28] James Whittaker，Jason Arbon，Jeff Carollo. Google软件测试之道[M]. 北京：人民邮电出版社，2013.

[29] 张永清. 软件性能测试、分析与调优实践之路(第2版)[M]. 北京：清华大学出版社，2024.

[30] 吴泽木. Python全栈测试开发[M]. 北京：中国水利水电出版社，2021.

[31] 刘文红，董锐，张卫祥，马贤颖，陈青. 软件开发与测试文档编写指南[M]. 北京：清华大学出版社，2020.

[32] Maurício Aniche. Effective软件测试[M]. 北京：清华大学出版社，2023.

[33] 周百顺，张伟，刘非. ALM+UFT+LoadRunner自动化测试实战[M]. 北京：清华大学出版社，2021.

[34] 李泽阳. DevOps：企业级CI/CD实战[M]. 北京：清华大学出版社，2024.

[35] Bruce，Powel，Douglass. 敏捷系统工程[M]. 北京：清华大学出版社，2018.

[36] 刘文红，郭栋，董锐，赵爽，杨隽. 软件测试项目管理[M]. 北京：清华大学出版社，2023.

[37] 刘哲理，贾岩，范玲玲，汪定. 软件安全：漏洞利用及渗透测试[M]. 北京：清华大学出版社，2022.

[38] 虫师. Selenium3自动化测试实战：基于Python语言[M]. 北京：电子工业出版社，2019.

[39] 张卫祥，魏波，张慧颖，齐玉华，王泗宏. 智能化软件测试基础[M]. 北京：清华大学出版社，2023.

[40] 克特林·图多塞. JUnit实战(第3版)[M]. 北京：人民邮电出版社，2023.

[41] 布赖恩·奥肯. pytest测试实战[M]. 武汉：华中科技大学出版社，2018.